Ionic实战

基于AngularJS的移动混合应用开发

[美] Jeremy Wilken 著
奇舞团 译

Ionic in Action:

Hybrid Mobile Apps with Ionic and AngularJS

電子工業出版社
Publishing House of Electronics Industry
北京•BEIJING

内 容 简 介

Ionic是近几年很火的一项跨平台开发技术。Ionic最大的亮点是集成了Angular和Cordova，对于有开发经验的前端工程师来说上手难度大大降低，并且能直接使用现有的大量第三方库和框架。本书是一本详尽的Ionic实战教程，不仅告诉你“怎么做”，还告诉你“为什么”，这正是大部分入门书籍所欠缺的。

无论你是否有相关开发经验，这本书都可以帮助你快速掌握Ionic。

版权贸易合同登记号 图字：01-2015-7887

图书在版编目（CIP）数据

Ionic实战：基于AngularJS的移动混合应用开发/（美）杰里米·威尔肯斯 (Jeremy Wilken) 著；奇舞团译. —北京：电子工业出版社，2016.7
书名原文：Ionic in Action:Hybrid Mobile Apps with Ionic and AngularJS
ISBN 978-7-121-29206-4

Ⅰ. ①I… Ⅱ. ①杰… ②奇… Ⅲ. ①移动终端—应用程序—程序设计 Ⅳ. ①TN929.53

中国版本图书馆CIP数据核字（2016）第149552号

策划编辑：张春雨
责任编辑：刘 舫
印 刷：三河市双峰印刷装订有限公司
装 订：三河市双峰印刷装订有限公司
出版发行：电子工业出版社
北京市海淀区万寿路173信箱 邮编：100036
开 本：787 × 980 1/16 印张：18 字数：342千字
版 次：2016年7月第1版
印 次：2016年9月第2次印刷
定 价：75.00元

凡所购买电子工业出版社图书有缺损问题，请向购买书店调换。若书店售缺，请与本社发行部联系，联系及邮购电话：（010）88254888，88258888

质量投诉请发邮件至zlts@phei.com.cn，盗版侵权举报请发邮件至dbqq@phei.com.cn。

本书咨询联系方式：010-51260888-819 faq@phei.com.cn。

译者序

刚入职的时候，团队参加 Hackathon 的过程中需要制作一款移动应用，在没有 iOS 和 Android 工程师的情况下，经过调研，Ionic 成了我们最终的技术解决方案，也为我翻译本书打下了契机。我经常说技术没有银色子弹，没有最完美的，只有最适合的。Web App 虽然有为人诟病的性能问题，但是在人员、时间、功能、性能等的权衡下，Ionic 必然是有它的受众的。

本书是 *In Action* 系列的一员，这就注定了它是一本实战书的命运。而事实也是如此，基本上每章都会用一个示例贯穿全章。我喜欢这种感觉，纯理论的书读起来让我昏昏欲睡，实战这种从 0 到 1 将最终成品展现在眼前的形式让我非常有成就感。相信这也是大多实战派钟爱的感觉吧！当然这并不是说理论不重要，我希望的是以实战为引，通过实战慢慢去理解并深入理论，而后将理论反作用于实战，相辅相成才是最终奥义。

实战书不好的地方在于它势必会贴很多代码，我甚至在有的书上看到过整页整页的代码。相信本书的作者也不想这样，所以很多时候他只列出了一些必要的代码并提醒大家可以到 Github 仓库上查看完整代码。在这里也推荐大家在看完本书中的内容后再去看看仓库中的示例，虽然书上的注解非常详细，但我相信大家定会有另一番收获。

书上的代码是基于 Ionic 1.x 的，而 Angular 2 发布在即，Ionic 2 也发布了 Beta 版。很多人对于这本书是否已经过时产生了疑问。对于这一点大家大可放心，官方文档对于修改的地方详细地列出了新旧版本的写法，而且 Ionic 2 的接口和组件基本上都维持了原样。当然，我个人觉得还是要理解 Ionic 的精髓，举一反三才能对代码的理解大有助益。

本书算是我翻译的“处女作”，虽然我已经尽全力但难免有纰漏，如果你在阅读的过程中有不明白的地方可通过 i@imnerd.org 联系我。这里首先要感谢奇舞团给了我这样一个机会，然后我要感谢本书的另一位译者梁杰在翻译过程中提供的帮助，此外我还要感谢李松峰老师，他百忙之中帮我们审校译文。感谢我的妈妈在我人生中给予我的无私的爱。当然还要感谢书本前的你，我们的不期而遇定会触发新的奇迹。祝君好运！

李喆明

2016 年 5 月 15 日

序

本书是 Jeremy Wilken 九个月的努力成果，他是一位顶尖的 Ionic 开发者，从 2013 年开始我们就在一起开发并开源 Ionic，和他一起工作是一件非常愉快的事。本书不仅介绍了 Ionic 的开源 SDK，还包含许多对资深 Ionic 开发者有帮助的信息。

Jeremy 为本书开发了三个 Ionic 应用，几乎用遍了现有的 Ionic 组件。通过这三个应用，你可以学会如何组合这些组件。第一个应用可以帮助度假胜地服务用户，它用到了滑动页面、列表、卡片、内容容器以及基础导航。第二个应用是比特币市场应用，可以展示比特币的实时汇率，用到了下拉刷新、弹出窗口、选项卡、图表、高级列表以及嵌套视图。第三个应用是天气应用，使用了模态框、自定义滚动区域（分页滚动）、外部数据加载、边栏菜单以及一个搜索视图。

这些应用都很有特点并且比较完整，它们已经完成了应用商店上架所需的 80% 的功能，其余的 20% 会在每章结尾列出，由读者完成。

对于经验丰富的 Ionic 开发者来说，本书介绍了如何实现特定平台的功能开发，比如在 iOS 上使用动作菜单，在安卓上使用弹出窗口。本书同样介绍了 Ionic 生态系统的背景以及如何使用 Cordova 及其插件；介绍了 Ionic 平台提供的各种服务，比如 Ionic 视图；还介绍了如何使用高级技巧和测试来优化 Ionic 开发流程。Jeremy 用优秀的例子结合他独到的视角来教大家如何搭建环境并编写你自己的测试。

在和 Max Lynch 以及 Ben Sperry 一起开发 Ionic 之前，我加入了他们的公司，负责开发已经获得成功的产品，其中就包括 Codiqa，这是一个图形化的 jQuery Mobile 拖曳构建工具。在开发 Codiqa 时，我意识到设备和浏览器的潜力并没有被充分开发，用户一直在要求我们为工具添加更多的功能。最终，我们决定创建自己的 Hybrid 应用开发套件，充分发挥移动设备的潜力。有了 Angular 这样的强力工具，我们有能力将 Hybrid 移动应用开发推进到能和原生应用开发相抗衡的程度。我们在 2013 年发布了 Ionic 的 alpha 版，令我感到自豪的是，开发社区非常快地接受了 Ionic 并帮助它进一步发展。更令我激动的是，Ionic 才刚刚起步，我们会继续完善它，让开发者可以更快更轻松地开发高性能的应用。

本书既有对 Ionic 的介绍，也有更加深入的应用开发最佳实践，因此无论你是初学者还是资深开发者，都会有所收获。非常感谢你加入 Ionic 社区。

玩得开心！

Adam Bradley

Ionic 框架联合创建人

前言

几年前人们还在争论是否值得为移动端应用开发投入时间和精力，时至今日，手机的重要性已经毋庸多言。截至 2015 年夏天，苹果和谷歌应用商店中的应用数量已经突破一百万。手机的销量已经达到台式机 / 笔记本电脑的六倍，平板电脑的销量眼看着也要在年内超过台式机 / 笔记本电脑。移动设备已经无处不在。

回到 2013 年，移动应用开发领域主要的关注点还是构建原生应用。这些原生应用使用 Java 或者 Objective-C 写成，开发者需要学习这些语言、平台工具、SDK 等。对于像我这样的 Web 开发者来说，这是一道很难跨越的障碍。当时的移动端 Web 主要是构建响应式网站而不是移动端应用。由于老式设备和浏览器对 Hybrid 应用（使用 Web 技术构建的原生应用）支持不好，再加上设计风格和原生应用完全不同，很少有人会选择 Hybrid 应用。

Ionic 的发起者们看到了机会。他们意识到移动设备正在迅速发展，Hybrid 应用会成为原生应用的有力对手。有些开发者想用他们已经掌握的 Web 技术来开发原生应用，而这也正是 Ionic 的目标。Ionic 使用了开源项目 Cordova 和 Angular，把它们整合成一个统一的 Hybrid 移动应用开发平台。

1.0 版本发布之后，Ionic 已经可以支持 Web 开发者构建移动应用。Ionic 团队自豪地把 Ionic 称作：Hybrid 应用“一直在等待的那个 SDK”。写完本书之后，我已经可以看到Ionic的光明未来。Ionic如此强大的核心就是本书介绍的那些开源组件。此外，围绕Ionic的服务平台正在搭建中，包括推送通知、数据分析、beta测试等。我维护着很多受欢迎的开源项目，这些项目都有完善的开发和社区支持，Ionic就是其中之一（目前是GitHub Star最多的前40个项目之一，Ionic使用的Angular在本书编写时是前三名）。大量的应用使用Ionic构建，有些甚至得到了应用商店的推荐。

我一直想把自己的学习经验分享出来，告诉大家如何成为一名移动应用开发者，写这本Ionic的书也延续了这一思想。最初我的计划是将Ionic的特性作为核心进行讲解，对每个特性进行单独介绍。写了6章之后，我发现这个方法行不通。我喜欢那些能够运行并且能够交互的东西，对移动应用来说能上手使用是最好的。

因此，写完前三个核心章节的草稿之后，我扔掉了它们，从头开始，直接用实践来进行介绍。这和我使用Ionic开发第一个应用时所采用的学习方法很像，希望这能帮助你更好地学习Ionic。实际上，你会发现本书的所有章节都充满这种对读者的关怀。

我在不断试错中掌握了Ionic，文档永远是一位好老师。工作中需要开发移动应用的时候，我可以使用Ionic在一天之内做出一个原型。Ionic刚出来的时候，我总会不断更新我的应用，让它适配Ionic的改动和新特性，在这个过程中我深深感受到Ionic发展速度之快。beta版发布几个月之后，Ionic就完善了API和架构设计，并沿用至今。

在未来，Ionic必将包括更多社区驱动的贡献和组件、更多的平台服务和更高的性能及质量。我迫不及待地想知道你会做出什么，我也很高兴能见证你在Ionic的帮助下成为一名移动应用开发者。

致谢

在本书中，我分享了许多学习经验，这些经验都要归功于我得到的锻炼、指导和支持。虽然无法将每个为本书诞生做出贡献的人都罗列出来，但我知道，贡献最大的人是开源社区中的那些重度参与者。他们编写、维护并支持了开源项目，我对他们致以最崇高的尊重和感激。

谢谢 Manning，谢谢那些优秀的编辑，是你们的努力工作让这本书成为现实。多亏有 Robin de Jongh，本书才得以起步，我的写作热情也全靠他维持。真诚地感谢 Helen Stergius，是她不知疲倦地编辑、深夜头脑风暴、积极的态度和活力推动我完成主要的编写流程。我还要感谢团队中的其他人，在他们的帮助下完成了本书的出版和审校工作，尤其要感谢 Gregor Zurowski、Katie Tennant、Mary Piergies、Janet Vail、Matt Merkes、Candace Gillhoolley、Kevin Sullivan、Donna Clements 和 Jodie Allen。

许多同行评审者帮助我完善草稿中薄弱环节的漏洞，也让我更有信心做出积极改变。非常感谢 Andrea Prearo、Barbara Fusinska、Charlie Gaines、Cho S. Kim、Chris Graham、Gareth van der Berg、Giuseppe de Marco、Jeff Cunningham、Ken Rimple、Kevin Liao、Lourens Steyn、Patrick Dennis、Rabimba Karanjai、Satadru Roy 和 Wendy Wise——你们提出了许多有用的建议，如果没有你们，书稿还会遗留很多问题。许多 MEAP 评审者也在论坛上提出了很多有用的反馈。很高兴有这些愿意花

钱买书并且愿意帮助作者完善内容的人。

如果你见过 Ionic 团队中的成员，你就会发现他们是技术和开源领域中最无私并且最聪明的那群人。我非常感谢 Ionic 团队开发出 Ionic（这样我才有了写书的机会！），还要感谢他们用心地阅读和回答我的问题。我尤其要感谢 Adam Bradley, Ben Sperry, Katie Ginder-Vogel 和 Mike Hartington，感谢他们的邮件、Skype 电话以及我们的私下沟通。Ionic 社区就是在你们不知疲倦地努力和工作下日益壮大。此外，特别要感谢 Adam 给本书撰写序。

最后，还要感谢我的妻子 Linda，她一直是我坚强的后盾。我向她保证，以后绝对不在孩子出生的时候写书。如果没写过书，你无法想象需要投入多少时间和精力。在我窝在办公室里写稿子的时候，Linda 给予我极大的支持和理解。我永远爱你，也永远爱我们的孩子。

关于本书

Ionic 整合了一些现有的项目和自身开发的一套工具，帮助 Web 开发者构建移动应用。Ionic 已经获得极大关注，成为移动应用开发者的首选。

本书是一本实例驱动的 Ionic 实战教程。在阅读本书的过程中，你会构建几个接近完成的应用，学习到几乎每一个 Ionic 特性。Ionic 的文档质量很高，但是并没有教你如何组织大型应用。

使用 Ionic 构建应用时，你实际上用到了多种技术（主要是 Angular 和 Cordova）。为了让你充分掌握 Ionic，本书用一些章节来介绍这些技术。Angular 和 Cordova 是两个很大的话题，它们本身就可以写一本书，但是本书只会介绍一些使用 Ionic 必备的关于它们的基础知识。

移动应用通常需要访问外部数据，理解如何在 Web 应用中通过 API 获取数据很有帮助。本书在多个示例中都介绍了如何使用 RESTful API。

本书的目标读者

本书的目标读者是掌握基础 Web 应用开发知识的 Web 开发者。

你需要有一定的 CSS、HTML 和 JavaScript 知识。你应该知道如何用 HTML 组织内容并用 CSS 修改样式。此外，还需要理解一些 JavaScript 概念，包括异步、对象和字面量。

不需要具备 Cordova 和 Angular 的知识。如果你之前用 JavaScript 开发过浏览器中的 Web 应用那是最好的，不过没有也没关系，可以跟着本书的示例项目进行学习。

你需要有一个移动设备来构建和测试应用。对 Ionic 来说，需要 iOS 或者 Android 设备，两个都有那就更好了！

本书的组织结构

本书共分为 10 章，涵盖了从配置环境到发布最终应用的完整流程。

- 第 1 章详细介绍了 Ionic 以及其他 Hybrid 应用构建技术，并介绍了 Ionic 的优势。
- 第 2 章会带领大家配置本书用到的所有工具，帮助你使用默认的起步模板创建第一个移动应用。
- 第 3 章为那些不熟悉 Angular 的开发者介绍开发 Ionic 需要的 Angular 知识。
- 第 4 章会为一个虚拟的旅游度假村开发一款移动应用，它包含基础的应用跳转功能，用到了一系列界面组件，比如卡片、无限滚动列表、载入数据时的加载标识以及滑动页面。你会在构建第一个应用的过程中掌握这些 Ionic 开发的基础知识。
- 第 5 章会构建另一个监控比特币当前价格的应用。这个比特币应用用到了选项卡、下拉刷新功能、几个表单组件、带滑动选项的高级列表以及一个展示一段时间数据的图表。本章的目的是介绍如何使用标签来组织应用，同时学习更多 Ionic 组件。
- 第 6 章会帮大家构建一个天气应用。本章会深入介绍如何使用边栏菜单跳转、模态框展示数据、动作菜单展示选项按钮以及自定义滚动行为。本章会加深大家对 Ionic 组件的理解并学习 Ionic 应用的核心设计元素。
- 第 7 章会介绍构建 Hybrid 应用需要的高级技术。你会学习如何存储用户数据、自定义 Ionic 组件、兼容在线和离线状态、配置 Ionic 默认设置、让应用使用平台特有的功能以及处理手势事件。
- 第 8 章会介绍如何通过 Cordova 让 Ionic 应用支持平台特性，比如获取传感器数据。本章会用之前展示过的两个示例应用进行讲解，我们会给天气应用和旅游度假村应用分别添加地理位置支持和相机支持。你会学到如何使用

ngCordova 以及如何集成 Cordova 插件。
- 第 9 章会介绍如何测试 Ionic 应用。本章会介绍两种主要测试方法：测试业务逻辑的单元测试和测试应用整体功能的集成测试。你还会学到如何使用 Ionic 视图和 Ionic Lab 来预览应用。
- 第 10 章会介绍如何把应用提交到商店。本章会介绍一些应用产品化的技巧，比如添加必要的图片和组件，以及如何构建 iOS 和 Android 应用。

代码

本书中的所有代码都可以在 GitHub 上找到：https://github.com/ionic-in-action。代码都是开源的，你可以随意使用和修改，我只是希望你不要把示例应用发布到应用商店。

绝大部分代码都会展示在代码块中，除了那些很短并且大家早就熟悉的内容。对于那些只有一行的代码，我会在注释中说明上下文和代码作用。粗体代码表示对之前代码的修改以及新加入的代码。

作者在线

购买本书就可以免费访问 Manning 出版社维护的一个私有网络论坛，你可以写书评、问技术问题并收到作者和其他用户的反馈。如果要访问论坛并注册，请在浏览器中访问 www.manning.com/books/ionic-in-action。

这个页面会介绍如何在注册之后访问论坛、你能获得什么帮助以及论坛行为指南。Manning 希望为读者和读者、读者和作者的交流提供一个平台。Manning 并不会强制作者使用论坛，他们的所有贡献内容都是自愿的（并且没有报酬）。我们建议你提出一些作者感兴趣的、有挑战性的问题。

只要本书还在销售，你就可以在出版社的网站上访问作者在线论坛以及之前讨论内容的存档。

封面图片

本书的封面图片名为“摩洛哥沼泽中夏天的穿着（1695）”。这张图片取自Thomas Jeffreys的《从古至今不同国家穿着大全（共四卷）》，在1757年到1772年之间于伦敦出版。从标题页可以看出，书中的内容都是手工上色的铜板雕刻，使用阿拉伯胶黏合而成。Thomas Jeffreys（1719—1771）被称为“乔治三世的地理学家”。Jeffreys是当时有名的英语地图绘制专家，他为政府和其他官方机构雕刻和印刷地图，并且出版了许多商用地图和地图册，其中又以北美洲居多。在制作地图的过程中，他对当地人的穿着产生了兴趣。这种兴趣最终催生了这套共四卷的书。

18世纪晚期，人们对遥远的大陆充满了兴趣，因此类似的书也变得流行起来，无论是旅行者还是足不出户的人都可以从书中了解其他城市的风土人情。Jeffreys的书中展示了多种多样的穿着，生动地描绘了两三百年前世界各国人民的样子。从那以后，人们的穿着就开始发生变化，地区和国家带来的多样性逐渐消失。现在已经很难在不同大陆的人们身上看到不同点了。往好的方面看，我们牺牲了文化和视觉多样性，换来了丰富多彩的个人生活——或者说是丰富多彩并且非常有趣的思想和科技生活。

在这个计算机图书高度同质化的时代，Manning希望通过Jeffreys的图片中丰富多样的生活来表现计算机能带来的创造性和积极性。

目录

1 Ionic和Hybrid应用介绍

本章要点

- 为什么选择 Ionic，它对你有什么好处
- Ionic 是什么，它和 Angular、Cordova 有什么关系
- 为什么 Hybrid 应用对移动开发来说是最好的选择
- 介绍 Android 和 iOS 平台的需求

对许多开发者来说，构建移动应用已经成为一项重要技能，在 Ionic 的帮助下，你可以构建和原生应用非常相似的 Hybrid 移动应用。*Hybrid* 应用指的是使用浏览器窗口展示界面的移动应用。*Ionic* 通过集成工具和功能，让开发者可以使用构建网站和 Web 应用的技术（主要是 HTML、CSS 和 JavaScript）快速构建 Hybrid 移动应用。Ionic 的工作原理是通过 Cordova 把一个 Web 应用嵌入原生应用。Ionic 集成了 Angular，用于在移动端环境中创建 Web 应用，支持包括用户界面控件和触摸输入响应在内的移动端特性。

本书的目标是让开发者学会使用 Ionic 构建移动应用。我会教你如何正确设置项目以及如何构建丰富的界面，并用真实的案例进行实践。我会帮助你搭建生产环境需要的构建、测试和开发流程。不过在那之前，我们首先需要深入了解 Ionic 以及用它构建 Hybrid 移动应用的好处。

1.1 Ionic是什么

Ionic 通过整合各种技术和功能使构建 Hybrid 应用更加快速、容易和美观。Ionic 的生态系统基于 Angular 和 Cordova，前者是 Web 应用框架，后者是构建和打包原生应用的工具。图 1.1 展示了整个技术栈的概况，之后我们会对它们进行详细介绍。下面我们来简单介绍一下这个技术栈。

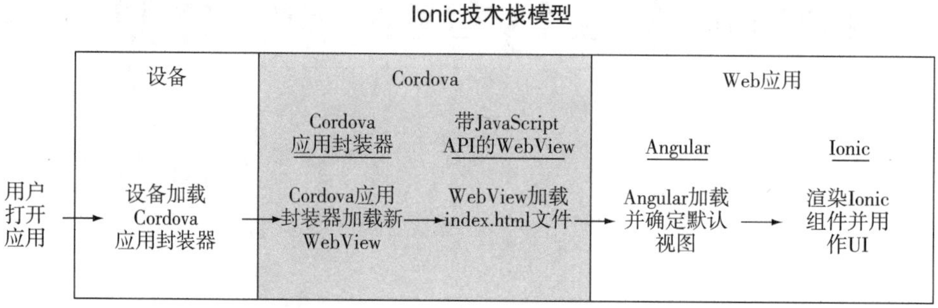

Ionic技术栈模型

用户打开应用 → 设备：设备加载Cordova应用封装器 → Cordova：Cordova应用封装器：Cordova应用封装器加载新WebView → 带JavaScript API的WebView：WebView加载index.html文件 → Web应用：Angular：Angular加载并确定默认视图 → Ionic：渲染Ionic组件并用作UI

图 1.1 Ionic 框架的技术栈以及关联

在图 1.1 中，技术栈的起点是用户在设备上打开应用。假设是一台运行 iOS 的 iPhone 或者一台运行 Android 的 Nexus 10。下面是各个部分的介绍。

- *设备*——设备可以加载应用。设备中的操作系统负责安装从平台对应商店下载的应用。操作系统还会提供一系列应用可以使用的功能 API，比如 GPS 位置、通讯录列表和照相机。
- *Cordova 应用包装器*——这是一个能够加载 Web 应用代码的原生应用。Cordova 是一个平台，用于构建能够执行 HTML、CSS 和 JavaScript 的原生应用，这种应用被称为 *Hybrid 移动应用*。它是平台和应用之间的桥梁，可以创建一个能够安装的原生应用（图 1.1 中被称作应用封装器）。这个原生应用中包含 WebView（实际上是一个独立的浏览器窗口），可以通过 JavaScript API 来运行 Web 应用。
- *Cordova JavaScript API*——这是沟通应用和设备的桥梁，应用封装器可以通过 JavaScript API 来联通 Web 应用和原生平台。具体的实现细节不用在意，总之最后 Cordova 会帮你生成原生应用。
- *Angular*——用来控制应用路由和功能的 Web 应用。Angular Web 应用运行在 WebView 中。Angular 是一个流行的 Web 应用构建框架，主要管理 Web 应用的逻辑和数据。

- *Ionic*——控制应用中用户界面组件的渲染。Ionic 基于 Angular 构建，主要用来设计用户界面和用户体验。Ionic 包含一些视觉元素，比如选项卡、按钮、导航头部。这些界面控件是 Ionic 的核心，可以在 Hybrid 应用中提供接近原生界面的体验。Ionic 还提供了许多功能和特性，可以帮助你完成创建 - 预览 - 发布整个流程。

Ionic 将上述这些技术整合起来，成为一个非常强大的移动端应用开发平台。现在你对 Ionic 及其相关技术有了初步了解，下面我们来对比一下三种主流的移动应用，同时介绍 Ionic 的优势。

1.2 移动开发类型

为移动设备开发应用有好几种方法，有必要知道每种方法的优点和缺点。一共有三种基础类型：原生应用、移动端网站和 Hybrid 应用，我们会详细介绍它们的区别。

在图 1.2 中，你可以看到三种类型在设计和架构上的对比。图中还展示了应用如何通过访问数据库或者 Web 服务 API 来加载数据。

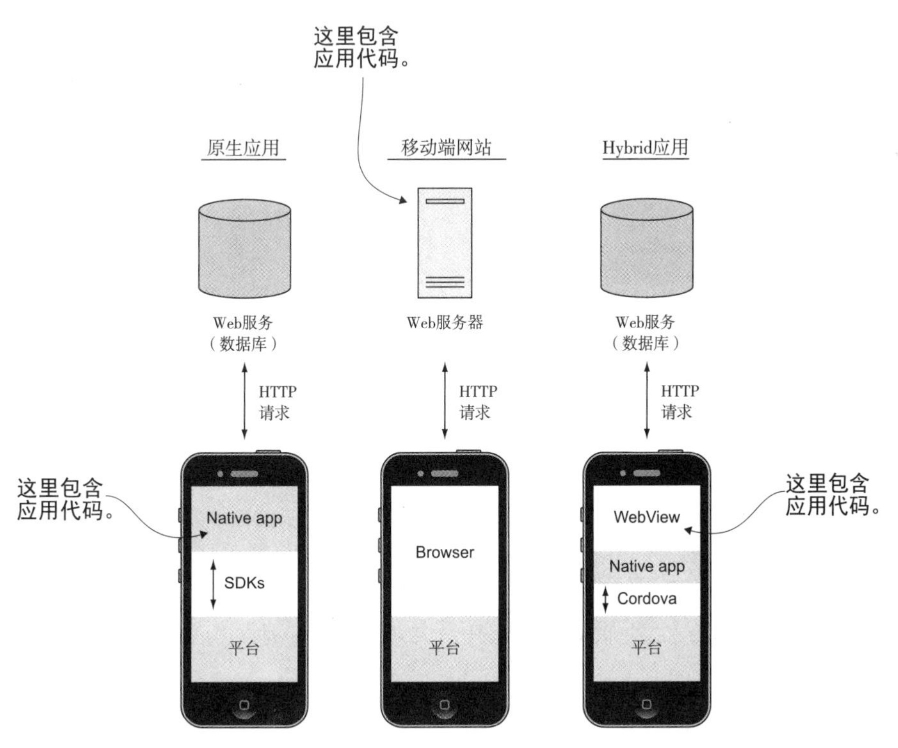

图 1.2 比较原生应用、移动端网站和 Hybrid 应用的架构

1.2.1 原生移动应用

要创建原生应用，开发者需要使用移动平台默认的语言，对 iOS 来说是 Objective-C 或者 Swift，对 Android 来说是 Java。写完之后需要编译应用并把它安装到设备上。开发者可以使用平台的软件开发套件（SDK）来和平台 API 通信，从而可以访问设备中的数据或者使用 HTTP 请求从外部服务器加载数据。

iOS 和 Android 都提供了一系列预先定义好的 API，可帮助开发者在可控的范围内使用平台特性。有许多官方或者非官方出品的工具可以辅助开发原生应用。对开发者来说，在原生应用中使用框架来简化开发是很常见的。

原生应用的好处

比起 Hybrid 应用和移动端网站，原生应用有很多好处，主要得益于和设备平台紧密结合：

- *原生 API*——原生应用可以在应用中直接使用原生 API，这和平台的交流最紧密。
- *性能*——原生应用性能最好。
- *环境相同*——原生应用使用原生 API 写成，对于其他原生开发者来说很容易理解。

但是原生应用也有很多缺点。

原生应用的缺点

原生应用的缺点主要是开发和维护难度大。

- *语言要求*——原生应用要求开发者掌握平台对应的语言（比如 Java）并且知道如何使用平台提供的 API。
- *不支持跨平台*——每个平台都要单独开发。
- *费时费力*——通常来说，需要做很多构建工作，增加成本。

如果（老板要求）你不得不使用 Java 和 Objective-C 或者团队有大量资源并且真的需要原生应用带来的好处，那最好的选择就是原生应用。除此之外，你最好考虑其他类型的应用。

1.2.2　移动端网站（Web 应用）

移动端网站或者说 Web 应用很适合移动设备使用，可以在手机浏览器中访问。Web 应用就是在手机浏览器中访问的网站，它们专门被设计成适合手机屏幕尺寸。图 1.3 展示了一些例子。

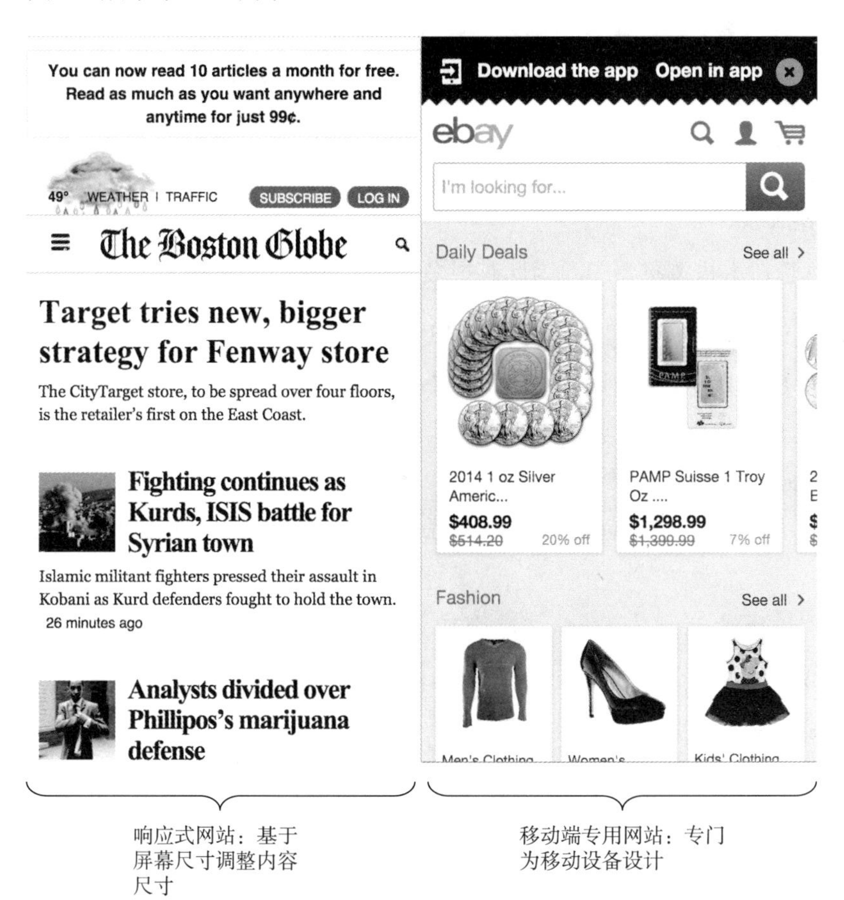

图 1.3　移动端网站：左侧是响应式网站 Boston Globe，右侧是移动端专用网站 eBay。

有些网站的设计者会专门为移动设备开发一个版本。你在移动设备上访问网站的时候可能会被重定向到另一个功能有限的版本。比如访问 eBay，你会被重定向到 http://m.ebay.com 子域名。而访问其他一些网站，比如 www.bostonglobe.com 时，你会发现网站的设计会根据设备的类型和屏幕尺寸进行调整。这用到了被称为响应式设计的技术。网站的内容会根据浏览器窗口尺寸自动调整大小，有些内容甚至会被隐藏起来。

移动端网站的优点

移动端网站有很多优点，主要体现在效率和设备兼容性上。

- *可维护性*——移动端网站很容易更新和维护，没有任何审核流程，也不需要更新设备上的程序。
- *免安装*——网站在互联网中，不需要安装到移动设备中。
- *跨平台*——所有移动设备都有浏览器，它们都可以访问你的应用。

和原生应用相比，移动端网站也有很多缺点。

移动端网站的缺点

移动端网站运行在手机浏览器中，因此有很多限制和缺点。

- *不具备原生访问能力*——因为移动端网站运行在浏览器中，它们不能访问原生 API 和平台，只能访问浏览器提供的 API。
- *需要使用键盘*——用户必须在浏览器中输入地址来寻找或者使用移动端网站，这比单击一个图标困难多了。
- *受限的用户界面*——很难创建对触摸友好的应用，尤其是当要同时兼容桌面版时。
- *移动端访问量下降*——用户在移动设备上访问网站的时间不断减少，使用应用的时间越来越多。

不同的产品和服务需求不同，即使你已经有了移动端应用，可能还是需要一个移动端网站。不过总体来说，移动端网站的重要性不断下降，研究表明用户使用应用的时间更多。

1.2.3 Hybrid 应用

Hybrid 应用指的是包含独立浏览器实例的移动应用，这个实例通常被称作 *WebView*，可以在原生应用中运行 Web 应用。Hybrid 应用会使用原生应用封装器来实现 WebView 和原生设备平台的通信。这意味着 Web 应用可以运行在移动设备上，并且可以访问设备的功能，比如照相机和 GPS。

有很多工具可以实现 WebView 和原生平台之间的通信，从而让 Hybrid 应用成为可能。发布这些工具的并不是 iOS 或者 Android 官方平台，而是第三方，比如本书用到的 Apache Cordova。编译 Hybrid 应用时，你的 Web 应用会被转换成一个原生应用。

Hybrid 应用的优点

相比移动端网站和原生应用，Hybrid 应用有一些优点，这也是它成为有力竞争者的原因。

- *跨平台*——可以只开发一次，部署到多个平台，最小化开发成本。
- *和 Web 开发共用技术*——可以使用开发网站和 Web 应用的技术来开发移动应用。
- *设备访问能力*——因为 WebView 被封装在原生应用中，你的应用让你可以像原生应用一样访问所有的设备功能。
- *简化开发*——开发流程简单快捷，不需要为了预览重复构建。也可以继续使用构建网站的那一套开发工具。

Hybrid 应用允许使用 Web 平台的技术开发移动应用，你可以像开发网站一样开发应用的绝大部分功能。当需要使用原生 API 时，Hybrid 应用框架会把 API 桥接到 JavaScript 中。你的应用可以像检测单击和键盘事件一样检测扫动和捏合手势。不过，如你所料，Hybrid 应用也有一些缺点。

Hybrid 应用的缺点

因为身处 WebView 中，受到原生集成的限制，Hybrid 应用有如下一些缺点。

- *WebView 限制*——应用只能运行在 WebView 实例中，这意味着应用的性能取决于浏览器。
- *通过插件访问原生功能*——你需要的原生 API 现在可能还没有插件实现，可能需要一些额外的开发工作来进行桥接。
- *没有原生用户界面控件*——如果没有 Ionic 这样的工具，开发者需要创建所有的用户界面元素。

有了 Ionic，你可以使用 Web 开发者已经熟悉的知识和技能来构建 Hybrid 应用。

1.3 理解Ionic技术栈

有很多种构建 Hybrid 应用的技术，不过 Ionic 主要用到了三种：Ionic、Angular

和 Cordova。图 1.4 展示了 Ionic 应用打开照相机时整个技术栈的工作流程。

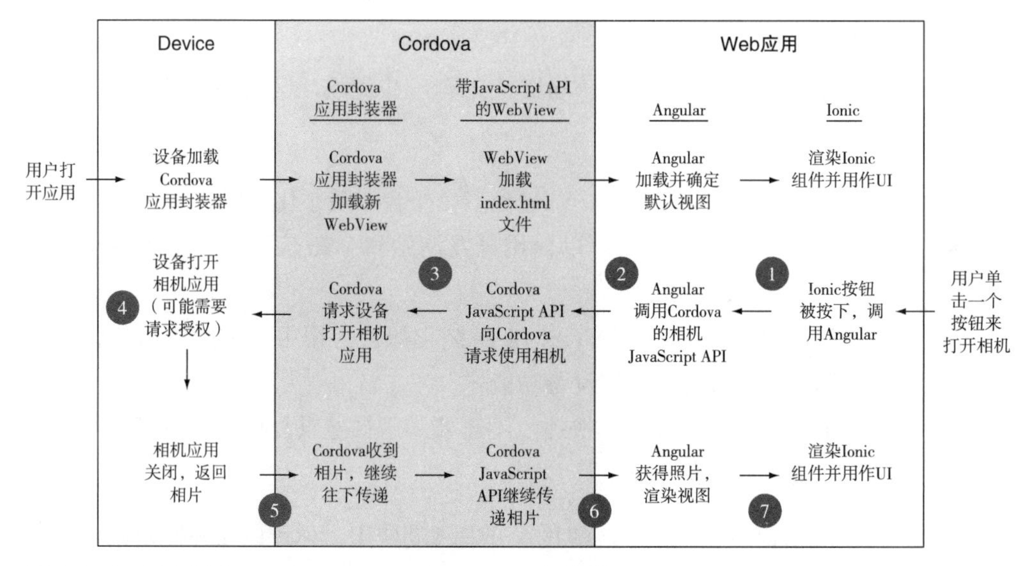

图 1.4 Hybrid 应用中 Ionic、Angular 和 Cordova 的关联

下面来解释一下图 1.4 中的各个步骤。

1. 用户单击按钮（这是一个 Ionic 组件）。
2. 按钮调用 Angular 控制器，后者会通过 JavaScript API 调用 Cordova。
3. Cordova 使用原生 SDK 和设备通信，请求使用照相机应用。
4. 设备打开照相机应用（或者请求用户授权），用户可以照相。
5. 用户确定照片之后，照相机应用关闭，把图片数据返回给 Cordova。
6. Cordova 把图片数据传递到 Angular 的控制器。
7. 图片会更新到 Ionic 组件中。

这个简单的流程解释了 Ionic 应用是如何工作的。如果其中的一些术语你暂时不理解也没关系——我们会在后面进行介绍。重点是解释你的应用到底如何访问设备。下面我们详细解释这三个部分。

1.3.1 Ionic：用户界面框架

Ionic 的主要特征就是一组用户界面控件，它们在移动应用中很常见，但是并没有包含在 HTML 中。假设有一个基于用户位置展示天气状况的应用。Ionic 提供了一系列用户界面组件，比如可以通过滑动切换到温度、预报和天气地图页面。这些组件使用 CSS、HTML 和 JavaScript 开发，它们的行为很像我们平时使用的原生控件。常用的组件有：

- 可以从边缘滑入的边栏菜单
- 开关按钮
- 选项卡

在图 1.5 中你可以看到一张截图，在后面的章节中我们会构建这个示例应用。这张图展示了如何用多个不同的 Ionic 组件创建强大的用户界面。

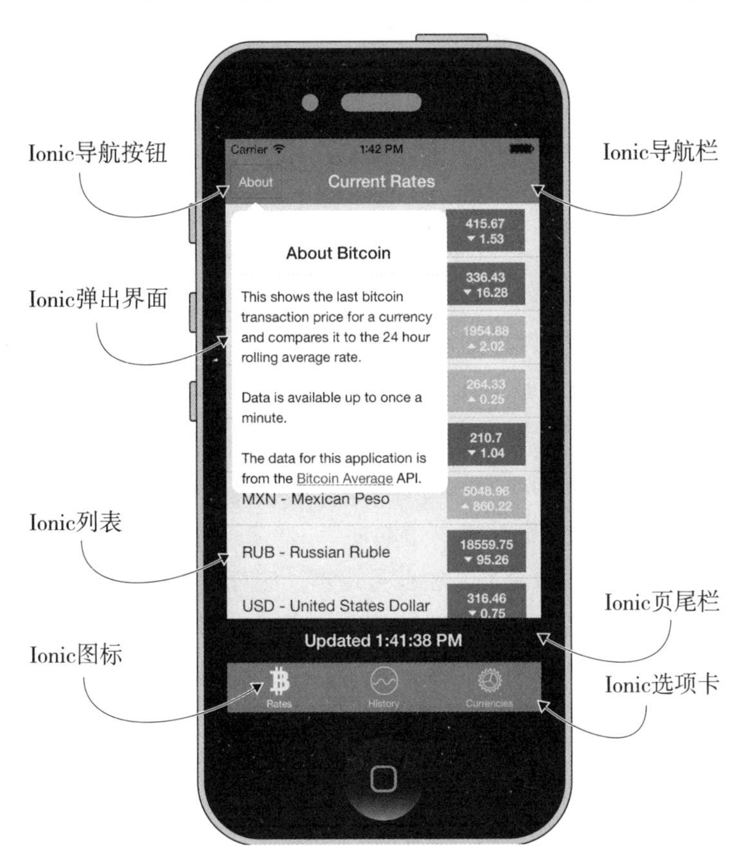

图 1.5 如何把 Ionic 组件组合成一个可用的界面

Ionic 是一个开源项目，主要由 Ionic 团队开发。自 2013 年 11 月发布之后，Ionic 获得了极大关注，已经成为构建 Hybrid 应用的首选，每个月有超过两万款新应用使用 Ionic 开发。Ionic 遵循 MIT 协议开源，官网是 http://ionicframework.com。

Ionic 有一个命令行界面（CLI）工具，包含一些有用的开发者工具。我将它称为 CLI 工具。这个工具可以生成起步项目，还能预览、构建和部署你的应用。在后面的示例项目中我会介绍 CLI 工具的绝大部分功能。

Ionic 包含一个字体图标库，有大量常用图标供你选择。当然，这个库是可选的，不过默认包含在 Ionic 中，后面的例子里我们也会经常使用它。

Ionic 还有许多辅助移动应用开发的服务，比如可视化拖曳应用创建和部署工具、用户追踪和分析以及推送通知。你可以在 https://ionic.io 查看完整的 Ionic 平台。

用户界面控件是 Ionic 的主要特征，不过 Ionic 团队也在努力把 Angular 和 Cordova 集成到 Ionic 中，这就是下面我们要讨论的。

1.3.2 Angular：Web 应用框架

Angular（也被称为 AngularJS）是谷歌的一个开源项目，在 Web 应用开发者中非常有名。它提供了良好的应用架构，可以帮助 Web 开发者快速开发完整应用。在本书的天气应用示例中，你会使用 Angular 来管理用户数据并从天气服务中加载信息。

Miško Hevery 和 Adam Abrons 在 2009 年开始开发 Angular，实际上是 Hevery 带着 Angular 加入了谷歌。今天这个项目已经非常有名，包括 www.stackoverflow.com 和 www.nasa.gov 在内的许多大型网站都在使用。Angular 遵循 MIT 协议开源，详情请访问 http://angularjs.org。

你不再需要使用服务端语言（比如 PHP、Ruby 或者 Java）来构建复杂应用。今天，类似 Angular 这样的 JavaScript Web 应用框架可以帮助你在浏览器中开发复杂应用。通常来说，服务器应用只需要管理私有数据并加密业务逻辑。这对 Hybrid 应用开发者来说是一个好消息，因为浏览器就是你创建应用的平台。如果你很熟悉 Angular（或者其他 JavaScript 应用框架，比如 Ember 和 Backbone），就可以轻松地使用 Ionic 开发移动应用。

在本书中，我们也会使用第三方开发者开发的 Angular 模块。其中一个重要的模块被称为 `ui.router`，它是一个开源的 Angular 模块，可以提供比 Angular 默认路由模块更好的应用路由和导航功能。

1.3.3 Cordova：Hybrid 应用框架

在本书中，我们会使用 Apache Cordova 作为 Hybrid 应用框架。它作为一层，主要任务是实现浏览器窗口和原生 API 的通信。天气应用示例需要访问设备的 GPS 信息，从而加载对应位置的数据，Cordova 可以实现 Angular 和设备的数据传输。

你可能还听说过 PhoneGap。Adobe 把 PhoneGap 项目贡献给了 Apache 软件基金会，这个项目被改名为 Cordova。现在，PhoneGap 是 Cordova 的一个发行版，或者说，PhoneGap 实际上是包含 Adobe 商业特性的 Cordova。在本书中我们会使用 Cordova，如果需要那些特性你也可以使用 PhoneGap。

Cordova 是由一个庞大社区支持的 Apache 开源项目，Adobe 仍然是框架的主要开发者，Cordova 遵循 Apache 2.0 协议开源。

Cordova 有一系列核心功能；除此之外，它也提供了一个插件系统，开发者可以创建一些新功能，比如把原生 API 和手机的照相机集成。这个项目很活跃，会稳定发布新版本。你可以在 http://cordova.apache.org 了解更多相关信息。

Ionic 赞助了 ngCordova 项目，其官网是 http://ngcordova.com。ngCordova 把一系列 Cordova 插件和 Angular 进行了集成。第 8 章会详细介绍 Cordova 和插件，还会介绍许多 ngCordova 项目的使用方法。

1.4　为什么选择Ionic

Ionic对Hybrid应用做了许多重大改进，这是jQuery Mobile这类项目所不具备的。不久之前，移动设备的性能还很弱，只有原生项目能满足开发者的性能需求。移动平台的创建者并没有把浏览器的性能提升到和原生平台同样的高度。但是现在一切都变了，移动设备变得更加强大，平台在不断进步，类似 Ionic 这样的新工具让开发优秀的 Hybrid 应用成为可能。

1.4.1　开发者为什么要选择 Ionic

Ionic可以为Hybrid应用提供看起来和用起来都很像原生应用的体验。长久以来，大家都认为只有原生应用才能做到速度快和功能丰富，但是这个观点已经被证明是错误的。大家都希望自己的移动应用速度快、运行流畅并且好看，Ionic 应用可以：

- *在 Web 平台上开发应用*——你可以使用 HTML、CSS 和 JavaScript 开发类似原生应用的 Hybrid 应用。
- *使用 Angular 开发*——对于那些熟悉 Angular（或者像 Ember 这样的框架）

的人来说，Ionic 是一个不错的选择。Ionic 使用 Angular 进行开发，所以你可以使用 Angular 的全部功能以及所有第三方模块。Angular 的目标是开发主流应用，Ionic 把 Angular 扩展到了移动领域。

- 使用现代技术——Ionic 使用现代的 CSS3 特性进行开发，比如动画。移动端浏览器对 Web 平台新规范的支持更好，因此你可以使用这些新特性。
- 社区支持和开源精神——Ionic 社区在论坛和代码贡献上都非常活跃，也非常愿意分享平台相关的技巧。开源精神贯穿整个项目。
- 强大的 *CLI* 工具——有了 CLI 工具，你可以快速管理开发任务，比如在浏览器中预览应用、模拟运行应用或者把应用部署到连接的设备中。你还可以用它创建和设置项目。
- *Ionic* 服务——Ionic 提供了许多辅助开发的服务。Ionic Creator 服务可以让你用拖曳界面的方式设计和导出应用。Ionic 视图服务可以帮你把 beta 版应用发布给客户和测试用户。总之，Ionic 不仅是创建 Hybrid 应用的基础工具，也是帮助你提高效率的开发者工具。
- *Ionic* 有一个专职团队——开源项目的隐患之一就是你不确定它是否能获得持续开发和支持。Ionic 有一个专职团队，他们会不断推动平台发展。
- 类似原生的体验——使用 Ionic 可以创建类似原生应用的体验，用户更容易使用你的应用。
- 性能——Ionic 性能不比原生应用差；性能越好，用户越开心。
- 美观、可定制的设计——用户界面组件是按照原生风格精心设计的，你也可以轻松地针对应用进行自定义。

使用 Ionic，你可以为用户快速创建功能丰富的应用。这对你、你的团队和你的用户来说都有很大的价值。

1.4.2 Ionic 的缺点

Ionic 不可能满足所有人的需求。下面是 Ionic 目前存在的问题，你在使用之前需要仔细考虑。

- 平台限制——Ionic 1.0 目前只支持 iOS 和 Android 平台，像 Windows Phone 和 Firefox OS 这样的平台未来可能会支持，不过无法保证。应用或许可以在其他平台运行，不过 Ionic 不保证支持。

- 不支持老平台——Ionic 只保证支持 iOS 7+ 和 Android 4+。旧版或许也能运行某些功能，但是我们并不会专门测试。如果你的应用需要兼容旧设备，那这可能是个问题。
- 不等于原生——原生设备 API 必须在 Cordova 支持之后才能使用。如果你需要和设备深度集成，用 Ionic 很难实现。
- 不能应付大量图像——因为运行在浏览器中，Hybrid 应用天生就有这个限制。如果你想做游戏应用或者需要操作大量图像，那 Hybrid 应用环境并不合适，需要使用原生应用环境。

有时候你可能不得不放弃 Ionic，不过即使在这些情况下，使用 Ionic 做原型也是个不错的选择。

1.5 使用Ionic构建应用的前提

要构建 Hybrid 应用，你需要具备一些本书中没有介绍的技能。你不需要成为下面这些领域的专家，但是要掌握基础知识。

1.5.1 掌握 HTML、CSS 和 JavaScript

如果你开发过网站，那你就已经使用过 Web 平台。浏览器就像一个操作系统，你会用它来开发本书中的示例移动应用。HTML、CSS 和 JavaScript 是浏览器开发的核心语言。HTML 指定内容结构，CSS 提供样式设计，JavaScript 提供 Web 应用必需的交互和逻辑。

你需要熟悉 JavaScript 语法以及一些概念，比如异步调用、事件、原型继承和变量作用域等。

1.5.2 掌握 Web 应用和 Angular

你需要掌握 Web 应用的基础知识，因为我们会在移动应用示例中用到它们。有许多技术和库可以构建 Web 应用，如果你有相关经验会有很大帮助。

本书使用 Angular 框架编写 Web 应用。Ionic 集成了 Angular，因此使用 Angular 开发过应用的开发者很容易上手 Ionic。你可能用过其他框架，如 Ember 和 Backbone，这也有助于你掌握 Angular 的开发思路。

我们会在第 3 章介绍一些 Angular 知识，帮助你掌握它，不过这并不是一本讲 Angular 的书。如果你想深入学习 Angular，可以阅读 *AngularJS in Action*（*http://manning.com/bford*）和 *AngularJS in Depth*（*http://manning.com/aden*）。

1.5.3 拥有移动设备

构建移动应用时，非常重要的一件事就是拥有移动设备。我建议你至少为每个平台准备一台设备，从而可以进行真机测试。有许多模拟器可以用，但是都无法替代真机。

你需要使用你的开发者账号注册这些设备，所以最好不要借别人的设备。如果你需要设备，可以从网上买二手的，专门用来测试。对你的应用来说，能测试的设备越多越好。

这三个前提条件可以帮助你更成功地设计、测试和构建跨平台的移动应用。下面我们就来看看 Ionic 支持什么移动平台。

1.6 Ionic支持的移动设备和平台

现有的移动平台——iOS、Android、Windows 8、Firefox OS、Tizen、黑莓等——有很多。你可以使用 Ionic 构建 iOS 和 Android 应用。未来计划支持 Windows 8 和 Firefox OS，不过现在还不支持。

虽然可以使用模拟器来预览开发好的应用，但是这和真实效果完全不同。下面我们详细介绍一下这两个主流平台以及 Ionic 的要求。

1.6.1 苹果的 iOS

苹果创造了流行的 iPhone 和 iPad 设备，并发布了一个通用的平台：iOS。苹果强力控制了从设备到软件和应用的整套体验，把 iOS 变成了一个封闭的系统。从用户和开发者的角度来说，iOS 平台确实非常强大。

苹果提供了 Xcode 作为 iOS 和 OS X 的主要开发工具。Xcode 是免费的，如果你还没下载，可以从 App Store 下载。下一章我们会介绍如何设置 iOS 开发环境。

Xcode 自带的模拟器可以模拟不同版本的 iPhone 和 iPad。模拟器可以很好地模拟真实体验，可以方便地测试同一应用在不同 iOS 版本下的表现。

在开发 iOS 应用时，苹果要求你必须使用 Mac 电脑。苹果的开发者工具只能运行在苹果的操作系统——OS X——上，而且建议你使用最新版。

对于没有 Mac 的人来说，如果准备做 iOS 开发，建议你购买一台。如果你只需要构建移动应用，那任何一个型号的 Mac 都足够用。新 Mac 的处理器性能更强，能更快地进行模拟和构建。如果你想买二手机器，那需要把它升级到最新版的 OS X。

如果你没有 Mac，也有一些其他的方式可以构建应用。Ionic 正在开发一个服务，帮助你构建所有支持平台的移动应用——即使你没有 Mac。

要开发苹果的软件，你需要加入苹果的开发者计划，有 iOS 和 OS X 两种类型。你需要在 http://developer.apple.com 注册账号并加入 iOS 计划。每年需要花费 99 美元，不过你只要在签名和发布应用到 App Store 之前注册就行。你可以在没有账号的前提下下载 Xcode 并学完整本书，直到你需要把应用部署到 App Store。

1.6.2 谷歌的 Android

谷歌开发了 Android 开源移动平台，允许移动设备开发商把 Android 集成到设备中。和苹果相比，Android 有非常多的设备，因为谷歌无法控制安装 Android 的所有设备。旧设备使用的可能是定制过的 Android。由于不需要购买操作系统授权，这种开放系统得到广泛应用，并催生出一批低价机器。

Android 有许多免费的开发工具，可以从 http://developer.android.com/ 下载。谷歌正在开发 Chrome（谷歌的浏览器）内置的工具，辅助 Hybrid 应用开发者进行开发。下一章我们会介绍如何配置 Android 开发环境。Android SDK 包含模拟器，你可以用它模拟绝大部分 Android 设备的屏幕尺寸和分辨率。

Android 开发工具支持 Mac、Linux 和 Windows 系统。详情请访问 https://developer.android.com/sdk/index.html。

谷歌也有开发者计划，只需要一次性缴纳 25 美元。和 iOS 一样，在将应用发布到 Play Store 之前你不需要注册账号。你可以在 https://play.google.com/apps/publish/signup/ 注册。

还有一些其他的 Android 应用商店，比如 Amazon Web Store，也需要加入开发者计划。这些不在本书的范围内，不过你可以构建和部署适配所有安卓设备的应用，无论它们被发布到什么商店。

1.7 总结

在本章中我们了解了 Ionic 针对 Hybrid 应用开发提供的一系列强大工具。下面回顾一下本章的主要话题。

- Ionic 对开发者、管理者和用户来说都是一个明智的选择。
- Hybrid 应用对那些熟悉 Web 平台的开发者来说很有用，他们不需要再学习其他编程语言。
- Hybrid 使用原生应用中的 WebView 来运行 Web 应用，可以通过 WebView 访问原生 API。
- Ionic 集成了 Angular 和 Cordova，前者用于开发 Web 应用，后者用于集成设备平台。
- 支持 Android 和 iOS 平台，不过都需要加入开发者计划，iOS 开发工具需要运行在 Mac 上。

下一章我们会学习如何配置 Ionic 的开发环境，并创建一个简单的应用。

2 配置开发环境

本章要点

- 通过一个示例程序来掌握配置过程
- 在电脑上的模拟器中预览示例程序
- 构建示例应用并载入连接好的设备

你应该已经准备好编写代码并构建一个真正的移动应用了。我会帮助你准备好 Ionic 开发所需的所有工具并创建一个示例程序。学完本章后，你能开发出一个能够在电脑模拟器和设备上运行的示例应用。本章介绍的步骤同样适用于后面的章节，你可以随时回来查阅。

本章分两个部分讲解如何配置开发环境。第一部分会介绍如何安装工具、运行示例应用并在浏览器中进行预览。这个过程会帮助你为后面的快速开发做好准备，相当于配置开发环境。第二部分会介绍如何在模拟器或者设备中预览你的应用，就像图 2.1 那样。这一步主要是配置预览环境。如果你迫不及待想开始构建应用，可以跳过本章的第二部分，需要的时候再回来看。模拟器和设备并不是必需的，除非你准备好在真实的移动环境中进行测试，或者需要使用类似相机和 GPS 这样的功能。

在阅读本书的过程中，你会经常和命令行打交道。在 Windows 中可以使用命令提示符，在程序列表中就能找到。在 OS X 中可以使用终端，可以在 Launchpad 中找到，也可以在 Spotlight 中输入 `terminal` 打开。我建议你在 Windows 的桌面或者 OS X 的 dock 中添加一个快捷方式，因为你经常要用到它。Linux 用户可能需要安装一些额外的依赖，详情请查阅对应的 Linux 系统文档。

图 2.1 你可以在浏览器、模拟器和连接到电脑的设备上预览示例应用。

2.1 快速上手

在本节中你会学习如何配置核心开发环境、配置第一个应用并在浏览器中预览。因为你构建的是 Hybrid 应用，所以浏览器就成为最简单的预览工具。

在开发时，大部分时间都会使用浏览器预览和开发应用。应用基本成型后，可以使用模拟器或者真实设备来运行。图 2.2 展示的是典型的开发流程，本节会介绍用浏览器预览的方法，下一节会介绍其他两个选项。

2.1.1 设置开发环境

在使用 Ionic 开发移动应用之前，你需要确保安装了必要的软件。我会告诉你如何在你的电脑上安装和配置它们。表 2.1 中展示的是你需要安装的软件。

此外，我还建议你使用 Git 来进行代码版本管理，这样会轻松很多。这不是必需的，不过我会提供 Git 命令供你参考。如果你还不熟悉 Git 或者还没有安装它，可以查阅 http://git-scm.org。

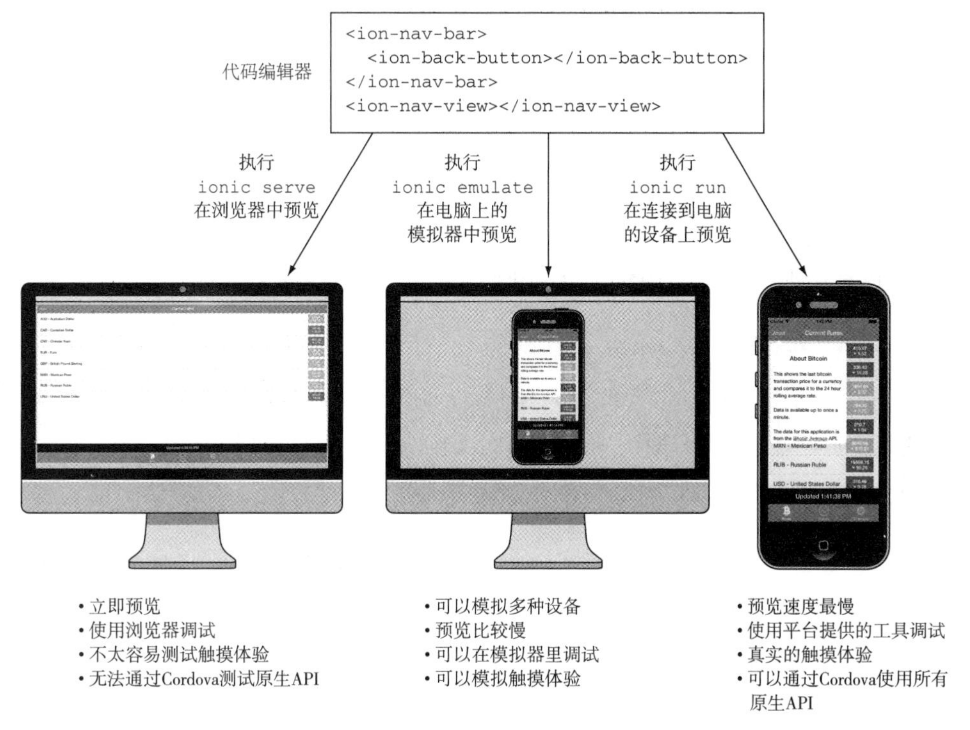

图 2.2 典型的工作流，以及不同预览方式的适用场景。

表 2.1 开发环境需要的软件

软件	主页
Node.js	http://nodejs.org
Ionic CLI	http://ionicframework.com
Cordova	http://cordova.apache.org

如果你已经安装了表中列出的软件，可以跳过下一节，如果没有，那我们来看看具体的安装命令。

安装 Node.js

Node.js（通常被称为 Node）用于在非浏览器环境下运行 JavaScript。开发者可以编写 JavaScript 应用并在任何地方运行。Ionic 和 Cordova 都基于 Node 开发，所以需要先安装它。

要安装 Node，你可以访问 http://nodejs.org 并下载对应平台的安装包。如果你已经安装了 Node，需要把它升级到最新的稳定版。

你可以在 OS X 的终端或者 Windows 的命令提示符中运行下面的代码来验证 Node 是否成功安装：

```
$ node -v
v0.12.0
```

如果你在安装过程中遇到了问题，可以阅读 Node 官网上的文档。下面我们会使用 Node 包管理工具来安装 Ionic 和 Cordova。

安装 Ionic CLI 和 Cordova

用一条命令就能安装 Ionic 和 Cordova。这条命令使用 Node 包管理工具（npm）来安装并设置命令行界面（CLI）工具。执行之前确保你已经安装了 Git：

```
$ npm install -g cordova ionic
```

这条命令需要执行一段时间，这取决于你的网速。在 Mac 上安装全局模块时，如果不加 `sudo` 可能会报错。在本例中，我建议不要允许 Node 模块以管理员权限运行。你可以在 mng.bz/Z97k 找到权限问题的解决方法。

Ionic 和 Cordova 可以直接从命令行执行。它们都需要 Node 来执行，但是因为设置了别名（alias），你可以直接执行 `cordova` 和 `ionic` 命令。运行下面的命令来确认它们被成功安装：

```
$ cordova -v
4.2.0
$ ionic -v
1.3.14
```

配置开发环境非常重要，所以一定要确保成功安装并且是最新版本。你应该及时更新 Ionic，它会在需要更新时提醒你。对于 Cordova 来说，如果有你需要的新特性或者 bug 修复，就需要进行更新。有时更新 Cordova 之后需要更新你的项目，所以不到万不得已不要更新，而且要经常查看 Cordova 的文档，了解更新后要做的改动。如果要更新 Ionic 或者 Cordova，可以运行下面的命令（有更新时 Ionic 会通知你）：

```
$ npm update -g ionic
$ npm update -g cordova
```

到这里你已经完成环境配置，下面我们来创建示例应用。

2.1.2 创建一个新项目

Ionic 提供了一个简单的 start 命令，几秒钟就可以创建一个新项目，如图 2.3 所示。Ionic 提供了许多起步模板，这里我们使用 sidemenu 模板。运行下面的命令来创建一个新项目，然后切换到新目录中：

```
$ ionic start chapter2
$ cd chapter2
```

程序可能会问你是否要创建一个 Ionic 账户，暂时可以无视它。这个账户可以使用 Ionic 提供的服务，不过现在我们用不到，需要的时候随时可以创建。

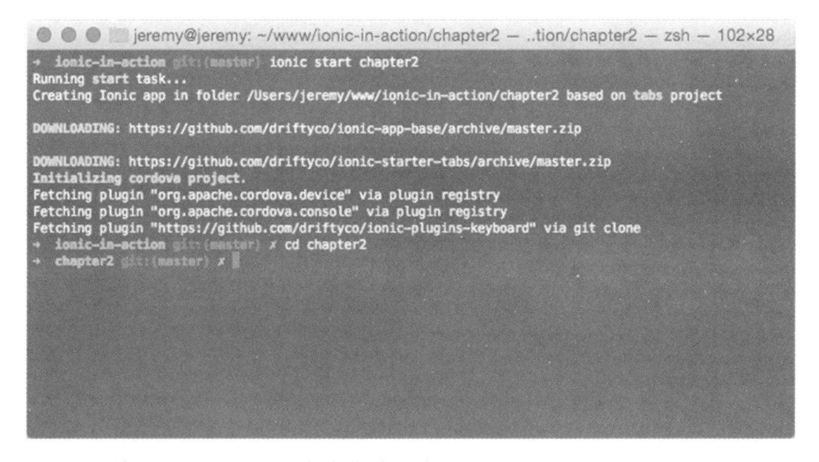

图 2.3 使用 Ionic 的 start 命令生成一个示例项目脚手架

> **Ionic 命令行程序**
>
> Ionic 程序有很多命令，可以运行 ionic --help 来查看所有的可用命令。
>
> 如果要了解程序的详情和文档，可以阅读 GitHub 上的源代码：https://github.com/driftyco/ionic-cli。

Ionic 会创建一个名为 chapter2 的新文件夹并在其中使用默认的 tabs 模板创建新项目。下面我们看看每个文件夹的作用。

2.1.3　项目文件夹结构

项目文件夹中有很多文件和目录，它们有不同的作用。下面是新项目中包含的文件和目录：

- .bowerrc
- .gitignore
- bower.json
- config.xml
- gulpfile.js
- hooks
- ionic.project
- package.json
- plugins
- scss
- www

这是 Ionic 应用的通用结构。Cordova 相关的文件和目录是 config.xml、hooks、platforms、plugins 和 www，剩下的都是 Ionic 创建的。Ionic 使用 Bower 和 npm 管理项目依赖。

Bower 和 npm

Bower 和 npm 都是包管理工具，可以用来下载 Web 应用所需的额外文件。Bower 的目的是帮助你管理项目中的前端文件，比如 jQuery 和 Bootstrap，npm 的目的是管理 Node 项目或者 Node 应用所需的包。

在 Ionic 中，前端的 Ionic 代码使用 Bower 加载，Gulp 依赖使用 npm 加载。Gulp 是一个流行的 JavaScript 构建工具，后面会进行介绍。

可以在 http://bower.io 和 https://npmjs.org 查看更多有关 Bower 和 npm 的信息。

Cordova 会使用 config.xml 生成平台文件，其中包含的信息有作者、全局设置、平台对应设置、可用插件等。默认生成的 config.xml 文件中的作者是 Ionic，应用名称是 HelloWorld。更多选项介绍请访问 https://cordova.apache.org/docs/en/edge/

configrefindex.md.html。

www 目录包含 WebView 中需要运行的所有 Web 应用文件。它会假设目录中存在 index.html 文件，除了这个限制，其他文件你可以随意组织。Ionic 默认会创建一个基础的 AngularJS 应用供你使用。

在具体使用中我们会详细介绍这些文件和目录，现在文件已经生成完毕，你可以预览示例应用了。

2.1.4 在浏览器中预览

你可以在浏览器中预览应用，这样可以轻松地调试和开发，不再需要构建项目并使用设备或者模拟器运行。通常来说，你会先用这种方式开发应用，在快要开发完成的时候使用模拟器和设备进行测试。下面的命令会启动一个简单的服务器并打开浏览器，甚至可以在文件内容改变的时候自动刷新浏览器：

```
$ ionic serve
```

执行时可能会提醒你选择地址，大多数情况下选择 localhost 即可。程序会自动打开你电脑中的默认浏览器并访问 8100 端口。你可以用任意浏览器访问 http://localhost:8100，不过最好使用目标平台使用的浏览器，和 WebView 使用的浏览器保持一致。

因为你是在浏览器中预览应用，可以使用构建网站时使用的开发者工具。在开发的过程中，可以打开开发者工具来进行开发和调试，如图 2.4 所示。

我用哪个浏览器预览真的很重要吗？

虽然你可以使用任意浏览器预览应用，但是建议你使用 Chrome 或者 Safari。iOS 的 WebView 使用的是 Safari，Android 使用的是 Android 浏览器。尽量在电脑上使用同样的浏览器，可以极大提高开发效率。Android 浏览器和 Chrome 并不完全一样，但是 Chrome 的相似度最高。

移动设备中 WebView 使用的浏览器和电脑上的浏览器并不完全相同，但是它们确实有所关联，支持的功能有一定相似性。

不要使用 Windows 版的 Safari 来预览，因为苹果已经不再支持这个项目。

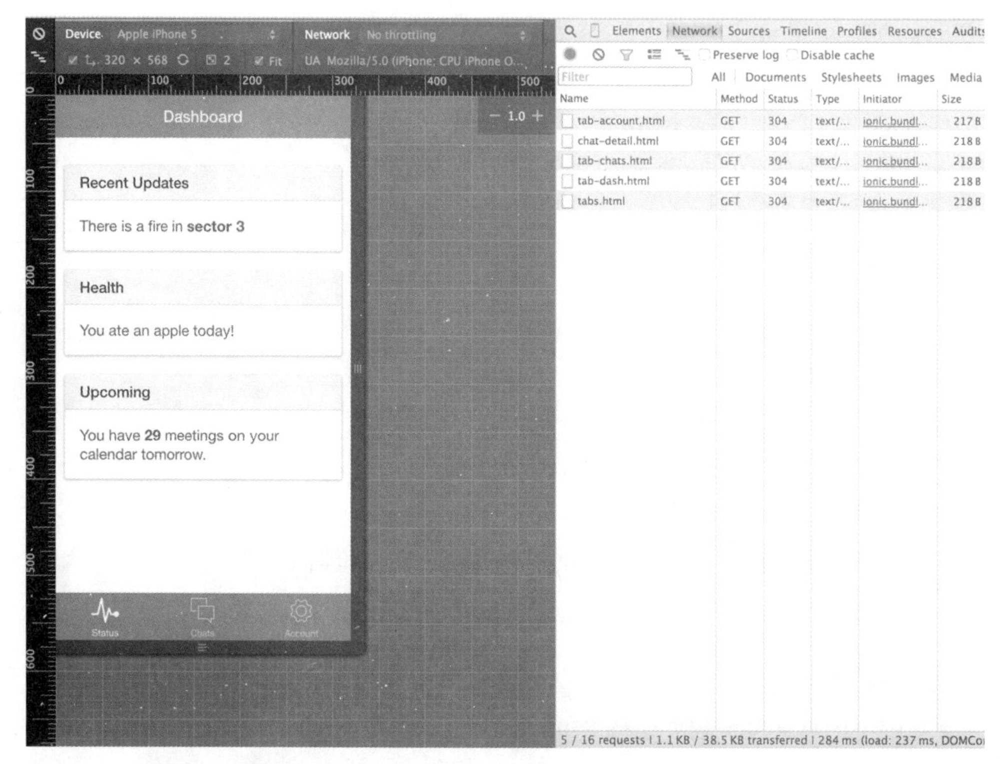

图 2.4　在浏览器里预览应用，可以使用浏览器的开发者工具。

2.2　配置预览环境

本节会教你如何在模拟器和设备上预览项目。这两种方式和在浏览器中预览不同，可以模拟移动设备的使用场景。模拟器是虚拟设备，通过在容器中运行移动平台（比如 Android）来模拟真实物理设备的使用场景。设备预览需要通过 USB 接口连接你的物理设备，然后直接把应用安装上去。

要配置预览环境，你需要：

- 安装构建应用需要的平台工具
- 下载并配置模拟器
- 把设备连接到电脑
- 针对每个支持的平台配置项目并预览

下面的章节会介绍具体步骤，主要针对 Android 平台。不要被复杂的步骤吓到，因为绝大部分都只需要做一次。一旦配置好工具，就可以用在未来的所有项目中。你也可以跳过下面的内容，只用本章前面介绍的工具构建应用原型，需要在设备上进行测试时再回来继续阅读。

2.2.1 安装平台工具

你需要安装额外的软件来模拟应用以及把它部署到设备。你只需配置目标平台对应的软件。表 2.2 介绍了 Android 和 iOS 平台需要的软件。Ionic 1.0 只支持 Android 和 iOS，未来可能会支持 Windows Phone 和 Firefox OX。

表 2.2 Android 和 iOS 模拟和真机调试需要的软件

平台	软件	去哪里找
iOS	Xcode	使用 Mac 在 App Store 中搜索“Xcode”
Android	Android Studio	http://developer.android.com/sdk/index.html

OS X 特有：为 iOS 平台安装 Xcode

苹果要求使用 Xcode 来模拟和部署 iOS 应用。Xcode 只有 Mac 版，因此如果你想支持 iOS 平台，就必须有一台 Mac。

要下载 Xcode，可以打开 App Store 并搜索“Xcode”。这是苹果的官方应用（参见图 2.5），文件尺寸非常大（超过 3 GB），所以确保你有足够的磁盘空间。

安装 Android Studio

任何 Windows、Mac 和 Linux 电脑都可以开发 Android 应用。Android 需要运行在 Java 上，后者也是跨平台的。Android 提供了两个选项：Android Studio 或者 Android 的独立 SDK 工具。Android Studio 是一个完整的 IDE，内置 SDK，而后者只包含 SDK。两个选项都可以在 http://developer.android.com/sdk/index.html 下载。

其实你只需要 SDK。Android Studio 对于原生 Android 应用开发者来说很棒，但是本书并不会使用它。我建议你只安装对应平台的独立 SDK 工具。更多安装命令可参见 http://mng.bz/flIn。

在 Mac 或者 Linux 上安装好独立 SDK 之后，确保你把目录添加到了 PATH 环境变量中，这样就可以直接执行 Android 命令。要验证安装是否成功，可以运行下面的命令，查看 Android 的帮助：

```
android -help
```

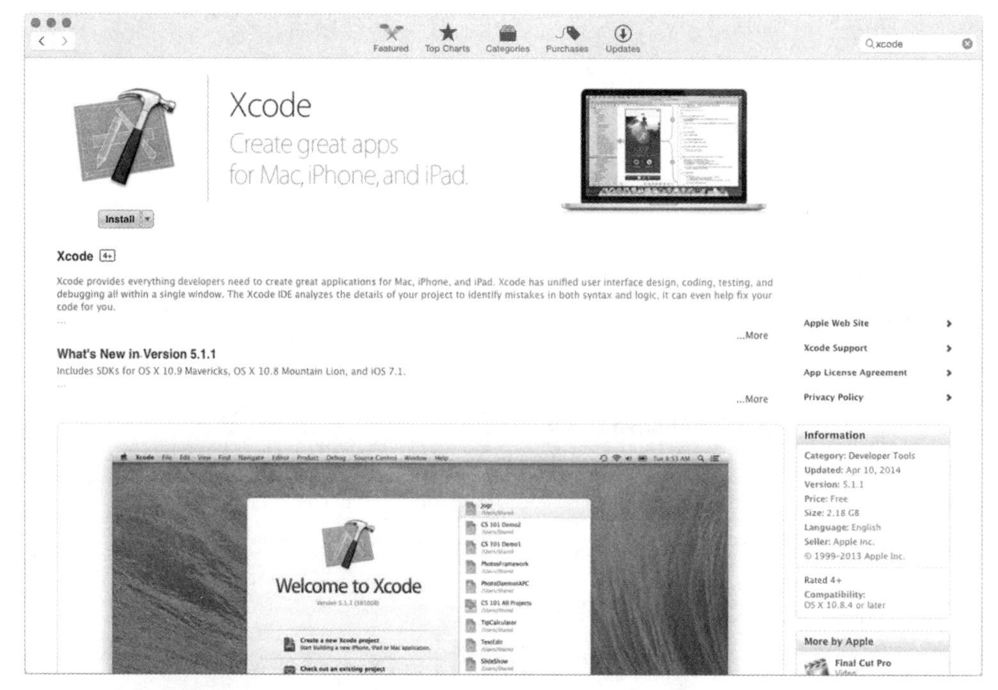

图 2.5 Xcode 可以在 Mac 电脑的 App Store 免费下载

下面配置模拟器。

2.2.2 配置模拟器

你可以使用模拟器在电脑上运行虚拟的设备，从而模拟真实的移动设备环境。虚拟设备会运行在模拟器内的平台中——举个例子，在 Android 模拟器中可以运行真实的 Android 操作系统并安装你开发的应用。

当需要快速测试不同设备的兼容性或者想测试那些你没有的设备时，可以使用模拟器。比起浏览器，模拟器预览会慢很多，所以最好先在浏览器中开发完成应用的功能，然后再使用模拟器。

模拟器需要安装和配置，而且需要一些时间来下载。下面我们看看如何配置 Android 和 iOS 模拟器。

配置 iOS 模拟器

Xcode 中的模拟器就是我们需要的。要配置 iOS 模拟器，打开 Xcode，然后单击“Preferences”项。在“Downloads”选项卡中会看到一系列选项，包含文档和

iOS 模拟器，如图 2.6 所示。

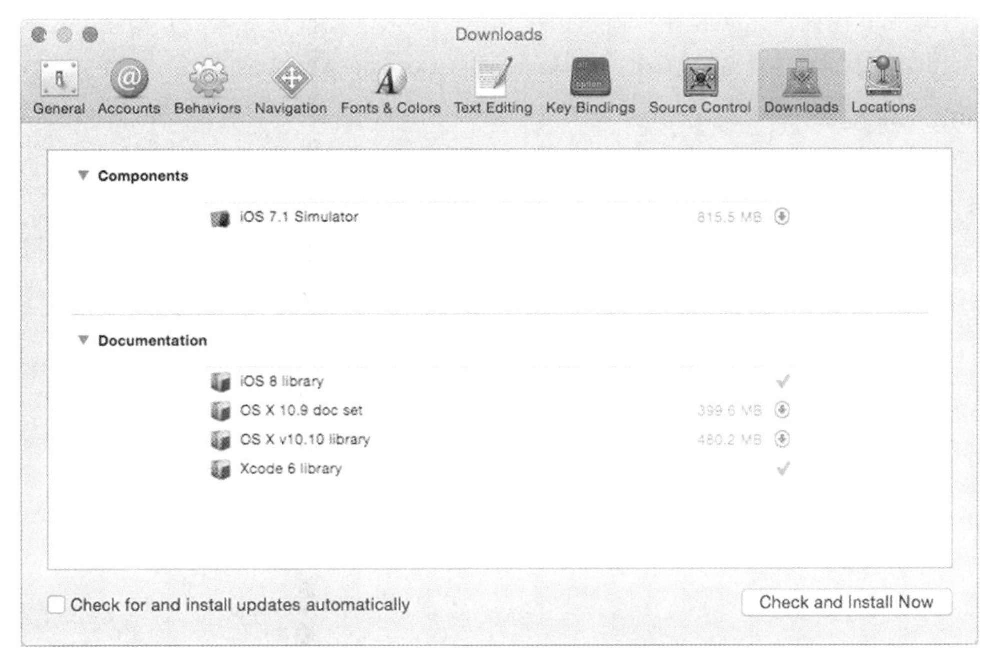

图 2.6 在 Xcode 的 Downloads 选项卡中可以下载并安装 iOS 模拟器

我应该使用什么版本的 Android 和 iOS ?

Ionic 支持 iOS 7+ 和 Android 4+（部分支持 Android 2.3）。通常来说，支持到最低的版本可以增加潜在的用户基数。在原生应用项目中设置最低的版本号会导致低于这个版本的用户无法安装你的应用。

但是有时候你只想支持新版本，比如你用到了只有新版才有的插件和功能。

我建议只下载最新的模拟器，之后需要进行测试时再下载所有版本的 iOS。文档也不是必需的，需要的时候你可以在网站上查看。因为这些模拟器和文档非常大，为了节约时间和磁盘空间，只下载你需要的就够了。

下载完成之后，你的 iOS 模拟器就配置完成并可以使用了。如果需要重置模拟器，打开模拟器，单击顶部菜单中的“iOS Simulator”，然后选择“Reset Content and Settings”。

配置 Android 模拟器

Android 模拟器比 iOS 模拟器自由度高——你可以设置设备参数并构建自己的设备。虽然有一些预先设置的内容，但是由于 Android 设备种类太多，配置过程还是要比 iOS 复杂一些。

首先需要配置 SDK 包，在命令行运行 `android sdk` 来打开 SDK 管理器。你可以用它下载任何版本的 Android 平台文件，不过目前来说不需要。为了节约时间，我建议你只下载最新的发行版和核心工具。需要选择下面的选项，如图 2.7 所示。

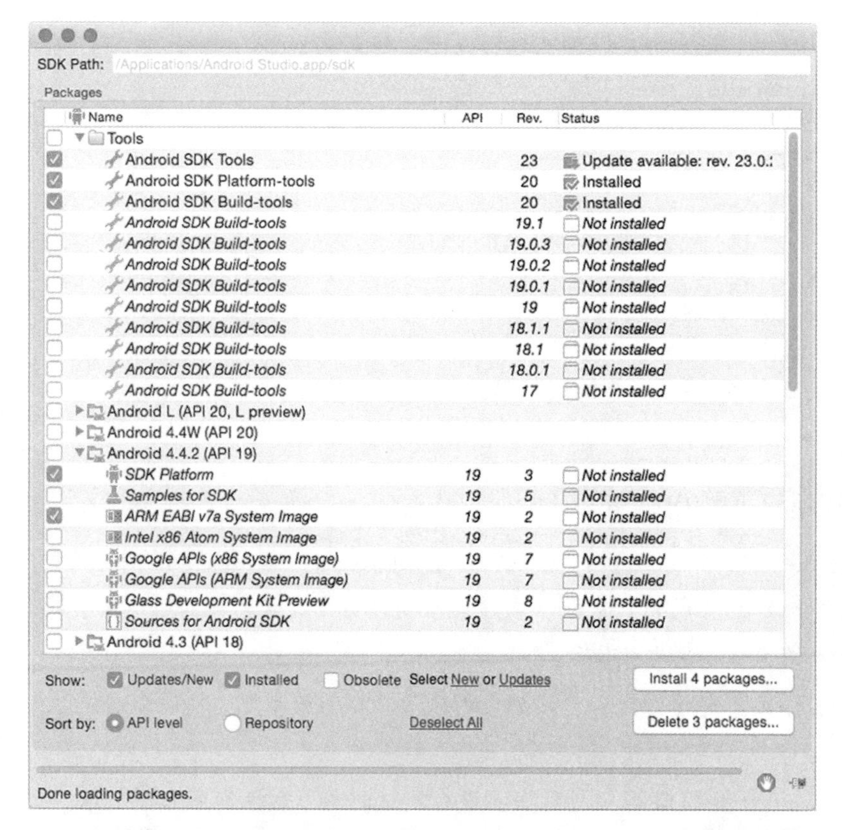

图 2.7 选择 SDK 工具、平台工具和最新的构建工具包，并且选择最新的稳定版 Android SDK 和 ARM 系统镜像。

- 工具：
  - Android SDK Tools
  - Android SDK Platform-tools
  - Android SDK Build-tools（选择最新的版本）

- Android 4.4.2（API 19，对应 Cordova 的 4.2 版）
  - SDK Platform
  - ARM EABI v7a System Image

Cordova 设置了默认的 API 级别（Cordova 4.2.0 设置的是 API 19），但是这可能会改变。如果发生变化，你可能需要安装对应 API 级别的 SDK 平台。

接着你需要声明模拟器的设备参数，以控制具体的设备参数，比如 RAM、屏幕尺寸等。执行下面的命令打开 Android 虚拟设备（AVD）管理器，如图 2.8 所示。

```
android avd
```

图 2.8 使用 android avd 命令来打开 AVD Manager

选择“Device Definitions”选项卡，这样就可以基于现有的设备配置来创建设备，如图 2.9 所示。我建议使用 Nexus 4 或者 Nexus 5，因为它们都是谷歌开发的，并且非常流行。

在列表中选择好设备之后，单击“Create AVD”按钮，它会打开一个表单，包含一些可以调整的设置。你可以选择目标 Android 平台的版本、屏幕尺寸和分辨率等。可按照图 2.10 进行设置。

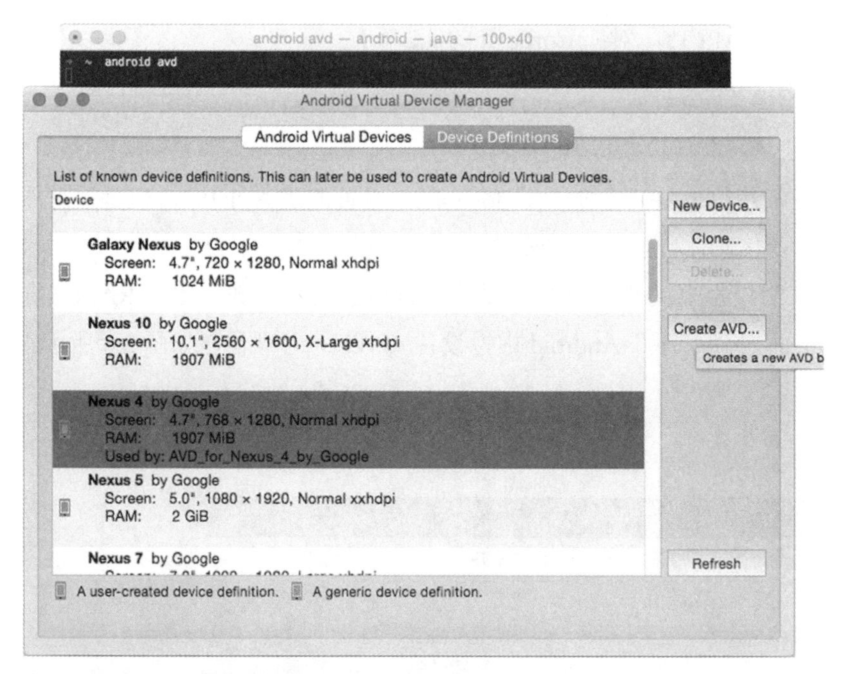

图 2.9 基于你的配置选择一个设备描述，然后单击 Create AV 按钮。

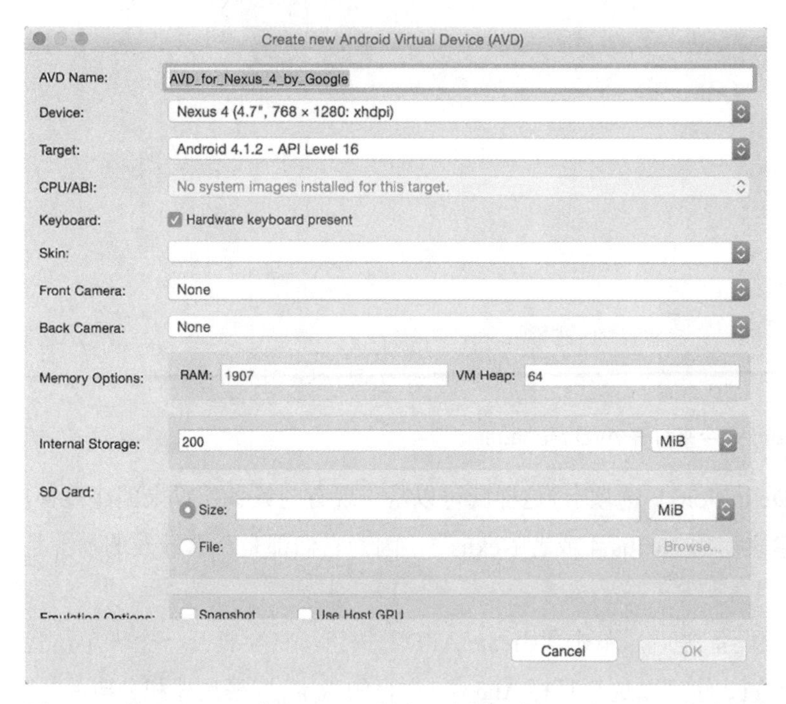

图 2.10 基于 Google 的 Nexus 4 创建一个新设备。这个设备的基础功能和真实手机一样，只是没有启用相机。

设置完成之后，单击“OK”按钮保存你的设备。可以创建或者删除设备，不过至少保留一个用于模拟。第一次运行的时候可能会有点慢，因为需要做一些额外的配置以启动工作。

现在已经配置好了 Android 设备，可以使用它来模拟 Android 项目。把应用发送到模拟器设备中就可以自动启动设备。

2.2.3 配置连接设备

如果你有一个 Android 或者 iOS 设备，可以把它连接到电脑并部署应用。如果你想测试不同版本的设备，可以把它们都配置好。把应用部署到商店之前或者想要在触摸环境下测试应用功能和原生插件时，需要使用真实设备进行测试。

配置 iOS 设备

要连接 iOS 设备并部署应用，需要有一个苹果开发者账号并加入 iOS 计划。把你的 iOS 设备连接到 Mac，打开 Xcode，在顶部菜单中选择“Window > Organizer”来打开设备模拟器。

在连接和部署应用之前，苹果要求必须完成安全配置。你必须在“Preferences > Accounts”中关联账号，然后配置证书和概要。Xcode 会根据设备型号引导你进行配置。如果需要更多帮助，可以访问苹果的文档：https://developer.apple.com/library/ios/documentation/ToolsLanguages/Conceptual/Xcode_Overview/。配置完成之后，就可以使用你的设备部署应用了。

配置 Android 设备

第一步是在 Android 设备上开启开发者设置。默认情况下，Android 设备不能连接调试工具，必须手动开启设置。

按照下面的步骤开启开发者模式：

1. 打开“设置”窗口并滚动到最后一项“关于”。
2. 在“关于”窗口的底部有一个“版本号”项，你必须单击它 7 次来开启开发者模式。快到 7 次的时候，设备会提醒你剩余的单击次数。
3. 完成上一步之后，回到“设置”窗口，可以看到一个新的“开发者选项”。

接着按照下面的步骤开启 USB 调试：

1. 在“设置”窗口中选择“开发者选项”。
2. 往下滚动，直到你看到“USB 调试”选项。
3. 打开它——可能会弹出确认窗口——然后你的设备就可以在连接到电脑时进行调试。

现在你的设备已经配置完成，连接到电脑之后系统就可以检测到它，从而可以进行应用的构建和部署。

2.2.4 给项目添加平台

使用模拟器或者设备预览项目之前，需要配置项目支持的平台。再次打开命令行，下面两行命令会使用 `ionic` 工具创建 iOS 和 Android 的项目文件：

```
$ ionic platform add ios
$ ionic platform add android
```

每条命令添加一个平台，所以如果你要支持多个平台，需要一个一个地添加。你可以看到不同的平台会触发一系列不同的任务，以完成对应平台的配置工作。

在 platforms 目录下，会出现对应平台的新文件夹，里面是对应平台的文件。目前只生成了基本的应用文件，之后你会修改这些文件并用它们生成最终的应用。

2.2.5 在模拟器中预览

现在你应该至少给应用项目添加了一个平台，可以使用对应平台的模拟器来预览应用。你需要先配置好模拟器才能进行后面的步骤。使用模拟器可以更加接近真实环境，但是在开发环境中这样做比较浪费时间。启动模拟器并预览应用需要一些时间，尤其是第一次。如果你在 Mac 上模拟 iOS 平台，还需要安装 `ios-sim`：

```
$ npm install -g ios-sim
```

现在可以使用 `emulate` 命令在模拟器中运行应用：

```
$ ionic emulate ios
$ ionic emulate android
```

在执行完一些任务之后，模拟器应该会启动。你会在命令行中看到很多输出，它正在构建和生成必要的文件，当它输出 success 消息之后，就会启动模拟器并加载你的应用。

模拟 Android 时，你可以使用 --target=NAME 来指定用哪个设备运行应用；否则会使用默认的模拟器。iOS 模拟器启动之后，可以在顶部的“Hardware”菜单中修改硬件配置。

如果你已经启动了模拟器，不用关闭就可以直接运行 emulate 命令。因为模拟器不需要频繁重启，这会比关闭并重新打开快很多。

Ionic 有一个非常强大的特性，可以让你热重载应用，就像之前用浏览器预览一样。这个特性可以节省很多时间，并且会把 console.log 输出到终端中。详情可以阅读博客文章 http://mng.bz/gKJ8。

如果要使用热重载，运行命令的时候加上标志 -l 和 -c，可开启热重载和命令行日志。这样你就可以在终端中看到之前在浏览器里的输出，并且修改文件的时候应用会自动重载。具体命令如下：

```
$ ionic emulate ios -l -c
$ ionic emulate android -l -c
```

如果要指定模拟器，需要添加额外的参数来声明。对 Android 来说，需要使用 --target=[emulator name] 并输入 AVD 管理器中的模拟器名字。对 iOS 来说，需要运行 ios-sim showdevicetypes 来查看设备列表，然后使用 --devicetypeid [device type] 来指定 ios-sim 输出列表中的设备类型。

2.2.6 在移动设备上预览

真实无可比拟。如果你有 Android 或者 iOS 设备，那你一定很想把应用部署上去。虽然这种方式很有用，但是也比较慢，而且不方便调试。不过 Ionic 同样提供了真实设备的热重载功能。使用下面的命令来预览：

```
$ ionic run ios -l -c
$ ionic run android -l -c
```

如果你的设备没有连接和配对，命令会失败。

在 iOS 设备上预览

首先确保你的项目已经添加了 iOS 平台，进入 platforms/ios 目录，打开扩展名为 .xcodeproj 的文件。这会用 Xcode 打开你的应用，然后可以选择要部署的设备，如图 2.11 所示。

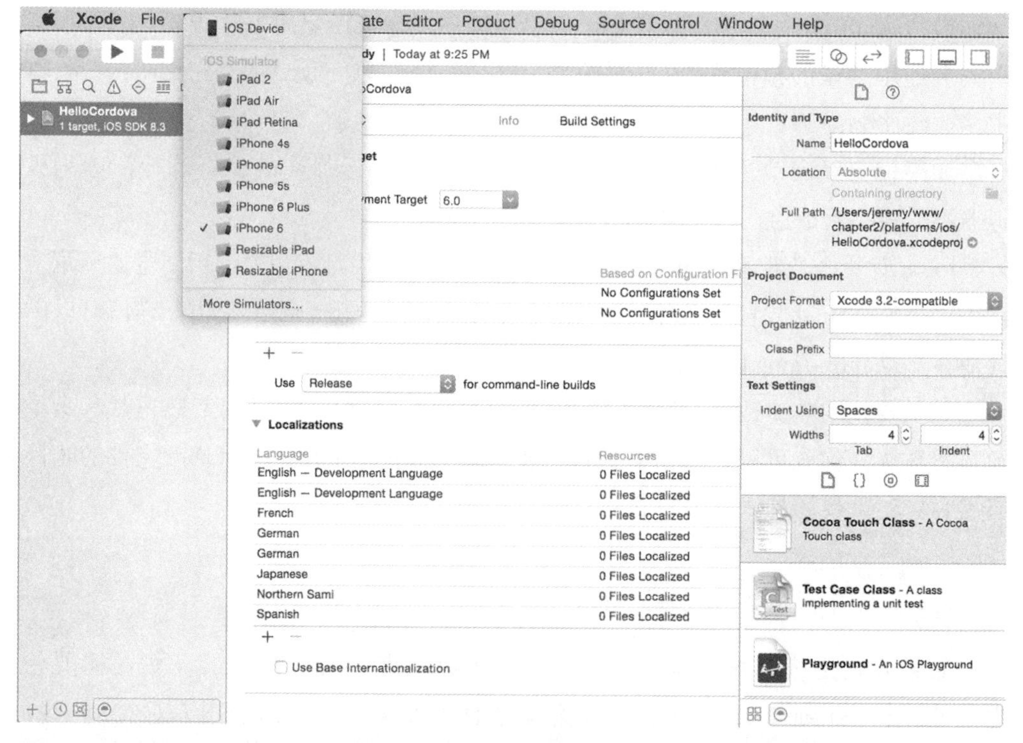

图 2.11　可以在 Xcode 中选择想要使用的设备或者模拟器

可以部署很多次，每次部署都会覆盖现有的版本。你也可以像删除其他应用一样删除你的应用，长按图标，等它颤抖之后单击“X”。

部署到 Android 设备

如果你已经给项目添加了 Android 平台，那就很容易把应用部署到 Android 设备上。如果你还没有开启 USB 调试，请先阅读 2.2.3 节。

如果你使用的是 Windows，需要从 https://developer.android.com/tools/extras/oem-usb.html 下载你设备对应的 USB 驱动。如果使用的是 OS X，什么都不需要做。如果使用的是 Linux，请参考 https://developer.android.com/tools/device.html。

要确认设备已连接，可以在命令行运行 `adb devices`。你应该能看到类似图 2.12 所示的设备列表，如果你配置了模拟器，也会显示在这里。

下面需要构建 Android 项目，这会生成一个 .apk 文件，用于安装到设备上。你可以在 platforms/android/ant-build 目录中找到它，文件名以 -debug.apk 结尾：

```
ionic build android
```

```
adb -d install platforms/android/ant-build/HelloCordova-debug.apk
```

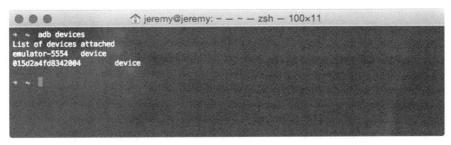

图 2.12　可以在命令行执行 adb devices 命令来查看所有的 Android 设备。带 emulator 前缀的是模拟器，真实设备是一个哈希值。

安装完毕，可以在应用页面找到 HelloWorld 应用。打开它，会看到和之前模拟器中一样的界面，如图 2.13 所示。

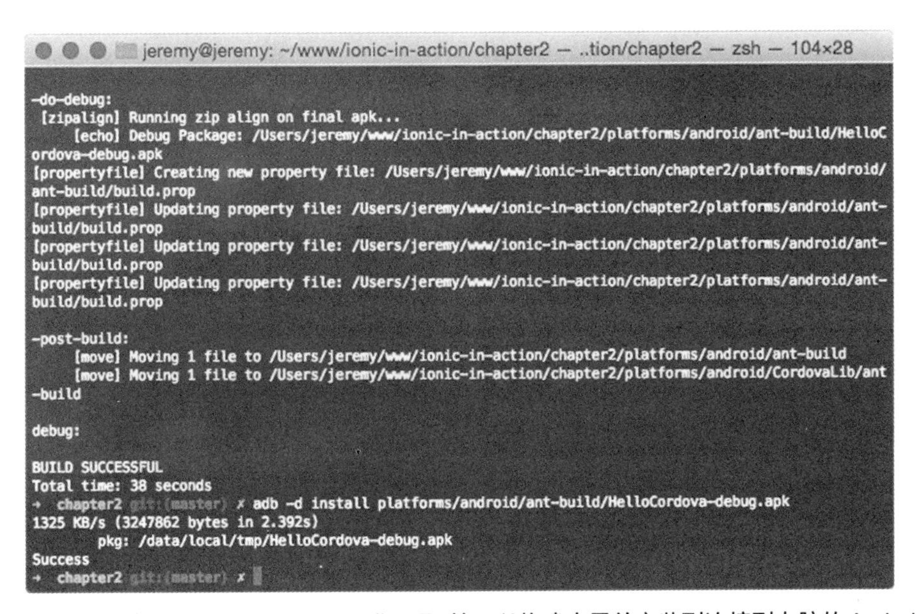

图 2.13　使用 Ionic 和 Android 开发工具，就可以构建应用并安装到连接到电脑的 Android 设备上。

2.3　总结

本章介绍了开发环境配置并构建了一个示例应用。虽然这个应用很简单，但是在实际开发中你会经常用它来开始新项目。我们来回顾一下本章的主要内容：

- 开发 Hybrid 应用之前需要配置一些软件。

- Ionic 提供的命令行工具有许多功能，比如创建项目、构建项目以及在浏览器中预览项目。
- 开发和调试阶段主要会使用浏览器来预览项目。
- 模拟器很适合用来预览项目，我们介绍了具体的配置方法。
- 配置完成后，你可以在连接到电脑的设备中预览应用。

下一章中你会学习到如何使用 Angular，它是 Ionic 应用开发的核心。

3 AngularJS必备知识

本章要点

- 如何构建和组织 AngularJS 应用
- 在 Ionic 大量特性中使用的 AngularJS 基础知识
- 如何使用控制器、过滤器、指令、作用域等特性

AngularJS 是一个 Web 应用框架，它极其流行，已经成为目前使用最广泛的 JavaScript 工具之一。Ionic 基于 AngularJS 构建而成，所以学习一些 AngularJS 的知识很有必要。Ionic 并没有独立开发一套完整的 Web 应用框架，而是对 Angular 进行扩展，给它添加了大量界面组件和其他的移动端友好的特性。

本章会带你了解 Angular 的核心知识并介绍之后会用到的基础知识。如果你已经很熟悉 Angular，可以跳过或者快速浏览本章。本章的目标读者是那些第一次接触 Angular 或者对其了解不多的人。

我们会学习控制器，顾名思义，它会控制（control）你的数据。接着我们会介绍作用域，它会连接控制器和用户界面，后者被称为视图（view）。仔细观察视图，你会看到它们是如何通过模板和作用域来创建交互式视觉效果的。在这个过程中，我们还会学习其他特性，比如如何使用过滤器来转换数据、如何构建并使用指令来

增强现有的 HTML 元素，以及如何从外部数据源中加载并保存应用数据。

本章会带你构建一个基础的 Angular 应用，如图 3.1 所示，从而帮助你更好地学习 Angular。你可以跟着示例代码一步一步学习，也可以直接在 GitHub 上查看完整的项目代码 https://github.com/ionic-in-action/chapter3。如果你想直接看最终的效果，可以访问 https://ionic-in-action-chapter3.herokuapp.com/。

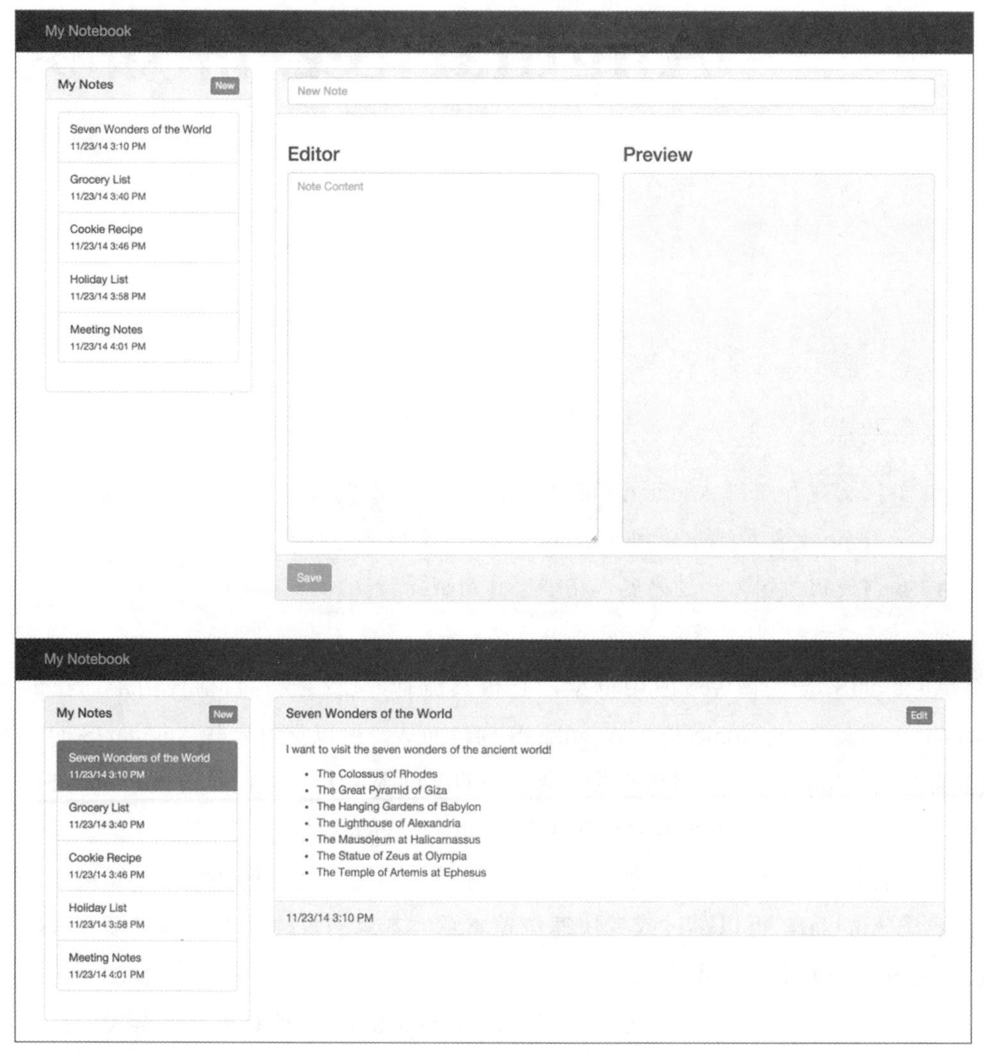

图 3.1　本章的应用会显示一系列笔记，并且可以查看和修改笔记。

学完本章之后，你会掌握 Angular 的基本运行原理。如果要展开讲解，一本书是远远不够的，你可以阅读其他资料来深入学习 Angular，本书只会介绍主要特性。

在动手写代码之前，我们先简单介绍一下 Angular 和它的适用场景。

3.1 AngularJS初探

使用 Angular 构建应用之前，我们先来看一个典型的 Angular 应用都有哪些组成部分。首先是展示数据用的视图和模板，然后是向视图中加载数据的控制器。图 3.2 展示了这些部分是如何协同合作来创建应用中的笔记列表的。

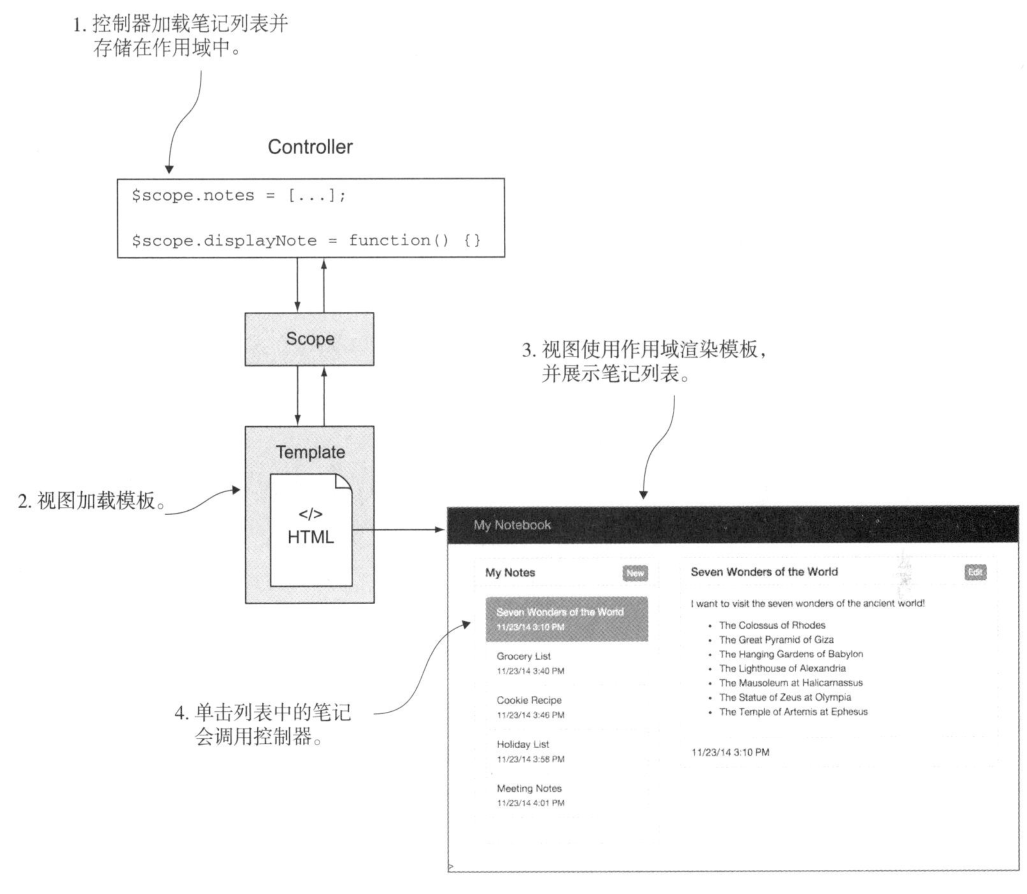

图 3.2 从控制器加载数据到显示视图，笔记列表渲染的完整过程。

3.1.1 视图和模板：描述内容

Angular 和 HTML 关系密切，尤其是在你创建模板的时候。模板是一块 HTML 内容，可以在需要的时候载入应用。Angular 向 HTML 中加入了许多新特性并扩充了 HTML 的语义。

视图会使用模板来展示数据。视图一定会有一个模板（就是 HTML 标签），还会有模板需要用到的数据。视图会把模板转换成用户最终看到的视觉效果，也就是说，它会基于数据修改模板。图 3.2 中的一段模板如下所示：

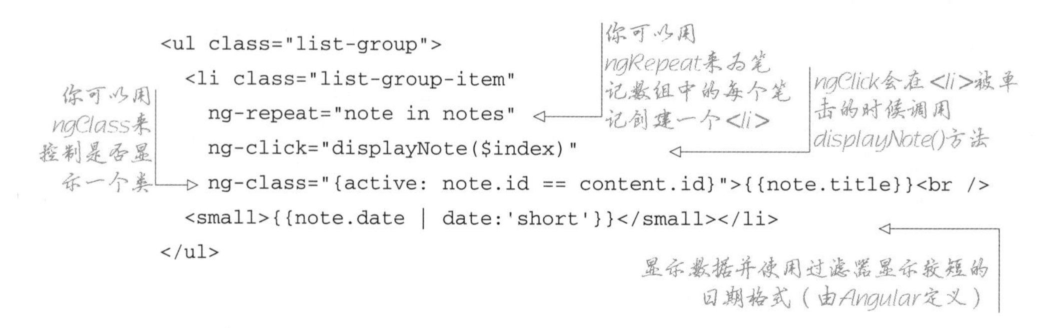

这段模板展示的只是 `<ul>` 中的一个 `<li>` 元素，它包含多个被称为 *Angular* 指令的属性。指令会修改包含它的元素的行为。在本例中，`ngRepeat` 会遍历一个 JavaScript 对象或者数组，并为每个元素创建一个 `<li>` 元素。`ngClick` 类似 JavaScript 的 `onClick` 事件处理器，单击时会调用 `displayNote()` 函数。这个模板被渲染时会为 `notes` 数组中的每个元素创建一个列表元素。

双花括号（{{}}）表示某些数据会被展示在这里，这种思想被称为*数据绑定*，这种语法叫作*表达式*。花括号中的所有内容都是表达式，Angular 会用当前模型的数据对表达式求值。因此，`note.title` 的内容会被插入 `<li>` 元素中花括号包裹的位置。

模板就是带有指令或者表达式的 HTML。视图会获取数据并使用数据中的值来对模板进行渲染。假设 `notes` 数组有 5 个笔记，`<ul>` 元素会包含 5 个列表元素，就像你在图 3.2 中看到的那样。

Angular 有很多自带的指令，它们都以 `ng` 开头。有些用来修改显示样式（如 `ngShow`、`ngClass`），有些用于表单（如 `ngModel`、`ngForm`），有些用于监听单击等各种事件（如 `ngClick`、`ngMouseover`）。Angular 还有许多作用在原生 HTML 元素上的指令，提供一些 HTML 没有的功能，这些元素包括输入框、文本区域和锚点。举个例子，Angular 可以给 `<input type="text">` 元素添加额外的属性，让它支持自定义验证。我们会在之后的例子中用到更多的指令，完整的列表请查阅 Angular 官方文档。

ngApp 和 ng-app 有什么区别？

在介绍 Angular 时，大家通常会把指令写成 ngApp 或 ng-app 这两种形式。实际上它们说的是同一个东西，但为什么有两种形式呢？

如果你看到的是 ngApp 或者 ngClass，它们是 JavaScript 版本的名字。JavaScript 语法不允许在变量名中使用连字符，所以使用小写字母开头的驼峰命名法。官方文档使用的就是这种写法，本书也遵从这个惯例。

如果你看到的是 ng-app 或者 ng-class，这是 HTML 版本的名字。HTML 对大小写不敏感并且允许在属性名或者标签名中使用连字符。在 HTML 中使用连字符是一种惯例，可以增强可读性并且和其他的 HTML 属性一致。

下面我们来看看数据和视图的关联方式以及展示方式。

3.1.2 控制器、模型和作用域：管理数据和逻辑

控制器是附加在文档对象模型（DOM）节点上的函数，用来驱动你的应用逻辑。在 JavaScript 中，控制器就是一个函数，用来和作用域通信并响应事件。

作用域可以理解为在控制器和视图之间共享的一个上下文。可以把它看作控制器和界面的桥梁，作用域在控制器中更新时也会更新视图。你可以在图 3.2 中看到它们的关联关系，可以通过箭头看出视图和控制器都把作用域当作中转站。

作用域有两个核心角色：存储数据并允许控制器的方法访问数据。存储在作用域中的数据被称为模型。模型可以是任意 JavaScript 值（通常是数组或者对象，也可以是简单的数字或者字符串），你可以把它存储在作用域中，然后通过作用域共享给控制器和视图。

我们来看一个控制器的例子，它会把之前的视图和模板结合起来：

```
angular.module('App')
.controller('Controller', function ($scope) {
  $scope.notes = [
    { id: 1, title: 'Note 1', date: new Date() },
    { id: 2, title: 'Note 2', date: new Date() }
  ];
  $scope.getNote = function (index) {
    $scope.content = $scope.notes[index];
  };
});
```

声明控制器并使用$scope服务来访问作用域

创建笔记对象数组并赋值给notes模型，ngRepeat会显示这个模型

添加一个方法，它会被视图中的ngClick命令触发并更新当前值

这个控制器会使用一个数组中的元素来设置 `notes` 模型，后者存储在一个特殊的 `$scope` 对象中。这个对象是 Angular 提供的，每个作用域都有，你可以存储数据并在控制器和视图（也就是模型）中共享数据。视图会使用 `ngRepeat` 在列表中展示笔记数组。`getNote()` 方法可以帮你声明哪些笔记需要存储在 `content` 模型中。视图可以调用这个方法，因为它们在同一个作用域中。

控制器中的所有内容都和应用的其他部分隔离，除了它自己的子作用域。这很重要，因为这可以限制代码和变量的可见性。对一个新 Angular 开发者来说，常见的挑战就是访问不同作用域中的内容，默认情况下是不可能实现的。

Angular 的作用域是有层级结构的，作用域可以像 DOM 一样嵌套。实际上，作用域对应页面上的 DOM 结构。作用域可以通过附加实现只允许一个 HTML 元素及其子元素访问，就像 CSS 类可以将目标样式应用在设置类的元素及其子元素一样。

当想进行跨作用域通信时，层级结构变得尤其重要，因为子作用域可以查看父作用域（就像 JavaScript 的原型继承一样，如果你很熟悉的话）。Angular 中的一些指令会创建子作用域，因此有时候不太好判断具体的作用域。如果你在子作用域中访问一个不存在的值，它实际上会在父作用域中寻找那个值，直到找到或者遍历完所有的父作用域。

根作用域（通过特殊的 `$root Scope` 对象访问）是 Angular 创建的第一个作用域，是其他所有作用域的基础。这意味着你放在根作用域上的所有东西对其他作用域都是可见的，听起来似乎还不错，但是最好不要这样做。需要保持作用域整洁和聚焦，而不是把所有东西都堆在根作用域里。JavaScript 的作用域就有这个问题，应用通常会使用全局作用域来保存变量。假设你有一个名为 `id` 的值；如果你的子作用域中也有一个 `id`，就会出现冲突，你无法再访问根作用域中的值。协同开发时这个问题会更加突出，因为开发同一个应用的人越多或者你使用的外部工具越多，那就越有可能出现命名冲突。

控制器不是万能的

有一些事是不应该在控制器中做的，因为它们会让你的代码更难维护和测试。最重要的是避免在控制器中进行 DOM 操作。假设你在构建一个幻灯片展示效果，控制器不应该改动 DOM 或者改变幻灯片的样式，因为这应该由自定义指令实现。

你还应该避免在控制器中格式化或者过滤数据，可使用表单来做这些事。

3.1.3 Service：可重用的对象和方法

Angular 中有一个概念叫 service，它本质上就是一个 JavaScript 对象，可以在整个应用中共享。Angular 默认提供了许多 service，你也可以创建自己的 service。如果已经尝试过 Angular，那你肯定用过自带的 service。

`$http` 是一个非常常见的 service，Angular 用它来操作 HTTP 请求。它有很多方法，比如 `get()`、`post()` 和其他的 HTTP 动作。service 可以非常复杂（比如 `$http`），也可以简单到只包含一些数据。你会在本书中看到许多简单的 service，只用来在应用的不同部分共享数据。

service 是由 Angular 延迟加载的，也就是说，它们只会在使用的时候才载入内存。它们还是单例的，如果你在一个地方改变了 service 的值，其他用到这个 service 的地方都会受影响。你会在第 5 章和第 6 章中看到对应的实例，在一个地方修改之后，另一个地方立刻会发生改变。

Ionic 把许多特性写成了 Angular 的 service，后面的章节中会用到。需要记住的是，控制器中包含的几乎所有内容都是 service。

3.1.4 双向数据绑定：在控制器和视图之间共享数据

Angular 最强大的特性之一就是双向数据绑定。你已经看到了视图如何把数据绑定到模板，其实反过来同样适用。视图可以改变作用域中的数据，数据会立刻更新到作用域并反应到控制器中。这在表单中尤其有用，用户向文本框中输入内容时作用域中的值会同步更新。你不需要做任何特殊的事情来启动双向数据绑定——它会自动实现。

在本书的应用中，你会在配置编辑器的时候用到双向数据绑定。当向编辑器中输入内容时，可以在右侧对内容进行实时预览。在你开发的大多数 Ionic 应用中都会用到这个特性。

以上就是 Angular 的核心概念，这些背景知识已经足够你起步。我们来看看如何在真实项目中应用这些概念。

3.2 配置本章的项目

在本章中，你会基于一个 HTML 页面来构建 Angular 应用。我已经完成了一部分设计和基础的框架工作，这样你可以专心学习如何应用 Angular 的特性。

这是一个简单的笔记存储应用，你可以载入并修改一组简单的笔记。这个应用用到的特性有：

- 在 JSON 文件中存储笔记。
- 展示、创建、修改和删除笔记。
- 在笔记中使用 Markdown 格式。
- 同步编辑和预览 Markdown。

应用已经包含了基础的 HTML 和 CSS 代码，还有一个用 Node 写成的简单的 RESTful 服务器，用于管理笔记，这样我们就可以专注于 Angular 而不是 API。我们重点学习的是如何把 Angular 加入其中并学习它的重要特性。

3.2.1 获取项目文件

在本章中，你可以跟着书中的例子来手写代码，也可以使用 Git 标签直接检出不同版本的代码。即使你不熟悉 Git 也可以跟着本书来执行代码，如果不想用 Git，也可以直接下载基础的文件和代码。

如果使用 Git，可以用下面的命令来克隆 chapter3 仓库并检出 step1 标签：

```
$ git clone https://github.com/ionic-in-action/chapter3.git
$ cd chapter3
$ git checkout step1
```

如果你不想使用 Git，可以直接下载并解压缩基础文件 https://github.com/ionic-in-action/chapter3/archive/step1.zip，文件内容如图 3.3 所示。

之后的每一步都可以用同样的方式来获取代码，只要修改 step1 中的数字就行。

3.2.2 启动开发服务器

现在你已经把项目文件下载到了电脑上，需要配置开发服务器。如果要让 Web 应用正常工作，你需要让服务器模拟生产环境运行。我不会深入介绍服务器，如果你没用过 Node，下面是一些需要掌握的东西。

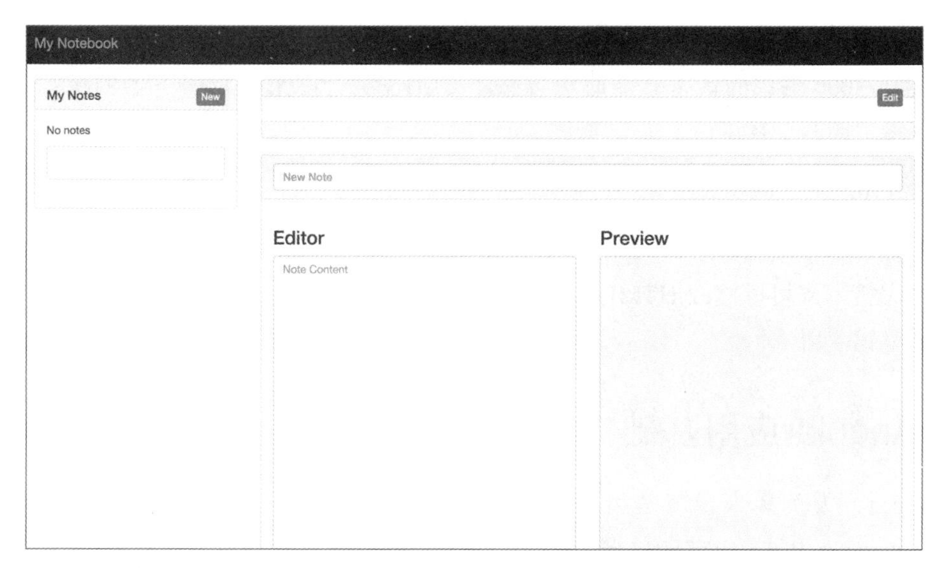

图 3.3　示例应用的基础 HTML 模板，目前还无法交互。

在项目的 server.js 文件中可以看到一个简单的 RESTful 服务器，基于流行的 Express.js 框架开发。这样做的原因是你需要长期管理笔记，通过 RESTful API 可以让应用阅读、创建、编辑和删除列表中的笔记。服务器还可以通过 HTTP 请求把文件载入浏览器，`ionic serve` 就是通过这种方式来运行你的 Ionic 应用的。

我在服务器文件中添加了一些注释，如果你感兴趣可以自己探索。我不会在这里介绍细节，只是强调一些重点：

- 服务器运行在 3000 端口上，因此你需要访问 http://localhost:3000 来查看 Web 应用。
- 服务器会接收请求，根据 URL 和 HTTP 方法来修改列表中的笔记。
- 服务器使用一个 JSON 文件（data/notes.json）作为数据库。在真实应用中你可以使用更强大的数据库。

服务器现在还不能运行，你需要下载一些必要的 Node 包。运行下面的命令就可以使用 Node 包管理器（npm）安装必要的文件。首先在终端中进入项目目录，然后运行

```
$ npm install
```

稍等一会儿，npm 会检查依赖列表（在 package.json 中）并从 GitHub 上下载依赖，它会显示下载进度并告诉你是否安装完成。

执行完就可以启动服务器了，它必须在终端中持续运行。下面的命令会启动服务器并监听 3000 端口的请求。随时可以按下 Ctrl+S 组合键来终止服务器的运行，也可以直接关闭命令行窗口：

```
$ node server
```

现在你可以在浏览器中访问 http://localhost:3000，应该能看到图 3.3 那样的基础模板结构。接下来可以修改 HTML 并添加 JavaScript 代码，把这个基础结构变成一个真正的笔记应用。

3.3 Angular应用基础

Angular 开发简单来说就是用 JavaScript 创建一个 Angular 应用并在 HTML 中使用它。Angular 和页面的 DOM 紧密结合，所以你可以把一个 Angular 应用严格限制在一个 DOM 元素及其子元素中。在本例中使用的是 `<html>` 元素，所以 Angular 可以访问整个页面。Ionic 通常使用的是 `<body>` 元素。在图 3.4 中可以看到浏览器中的内容和之前一样，但是已经加载好了 Angular 应用，可以使用了。

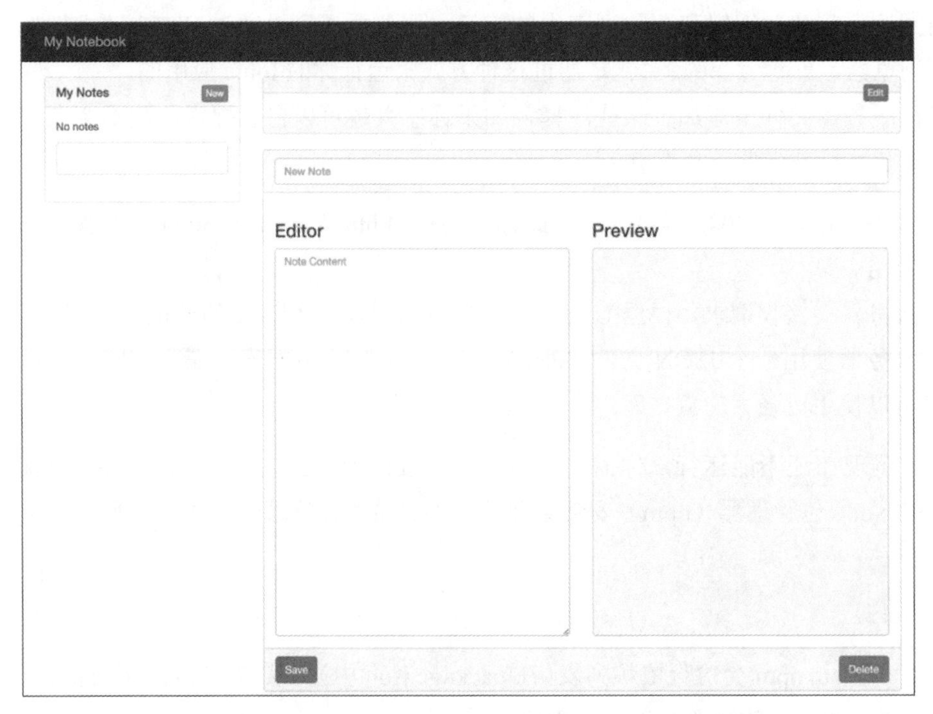

图 3.4 Angular 被加载到页面中之后，页面看起来和之前一样。你需要告诉 Angular 在内容改变之前做什么。

如果你从 GitHub 克隆了仓库，可以运行下面的命令来检出这一步的代码：

```
$ git checkout -f step2
```

这会重置你之前的所有改动并使用 step2 标签对应的代码。

要创建一个 Angular 应用，你需要在一个元素上使用 ngApp 指令并声明应用名称。打开 index.html 文件并像下面这样添加一个 ngApp 指令：

```
<html lang="en" ng-app="App">
```

现在你已经把一个名为 App 的 Angular 应用附加到了 HTML 根元素上。这样 Angular 应用就可以访问整个 DOM，不过你也可以把它附加到 <body> 标签中。我建议把它放在 <html> 或者 <body> 元素中。

还没有在 JavaScript 中声明这个应用，下面我们来完成这一步。Angular 有一套模板系统，用来封装程序代码。声明新模块时，你需要提供名字和一个数组，其中包含所有依赖（本章的项目没有依赖）。Ionic 本身也是一个 Angular 模块，其他章节的项目中会把它声明为依赖。Angular 模块的声明方式如下，创建一个新文件 js/app.js 并写入下面的代码：

```
angular.module('App', []);
```

最后，需要给 index.html 文件添加一个 <script> 标签来载入 Angular 模块。在 index.html 文件中，把下面的代码写到 </body> 标签之前：

```
<script src="js/app.js"></script>
```

你需要确保 Angular 库在这之前被载入，因为 JavaScript 文件的载入和执行顺序和它们在文件中的声明顺序相同。

你已经在页面中声明并载入了一个最基本的 Angular 应用。angular.module() 方法会创建模块并把它附加到 ngApp 所属的 DOM 元素中。这是最基本的 Angular 应用，实际上它现在没有任何功能。所有的 Angular 应用都是用这种方式定义的。

3.4　控制器：控制数据和业务逻辑

我们来向应用中添加一些业务逻辑。你需要添加一个控制器来控制应用中多个部分的业务逻辑。这一步现在还不会改变浏览器中应用的样子，因为控制器只负责管理数据，不会影响应用的视觉效果。不过你需要在管理视觉元素之前搞定控制器。

添加控制器之后，它就可以访问页面中的某个特定区域，如图3.5所示。举个例子，你需要载入数据并将数据附加到作用域上。如果使用Git，你可以把项目重置到 step3：

```
$ git checkout -f step3
```

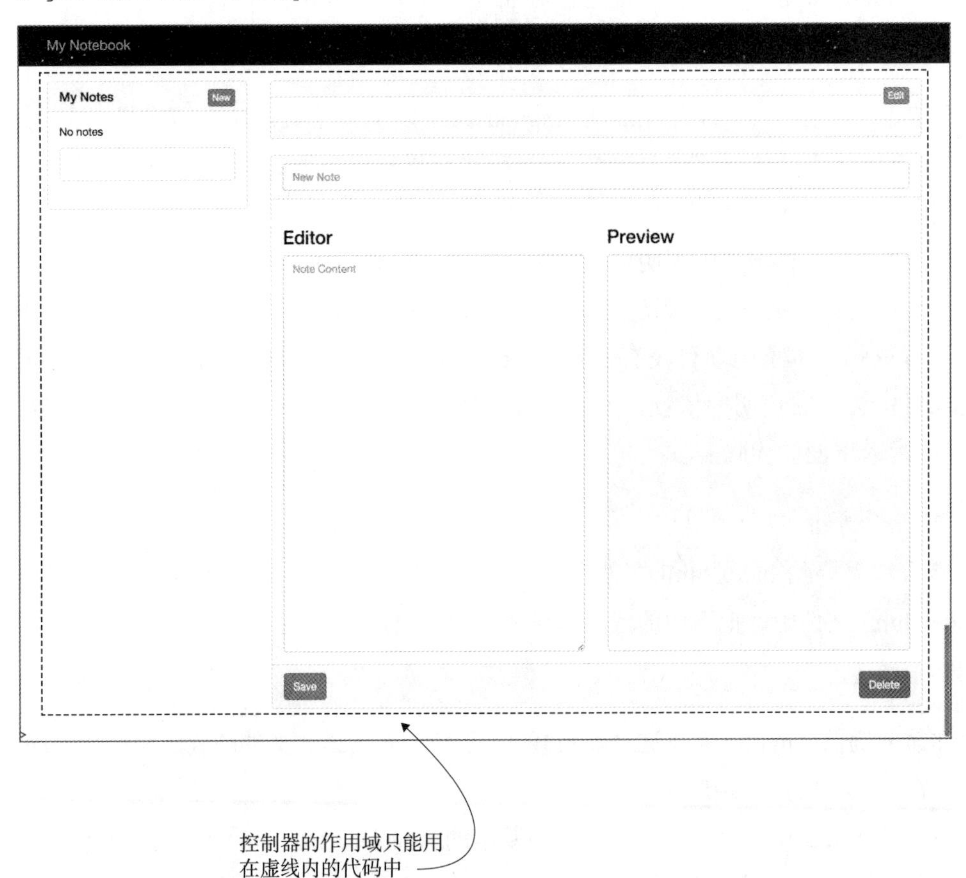

图3.5 控制器作用域只能应用到虚线内的HTML代码中。头部在作用域之外。

清单3.1声明了一个简单的控制器。首先你需要引用 App 模块并使用控制器方法来声明一个控制器。需要传入控制器的名字以及一个包含控制器逻辑的函数。创建一个新文件 js/editor.js，并写入清单3.1中的代码。

清单 3.1 编辑器控制器（js/editor.js）

```
angular.module('App')                                    引用App模块，把它引入这个控制器中
.controller('EditorController', function ($scope) {      声明EditorController控制器，传入一个包含依赖列表的函数
  $scope.state = {                                       创建模型的值并存储到$scope中
    editing: false
  };
});
```

这个控制器现在非常简单，只是创建了一个简单的模型 state。$scope 服务被注入，所以你可以设置它的 state 属性。记住，$scope 中的值被称为模型，可以在视图中访问。

$ 开头的服务

你应该注意到了，Angular 中的服务以 $ 符号开头，Ionic 的服务也是如此。当你看到一个用 $ 开头的服务时，按照惯例它应该是 Angular 核心服务或者 Ionic 服务。

我们在本书示例代码中创建的服务没有前缀，不过我使用了驼峰命名。服务的名字没有硬性规定，但是最好遵循 $ 前缀惯例。

现在需要修改 index.html 文件把刚才的控制器加入应用。在 HTML 结尾，</body> 元素之前写入 <script> 标签：

```
<script src="js/editor.js"></script>
```

最后一步是把控制器附加到 DOM。这会给控制器创建一个新的子作用域。我们需要使用一个特殊的 HTML 属性，它是一个 Angular 指令，用来声明控制器被附加的位置。在本例中，你需要把它附加到 index.html 的第 25 行，带 container 类的 div 上：

```
<div class="container" ng-controller="EditorController">
```

这里我们用到了 `ngController` 指令并使用了你在 JavaScript 文件中使用的控制器名字。这会把这个控制器附加到 DOM 上并让控制器能够管理这个元素内部的所有内容。你可以在图 3.5 中看到控制器的作用域范围，包括页面的绝大部分，除了顶部的标题栏。

关于项目中的服务器

项目中的服务器做了两件事：它会为你的应用提供静态文件和一个 RESTful API。构建一个 RESTful API 已经超出了本书范围，不过我想稍微介绍一下实现方法。这个服务器使用 Node 开发而成，刚才已经安装过。可以用 Node 做很多有趣的事，比如使用计算机的文件系统和响应 HTTP 请求。

Node 有模块机制，所以你可以重用特性。在本例中我用了一个非常有名的 Node 模块，Express。Express 有许多内置的特性可以用来构建 HTTP 服务器。我还用到了文件系统模块来把笔记列表保存到 JSON 文件中。这些事情你在浏览器中用 JavaScript 是做不到的，但是 Node 可以做到。

你可以在项目的 server.js 文件中看到服务器代码。这是一个很完整的服务器，用 Node 可以非常简单地实现。可以在 www.expressjs.com 学习更多关于 Express 的知识。

3.5 加载数据：使用控制器来加载数据并显示在视图中

下面我们来加载数据并把它显示到应用中。在应用左侧有一个创建好的笔记列表。我已经加入了一些简单的笔记。你已经创建了自己的控制器，因此可以更新控制器从而把数据载入应用。要实现这个功能，需要使用 Angular 的 `$http` 服务，这样就可以使用 HTTP 请求来从 Node 服务器加载数据。图 3.6 展示了应用显示笔记列表的位置。如果你用了 Git，可以用下面的命令把项目重置到 `step4`：

```
$ get checkout -f step4
```

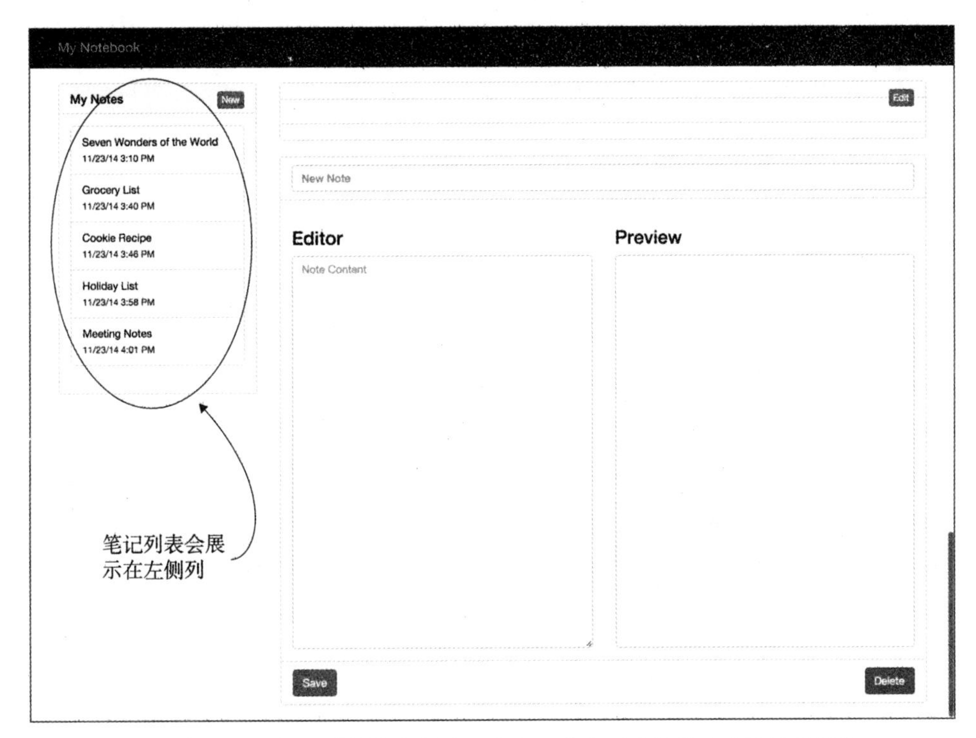

图 3.6 首先加载数据，然后显示在左侧的列表中，这里展示的是五个默认的笔记。

下面需要修改控制器，通过 HTTP 请求访问服务器的笔记服务并把返回的数据赋值给作用域。打开 js/editor.js 文件并更新下面的代码。

清单 3.2 编辑器控制器从服务加载笔记（js/editor.js）

```
angular.module('App')
.controller('EditorController', function ($scope, $http) {
  $scope.editing = true;

  $http.get('/notes').success(function (data) {
    $scope.notes = data;
  }).error(function (err) {
    $scope.error = 'Could not load notes';
  });
});
```

❶ 把$http服务注入控制器

❷ 使用$http.get加载笔记；如果成功，使用返回的数据

把从http返回的数据赋值给$scope

处理错误，存储错误

现在控制器会在载入之后创建一个 HTTP 请求，访问 http://localhost:3000/notes 来从 data/note.json 文件载入默认的笔记列表。可以在浏览器的开发者工具中查看网

络请求，可以看到返回值是一个笔记数组。Angular 如果检测到响应内容是一个有效的 JSON 字符串，就会自动把 JSON 解析成一个 JavaScript 对象。这样可以轻松载入 JSON 数据，因为你不需要手动解析。

在控制器函数中可以给函数声明任意数量的参数，Angular 会通过名字来定位服务并注入控制器。举个例子，你可以把 `$http` 服务注入控制器❶并用它加载数据❷。这种技术叫作依赖注入（DI），是 Angular 一个非常强大的特性，可以让你的控制器使用各种服务。Angular 的服务并不是全局的，必须先注入再使用。

假设你有一个菜单，上面是所有可用的 Angular 服务。依赖注入就像服务员，会拿走你的点菜单，走到厨房准备好菜，然后把菜端给你。类似的，依赖注入系统会查看你需要的服务，配置好它们，然后传入函数供你使用。你可以注入 Angular 自带的服务以及你自己创建的各种服务。

在代码中有两个方法被串联在 `$http.get()` 方法上。`success()` 函数中的代码会在数据加载完成后运行，如果获取数据时出错（比如因为服务器宕机 HTTP 请求失败）就会运行 `error()` 函数。

Angular 和异步方法

JavaScript 是单线程的，这意味着同时只能运行一个任务。有些任务，比如从服务器加载数据，可能需要很长时间。在同步编程中这会阻塞其他任务的代码执行，直到加载完成，这很容易导致界面失去响应。幸运的是，JavaScript 并不会这样做。JavaScript 支持很多异步任务，从而能够解决这个问题。

JavaScript 运行异步任务时，先执行任务的第一个部分，然后把它放到一边，继续执行其他任务。当异步任务完成后它会通知 JavaScript，JavaScript 会把任务剩余的部分加入执行队列。这样 JavaScript 就可以不断执行任务。JavaScript 中的 HTTP 请求（也被称为 AJAX 或 XHR 请求）就是异步函数的一个实例，因为等待服务器响应需要很长时间。

处理异步函数有两种主要的方法：回调和 promise。Angular 使用 promise 来进行异步函数调用，不过在不同的应用结构或者不同的模块中这两者都有可能被用到。

要了解更多和 Angular 中 promise 相关的内容，推荐阅读 Xebia 的这篇文章：http://blog.xebia.com/2014/02/23/promises-and-design-patterns-in-angularjs/。

现在在屏幕上还看不到任何数据，你需要更新模板文件来把笔记列表显示到左侧。这需要模板绑定和其他几个 Angular 指令把数据从 $scope 中显示出来。打开 index.html 文件，找到清单 3.3 中的标记并加入加粗部分的代码。

清单 3.3 笔记列表模板（index.html）

```
<div class="col-sm-3">
  <div class="panel panel-default">
    <div class="panel-heading">
      <h3 class="panel-title"><button class="btn btn-primary btn-xs pull-
     right">New</button> My Notes</h3>
    </div>

    <div class="panel-body">
      <p ng-if="!notes.length">No notes</p>
      <ul class="list-group">
        <li class="list-group-item" ng-repeat="note in
     notes">{{note.title}}<br />
        <small>{{note.date |
     date:'short'}}</small></li>
      </ul>
    </div>

  </div>
</div>
```

ngIf 会根据是否有笔记来判断是否把这个元素插入 DOM

ngRepeat 会循环每个笔记并显示笔记标题

绑定显示日期，同样使用过滤器显示更短的日期

控制器加载完数据之后，模板就会把笔记列表显示出来。如果列表正在加载或者目前没有笔记，那么 ngRepeat 列表为空，ngIf 会显示“No notes”消息。每次更新 notes 模型时都会对表达式求值，所以只要 notes 模型有至少一个元素，表达式 !notes.length 就会返回 false，段落元素被隐藏。这种方式可以很简单地用 Angular 指令根据 $scope 的值来修改模板。

ngRepeat 会循环数组中的每个元素（或者对象中的每个属性）并为每个元素创建一个 DOM 元素。在本例中，数组中的每个笔记都会生成一个 <li> 元素，它会展示笔记最后一次保存的标题和日期。

你可以使用 Angular 提供的大量指令来实现各种功能。你会在 Ionic 应用中用到它们，具体使用的时候我会详细介绍每个指令。

3.5.1 过滤器：转换视图中的数据

模板中绑定的 note.date 数据后面有个 | date:'short'，这是一个过滤器，它会在不改动作用域值的前提下修改显示内容。举个例子，这里我们有一个日期对象并使用了 Angular 的 date 过滤器，显示出来的是人类可读的格式，但是作用域中

原始的数据对象仍然保持原状。

在表达式中可以通过管道符号来使用过滤器。过滤器可以串联——换句话说，你可以添加多个过滤器。举个例子，可以用一个过滤器来对数组排序（使用 orderBy 过滤器），用另一个过滤器来取出数组中的 10 个元素（使用 limitTo 过滤器）。表达式如下：

```
{{notes | orderBy:'title' | limitTo:10}}
```

Angular 自带很多有用的过滤器，比如 currency 过滤器可以基于浏览器设置把数字转换成货币值（比如 $100.00 美元或者€ 34 欧元）。过滤器也可以当作服务来用，不过一般不这么做。

3.6　处理选择笔记的单击事件

下面需要单独查看这些笔记。你会单击左侧列表中的笔记并把它们显示到右侧。图 3.7 展示了单击选择笔记并展示在右侧的效果。你可以检出 step5 标签，把 Git 仓库切换到这一步：

```
$ git checkout -f step5
```

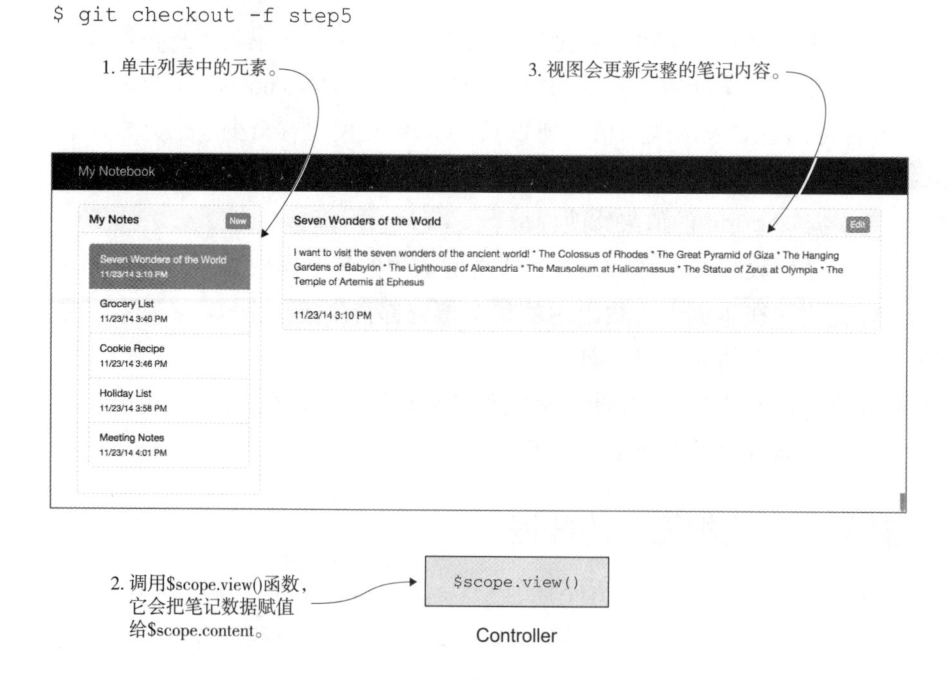

图 3.7　单击元素会调用控制器并用选中的笔记更新视图

使用 ngClick 可处理用户的单击事件，然后把笔记数据赋值给一个新模型，用来进行显示。再次打开模板，修改笔记列表部分，添加单击事件处理器，如清单 3.4 中的加粗部分所示。

清单 3.4 向笔记列表添加 ngClick（index.html）

```
<ul class="list-group">
  <li class="list-group-item" ng-repeat="note in notes" ng-
     click="view($index)" ng-class="{active: note.id ==
     content.id}">{{note.title}}<br />
  <small>{{note.date | date:'short'}}</small></li>
</ul>
```

ngClick会调用view()并传入下标；添加ngClass，如果笔记被选中就添加active类

列表中的每个笔记现在都可以单击，单击的时候 Angular 会尝试调用 $scope.view() 函数。ngClass 指令可以用来根据情况向元素中添加 CSS 类。在本例中单击笔记之后，active 类就会被添加上去，用来高亮元素。

$index 值被传入视图函数中，它是 ngRepeat 提供的一个特殊变量。它可以告诉你当前被使用的数组元素的下标，在本例中就是被单击的笔记的下标。

还没有创建视图函数，下面我们来实现它。打开编辑器控制器，在控制器函数中加入清单 3.5 中所示的视图函数。

清单 3.5 编辑器控制器中的 view 函数（js/editor.js）

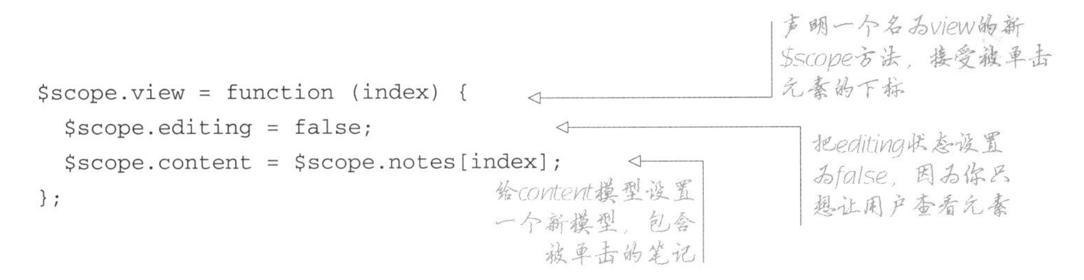

声明一个名为view的新$scope方法，接受被单击元素的下标
$scope.view = function (index) {
$scope.editing = false;
$scope.content = $scope.notes[index];
};
把editing状态设置为false，因为你只想让用户查看元素
给content模型设置一个新模型，包含被单击的笔记

现在，单击笔记时，click 事件会触发控制器中的 view() 方法。view() 方法会根据传入的下标值找到被单击的笔记，然后把对应的数据赋值给新的 content 模型。这个方法也会把 editing 模型设置为 false，因为当你展示元素时它应该处在显示模式而不是编辑模式。编辑模式会在后续步骤中实现。

接下来处理 click 事件并把选择的笔记数据赋值给 content 模型。不过现在你还不能在界面中看到笔记，需要更新模板来显示选择的笔记。

你已经创建了一个新 content 模型，包含笔记数据，但是还没有更新模板来

显示它。可以检出 step6 标签来将 Git 仓库设置到这一步。

```
$ git checkout -f step6
```

现在需要修改应用右侧的页面来正确显示两个板块。目前右侧有两个板块，需要配置一下，使其同一时刻只显示一个。第一个板块是展示笔记用的，第二个是编辑笔记用的。你已经设置了 $scope.editing 属性，它会决定显示哪个板块。再次打开 index.html 文件并修改右侧内容，加入清单 3.6 中的粗体代码。这段代码包裹在第一个包含 panel 类的 div 标签中。

清单 3.6 修改模板，使其可以展示笔记（index.html）

```
<div class="panel panel-default" ng-hide="editing">   ← ngHide会在条件为真的时候隐藏头部，在这里editing为true的时候条件为真
  <div class="panel-heading">
    <h3 class="panel-title">{{content.title}} <button class="btn btn-
primary btn-xs pull-right">Edit</button></h3>      ← 把title绑定到头部
  </div>
  <div class="panel-body">{{content.content}}</div>      ← 把content绑定到正文
  <div class="panel-footer">{{content.date | date:'short'}}</div>   ← 绑定笔记日期并把它传递给过滤器
</div>
<form name="editor" class="panel panel-default" ng-show="editing">   ← ngShow会在条件为假的时候隐藏底部，在这里editing为假的时候条件为假
```

再次运行应用，现在可以单击并查看每个笔记。模板可以响应 view() 所做的改动，后者会设置 content 和 editing 模型。editing 模型是 true 时，编辑板块会出现；否则会出现笔记展示板块。ngShow 和 ngHide 指令非常有用，可以用来切换元素的显示和隐藏，就像清单 3.6 所示。

你已经绑定了笔记标题、内容和日期。日期有你熟悉的 data 过滤器。下面需要创建一个新指令，它会解析并正确显示笔记内容。

3.7 创建一个指令，用来解析Markdown格式的笔记

现在可以查看已有笔记，但是格式不太正确。这个应用支持编写 Markdown 格式的笔记，这种格式可以轻松转化为 HTML 标签。Markdown 的详细说明参见

http://daringfireball.net/projects/markdown/。图 3.8 显示的是格式化之后的文本。检出 `step7` 来将 Git 工作空间切换到这一步：

```
$ git checkout -f step7
```

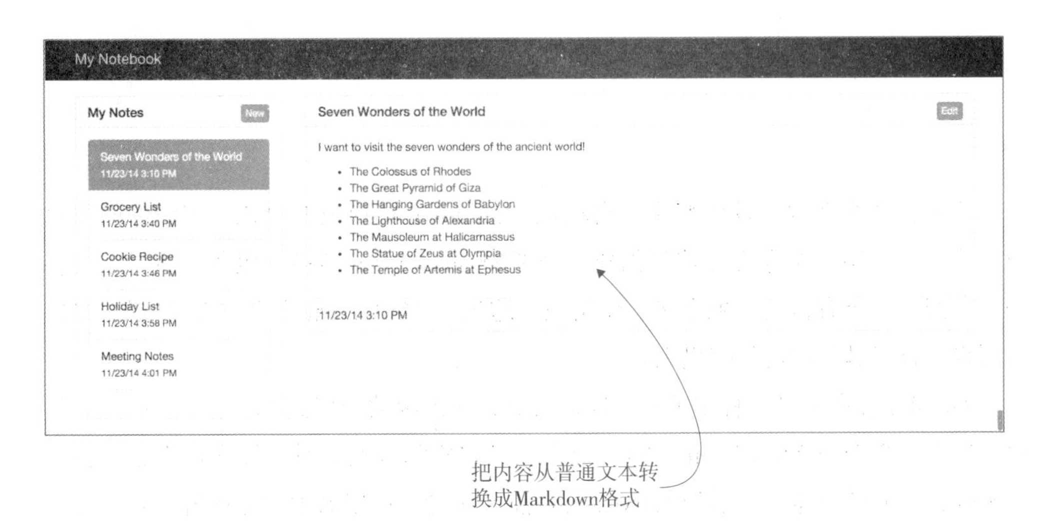

图 3.8　笔记内容是 Markdown 格式，会被解析并转换成 HTML。

你将会创建一个简单的 Angular 指令，它可以把 Markdown 格式的纯文本转换成 HTML。要实现这个功能，需要使用 Showdown，它是一个流行的 JavaScript Markdown 库，已经包含在应用文件中。

要创建指令，首先打开 app.js 文件。指令并不是控制器的一部分，所以代码需要被存储到应用主文件（在大型应用中可以把它分离成单独的文件）中。清单 3.7 所示的就是把 Markdown 转换成 HTML 的指令。

清单 3.7　Markdown-to-HTML 命令（js/app.js）

```
angular.module('App', [])
.directive('markdown', function () {
  var converter = new Showdown.converter();
  return {
    scope: {
      markdown: '@'
    },
```

- 声明命令并命名为'markdown'
- 创建Showdown转换器，下面会使用
- 命令会返回一个对象，用来声明命令的设置
- 声明自定义作用域，等待值被赋给markdown属性

```
    link: function (scope, element, attrs) {
      scope.$watch('markdown', function () {
        var content = converter.makeHtml(attrs.markdown);
        element.html(content);
      });
    }
  }
});
```

把Markdown转换成HTML并存入content变量

使用作用域观察器来同步模型改动

把转换好的HTML内容注入元素

声明link函数，它会把Markdown转换成HTML

这个指令会在内容发生变化时自动把 Markdown 转换成 HTML，编辑的时候这个功能非常有用。指令方法首先创建一个新的 Showdown 转换器服务，然后定义指令，本例中指令有自己的独立嵌套作用域。这里把 Markdown 定义成作用域的属性，后面我会解释具体的值从哪里来。

Angular 会在渲染过程中使用 `link` 函数。这个函数会用到 `$scope.$watch` 特性，后者可以监听 Markdown 内容的变化。当它检测到改动时，纯文本内容会被传入 Showdown 转换器，然后把 HTML 内容插入元素。作用域中的原内容还是纯文本版本，但是显示出来的是转换后的 HTML。

下面来使用指令，看看如何给它传入 Markdown 内容。它会拿到你的笔记内容，使用 Showdown 解析并把生成的 HTML 插入元素，打开 index.html 文件并修改现有的内容绑定：

```
<div class="panel-body" markdown="{{content.content}}"></div>
```

可以看到，使用方法和其他的指令一样，写成 HTML 属性。你把 `content.content` 模型赋值给 `markdown` 属性，这样就可以把模型的内容传入指令的独立作用域。指令是一个 HTML 属性，写在你想注入内容的元素上。生成的 HTML 会被插入 `div` 元素，`content.content` 模型改变的时候作用域的 `$watch` 函数会被调用，对新内容进行转换。

指令是一个非常复杂的话题，我们只能介绍一些初级内容。有很多种构建指令的方法，这让指令成为 Angular 中非常强大的一个特性，但是也很难掌握。

我需要编写自己的指令吗？

不需要一定自己编写指令。当需要修改 DOM 元素的时候需要指令，但是也可以使用控制器实现同样的逻辑。不过编写自定义指令有很多好处。

首先，指令如果写得好，会很容易测试。指令封装了功能（它们可以包含控制器或者关联函数）和模板（它们可以包含模板片段）。因此它们和代码中其他部分隔离开，实现模块化，很容易进行测试。

它们也非常容易被重用，可以大大减少代码量。可以在项目中的任何地方重用指令，它们的行为是一致的。如果你把指令的逻辑代码放到控制器中并且想在另一个控制器中再次使用，那你只能写两遍代码或者想办法共享作用域。

当然，不用指令也可以构建 Angular 和 Ionic 应用。我建议初学者先忽略指令，等充分掌握 Angular 之后再说。如果你已经掌握了，那可以用指令来解决代码重复问题和控制器中的 DOM 操作问题。

现在已经完成了笔记的展示功能，下面我们来实现编辑功能。

3.8 使用模型来管理内容编辑

编辑器有两个主要功能：编辑现有笔记和创建新笔记。首先需要配置编辑器，让它在应用第一次启动或者用户单击“New”按钮的时候创建一个新笔记。图 3.9 所示的是这一节你要完成的任务。检出 step8 标签来把 Git 仓库中的代码设置到本节。

```
$ git checkout -f step8
```

首先需要给表单添加一些模型，这样就可以用表单来控制数据更新。你还需要让编辑器在右侧显示一个实时预览界面，因此需要添加一个 Markdown 指令。

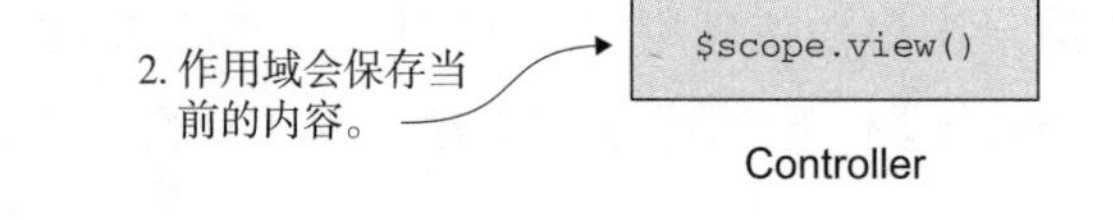

图 3.9 用于在文本框中修改模型，然后预览区域会立刻同步更新。

打开 index.html 文件并按照清单 3.8 中加粗的部分来修改代码。

清单 3.8 使用模型更新编辑器（index.html）

```
<div class="panel-heading">
  <h3 class="panel-title"><input type="text" class="form-control" ng-
     model="content.title" placeholder="New Note" required /></h3>
</div>
<div class="panel-body">
  <div class="row">
    <div class="col-sm-6">
      <h3>Editor</h3>
```

把title模型关联到输入框

```
      <textarea class="form-control editor" rows="10" ng-
     model="content.content" placeholder="Note Content" required></textarea>
    </div>
    <div class="col-sm-6">
      <h3>Preview</h3>
      <div class="preview" markdown="{{content.content}}"></div>
    </div>
  </div>
</div>
```

把content模型关联到文本输入框

使用Markdown命令来预览内容

这里使用 ngModel 来把模型的值关联到输入框和文本框上，这样用户做的任何改动都会立刻反映到 content 模型。修改完成后，可以刷新页面并在编辑器中输入内容。preview 栏应该会立刻更新内容，如果你使用 Markdown 格式，会在预览框中自动转换。

现在只有第一次进入应用时才会打开编辑框，当用户单击“New”按钮的时候，你还需要创建一个新笔记。要实现这个功能，需要给“New”按钮添加一个 click 事件。

还需要支持编辑现有笔记，所以预览笔记的时候需要一个新按钮来进入编辑模式。只要修改 editing 模型就行，这样会显示编辑板块并隐藏笔记显示板块。

在 index.html 文件中，按照下面的粗体代码更新“New”按钮：

```
<h3 class="panel-title"><button class="btn btn-primary btn-xs pull-right"
  ng-click="create()">New</button> My Notes</h3>
```

然后更新“Edit”按钮，如下所示：

```
<h3 class="panel-title">{{content.title}} <button class="btn btn-primary
  btnxs pull-right" ng-click="editing = true">Edit</button>
```

“New”按钮会调用控制器的 create() 方法，下面会定义它。“Edit”按钮并不会调用方法，它会更新 editing 模型并将其设置为 true。也可以把这个逻辑写成函数，不过模板支持表达式，所以可以直接写。

下面来定义控制器的 create() 方法，打开编辑器控制器并添加一个新方法，如清单 3.9 所示：

清单 3.9　笔记控制器的 create 方法（js/editor.js）

```
$scope.create = function () {
  $scope.editing = true;
  $scope.content = {
    title: '',
    content: ''
  };
};
```

创建create方法并把它赋值给作用域，这样就可以在模板的ngClick中调用

确保editing状态是true

使用空值重置content模型

单击“Edit”按钮会触发 `create()` 方法，它会把 `editing` 模型改成 `true`，然后把 `content` 模型重置为一个空笔记。这样编辑器会在表单中显示一个空笔记，它就是你的新笔记。

3.9 保存和删除笔记

现在你已经能够创建和编辑笔记，但是还不能保存。需要向控制器中添加一个 `save()` 方法并让“Save”按钮调用它。但是你需要在保存之前确保笔记有效，也就是说，它必须包含标题并且内容不为空。图 3.10 展示了“Save”和“Delete”按钮以及 `click` 事件会触发的控制器方法。检出 `step9` 标签来把 Git 仓库设置为本节的代码：

```
$ git checkout -f step9
```

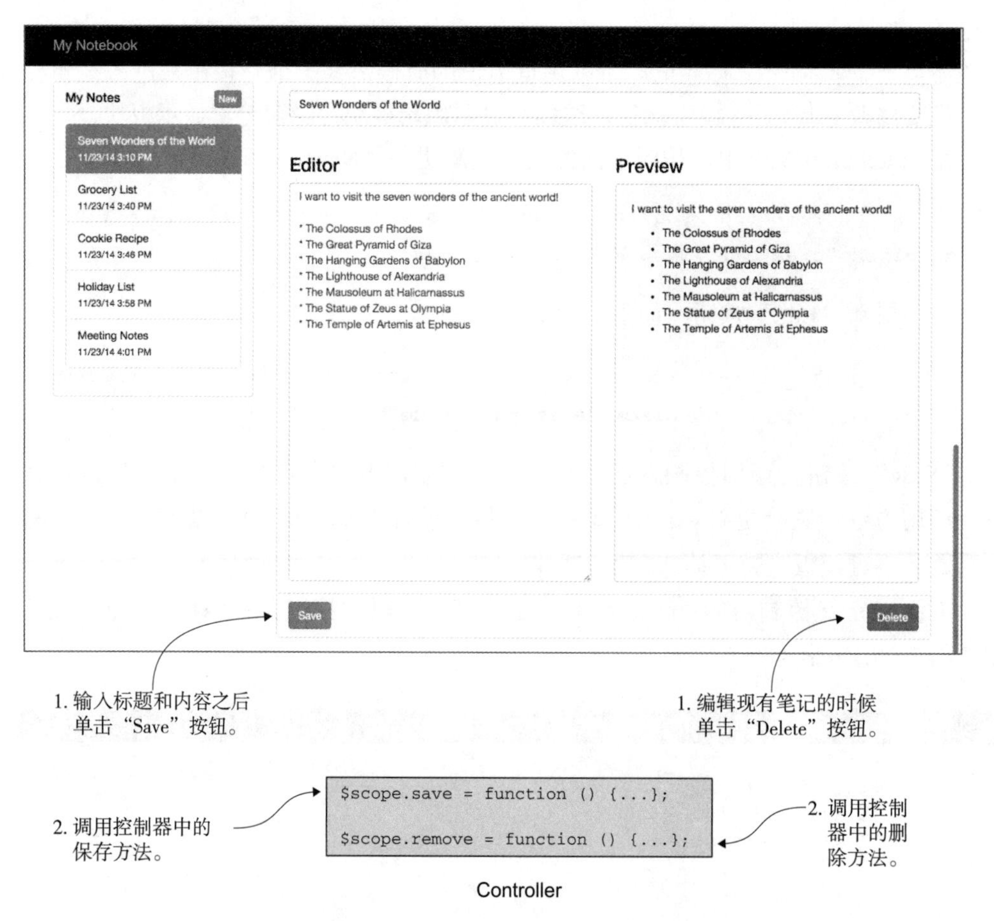

图 3.10 保存和删除按钮会调用控制器中保存的方法，这个方法会处理 click 事件。

3.9.1 添加 save() 方法

保存笔记需要使用 `$http` 服务来把笔记发送到服务。这个服务会使用 POST 方法来创建一个新笔记并用 PUT 方法来更新笔记。`$http.post()` 和 `$http.put()` 都可以接受第二个参数，它是发送到服务的数据。除此之外，使用方法和 `$http.get()` 一样。

保存笔记之前需要确定笔记是否已经存在。要实现这个功能，需要判断内容是否有 `id`。新笔记在保存之前是没有 `id` 的，所以如果有 `id` 那就需要更新笔记。一旦确定笔记是否存在，就可以调用正确的 API。

打开编辑器控制器并按照清单 3.10 所示来添加 `save()` 方法。

清单 3.10 创建 save 控制器方法，把笔记保存到服务（js/editor.js）

```
$scope.save = function () {
  $scope.content.date = new Date();

  if ($scope.content.id) {
    $http.put('/notes/' + $scope.content.id, $scope.content).success(function
     (data) {
      $scope.editing = false;
    });
  } else {
    $scope.content.id = Date.now();
    $http.post('/notes', $scope.content).success(function (data) {
      $scope.notes.push($scope.content);
      $scope.editing = false;
    });
  }
};
```

把save()方法赋值给作用域

把日期设置成这个笔记最后一次被编辑的日期

检查这个笔记是否有id，从而判断是该更新已有笔记还是创建新笔记

向笔记API发送PUT请求来更新笔记并在完成之后关闭编辑模式

因为这是一个新笔记，基于当前时间戳给它一个独一无二的id

向笔记API发送POST请求来创建一个新笔记，然后把新笔记加入笔记列表，最后关闭编辑模式

`save()` 方法首先用当前时间戳更新日期值，因为你需要保存最后一次保存的时间。然后它会检查 `id` 是否存在，并据此来发送一个 PUT 或者 POST 请求。这两个请求都会关闭编辑模式，进入笔记展示模式。如果是新笔记，还会设置它的 `id` 并把它加入控制器的 `notes` 数组。保持应用和服务层同步是非常重要的，如果不同步，服务层中存储的新笔记就不会显示在左侧的笔记列表中。

3.9.2 使用 Angular 表单进行验证

保存元素之前需要使用 Angular 内置的表单特性来验证内容并在验证失败的时候禁用“Save”按钮。Angular 扩展了 HTML 中默认的表单特性，加入了大量有用的新特性，自动验证就是其中之一。

看看代码，在表单中有一个 `required` 属性。Angular 会自动查找这个属性并在作用域中设置一些值来追踪表单是否有效。在本例中，笔记需要标题和内容，所以如果其中之一为空，那整个表单都是无效的。

Angular 使用常规的 HTML 表单元素或者 `ngForm` 属性来增强表单。在本例中，你会使用常规的表单元素并给它命名为 `editor`。表单会给作用域中添加一个同名的新属性，有很多值，比如 `$valid`、`$invalid`、`$dirty` 和 `$pristine`。这些值可以帮助你判断输入框是否有效或者是否被修改过。

你需要在表单有效的时候显示“Save”按钮并给它添加 `click` 事件。在 index.html 文件中找到“Save”按钮并添加下面代码中的加粗指令：

```
<button class="btn btn-primary" ng-click="save()" ng-disabled=
    "editor.$invalid">Save</button>
```

`ngClick` 你已经很熟悉了，它会调用控制器中的 `save()` 方法并保存笔记。但是如果 `editor.$invalid` 是 `true`，那它就不会被触发。`ngDisabled` 指令会查看表单的验证状态，如果内容为空就禁用按钮。Angular 会处理验证属性，比如 `required`，给表单中的元素加上 `ngModel` 就可以让表单自动进行验证。

3.9.3 添加和删除方法

最后一个需要实现的功能就是删除笔记。“Delete”按钮只会在你选择并编辑现有笔记时才出现。检出 `step10` 标签来把 Git 仓库设置到本节：

```
$ git checkout -f step10
```

首先需要添加 `remove()` 方法，它会调用服务来删除笔记并把它从应用中删除。使用清单 3.11 中的代码来更新编辑器控制器。

清单 3.11 删除笔记的方法（js/editor.js）

```
$scope.remove = function () {                                    ← 声明remove()方法
  $http.delete('/notes/' + $scope.content.id).success(function (data) {   ← 向笔记API发起删除请求
    var found = -1;
    angular.forEach($scope.notes, function (note, index) {     ← 遍历笔记数组，找到要删除笔记的下标
      if (note.id === $scope.content.id) {
        found = index;
      }
    });
    if (found >= 0) {
      $scope.notes.splice(found, 1);                            ← 如果找到笔记，从Angular应用的笔记列表中删除它
    }
    $scope.content = {                                          ← 重置content模型，为下一个新笔记做准备
      title: '',
      content: ''
    };
  });
};
```

remove() 方法会基于笔记的 id 给笔记服务发送 HTTP delete 请求，然后在收到 HTTP 响应时从控制器的 notes 数组的删除笔记。为了从 notes 模型删除笔记，我们需要遍历所有的笔记，判断 id 是否和被删除的笔记一样，如果一样就把这个元素删掉。这里还需要重置 content 模型，为下一条新笔记做好准备。

最后一处改动是给删除按钮添加 ngClick 来调用 remove() 函数。你还需要使用 ngIf 来有条件地显示“Delete”按钮：只在编辑现有笔记的时候才显示，因为不能删除一个还没保存的笔记。按照下面的粗体代码来修改“Delete”按钮：

```
<button class="btn btn-danger pull-right" ng-click="remove()" ng-if=
    "content.id">Delete</button>
```

现在编辑一个现有笔记的时候就可以看到按钮了，单击时会调用 remove() 方法来从模型中删除笔记。

Angular 笔记本应用已经完成了。在这个简单的 Angular 教程中我们掌握了绝大部分 Angular 的核心概念。在之后学习构建 Ionic 应用时还会多次用到这些特性。还有很多概念没有介绍，不过限于篇幅，到此为止吧。

3.10 继续学习Angular

掌握 Angular 对构建 Ionic 应用来说非常重要，所以如果这是你第一次接触 Angular，

我建议你多花一些时间学习。实践是最好的老师。

现在已经有许多 Angular 的最佳实践，但是除此之外还有很多可以尝试的方法。不要完全相信网上的“正确方法”，它们确实有亮点，但是不一定完全适合你。

你可以继续阅读 *AngularJS in Action*（http://manning.com/bford/）或者 *AngularJS in Depth*（http://manning.com/aden/），它们都是 Manning 出版的。Angular 的官网（https://angularjs.org 或 https://angular.io）上有很多不错的资源，也有一些入门教程。

YouTube 上也有很多优秀视频，从入门到进阶到高端都有，比如 https://www.youtube .com/user/angularjs。

虽然不知道 Angular 的具体细节也可以写出不错的 Ionic 应用，但是学好 Angular 能帮助你开发出更好的 Ionic 应用。

3.11 挑战

在本章中你已经学习了 Angular 的基础知识，可以尝试一下下面的挑战内容，提高你对 Angular 的理解。

- 显示错误——在 `$http.get()` 中你设置了 `$scope.error`，但是并没有使用它。修改模板，在 `$scope.error` 被设置的时候显示错误信息。
- 处理其他的 `$http` 错误——`$http` 方法都支持错误处理，在本章的项目中只在 `get()` 方法中加入了错误处理。给其他方法也加上错误处理。
- 使用 `ngResource`——除了 `$http`，也可以使用 `ngResource` 模型，它对 RESTful API 进行了抽象，可以更方便地基于 `$http` 开发服务。你需要把文件加入项目来包含这个模块（可以使用浏览器从 Angular 的网站下载）并学习如何把其他模块包含到应用中。

3.12 总结

在本章中我们通过笔记本应用介绍了 Angular 的许多概念。下面来复习一下核心内容。

- Angular 在 HTML 基础上以指令的形式扩展出很多特性，可以直接使用，也可以创建自己的指令。

- 模板就是 HTML，可以包含 Angular 的指令或者表达式。这些模板会被转换成用户进行交互的界面。
- 控制器用于管理应用的逻辑。它们本质上就是函数，可以使用 Angular 的依赖注入系统注入很多服务。
- 作用域是连接控制器和视图的桥梁，实现了 Angular 中的双向数据绑定。界面或者控制器中的数据变化时，会自动同步另一边的数据。
- 过滤器可以在不修改作用域中原模型数据的前提下转换模板中的数据。
- 指令非常强大，掌握 Angular 之后就可以创建自己的指令。它们并不是必要的，不过有些时候很有用。

在第 4 章中你会从零开始构建第一个 Ionic 应用并学习许多有用的特性。

4 Ionic导航和核心组件

本章要点

- 管理用户状态并实现应用内导航
- 用图标、列表和卡片来组织内容
- 从外部加载数据并显示载入效果
- 使用无限滚动来不断加载数据
- 使用幻灯片展示组件来显示应用介绍

在本章中你会学到如何为夏威夷某个虚构的度假胜地创建一个功能完善的应用。本应用的核心特性是管理用户的应用内导航。我还会介绍一些Ionic组件的用法，比如加载器、内容容器和幻灯片展示组件。

本章的主要目的是展现构建一个完整应用的过程。完整的示例代码在GitHub上，如果你想先看看应用的样子，可以在 https://github.com/ionic-in-action/chapter4 看到，也可以在 http://ionic-in-action-chapter4.herokuapp.com 预览应用。

无论是什么移动应用，最重要的功能之一都是让用户可以在应用内导航。首先需要设置应用导航必要的基础部分，然后继续使用Ionic用户界面组件来构建新界面。所有组件协同工作，让应用可以显示当前天气信息、访客的预订信息和度假胜地即将举办的庆祝活动。应用还会使用一个简单的幻灯片来做新手指引，这在许多应用中都看到过。在本章结尾，我会提供几个挑战内容，帮助你巩固学到的知识。

图 4.1 展示的是基本的应用流程，可以看到用户能做的事情和能导航的页面。每个界面旁边都标注了基础的特性。图 4.1 中的线框图在应用设计阶段非常有用。

图 4.1 应用线框图会展示视图和用户流

下面就进入实际的开发环节！

4.1 配置项目

在本章中，你可以选择跟着我一起编写代码，也可以直接从 GitHub 克隆项目，在不同步骤直接检出代码。在每个步骤中，这两种方式的结果是一样的，所以可以随意选择。Git 会更快一些，因为你不需要从书中把代码复制到项目中。

4.1.1 创建一个新应用并手动添加代码

使用 Ionic 的 CLI 工具来创建新应用，打开终端，执行下面的命令（如果你忘了如何配置新项目，请回看第 2 章）：

```
$ ionic start chapter4 https://github.com/ionic-in-action/starter
$ cd chapter4
$ ionic serve
```

4.1.2 克隆完整版应用

如果你选择下载完整版应用并用 Git 来跟踪每个步骤，使用下面的命令来克隆仓库并检出第一步：

```
$ git clone https://github.com/ionic-in-action/chapter4.git
$ cd chapter4
$ git checkout -f step1
$ ionic serve
```

4.2 配置应用导航

开始构建度假应用之前，先看看图 4.2，这是用户可以访问的所有位置。你需要单独构建每个部分，这里只是一个概览。

第一个任务是配置应用导航，然后开始给每个视图加入内容。Ionic 支持第三方路由框架 ui-router，它是导航的中央大脑。如果你不熟悉 ui-router，后面我会介绍它的核心概念。Ionic 是在 ui-router 基础上开发的，所以通常不需要关心底层细节，除非你要开发自定义的导航功能。

图 4.2 完整的应用视图

我说的导航和路由是两个有关联但是不相同的概念。术语导航指的是用户在应用内部移动的动作（用户单击一个按钮，然后跳到另一个界面），术语路由是应用内部的一个过程，用于控制用户导航时具体的行为（当按钮被按下时应用决定要切换到哪里）。换句话说，导航是用户的行为，路由是应用响应用户输入的逻辑。

为什么 Ionic 使用 ui-router 而不是 ngRoute

Angular 有一个官方路由（ngRoute），但是 Ionic 没有使用。主要的原因是有些 ui-router 的重要功能并没有被 ngRoute 支持，比如命名视图、嵌套视图和平行视图。一个例子就是在选项卡界面中嵌套多个视图。Ionic 内置了这些特性，对应的指令是 `ionNavView`。Ionic 只支持 ui-route，所以如果要使用 ngRoute 会出问题。

ui-router 的很多内容本书都没有讲到，最好直接参考官网 https://angular-ui.github.io/ui-router/，上面有详细的介绍，还有很多有趣的特性，某些情况下会很有用。

在图 4.1 的线框图和图 4.2 的应用概览中，你可以看到用户可以使用的位置或者说视图，只有 5 个：

- 介绍
- 主视图
- 预订视图
- 天气视图
- 餐馆视图

传统的网站有页面，但是在移动端应用中没有。用户在应用内导航时，很少注意到视图的改变，但是在浏览器中你会看到地址栏中的 URL 改变而且页面会刷新。我认为视图需要被清晰定义，如以上列表所示，用户在应用中可以看到 5 个非常清晰明确的位置。在配置应用的导航之前，我们来讲讲如何设计应用导航。

4.2.1 设计良好的应用导航

移动应用导航很像在一个新城市中旅行。假设你坐火车到达这个新城市，刚刚走出位于市中心的火车站。你可能已经想好了要做什么或者要去哪里（比如参观博物馆），但是你首先要寻找街道标志，从而确定你在哪里。因为你很熟悉街道标志和常用的城市规则，因此可以找到去终点的路线。在应用中，你的任务就是给用户提供街道标志。

虽然你在 Hybrid 应用中构建的是 Web 应用，但是用户体验和浏览器中的 Web 应用并不相同。如图 4.3 所示，因为 Hybrid 应用没有浏览器窗口和一些浏览器特性（比如地址栏或者后退和刷新按钮），所以用户无法用同样的方法进行导航。因此需要应用开发者，也就是你来提供导航功能。

在思考导航时，你需要考虑类似图 4.1 中的流程图，理解用户如何在不同视图中移动。要到达一个视图，用户可能有很多种方法，但是这些方法对用户来说必须非常清晰直观。有很多种方法为用户创建导航流程，从自定义交互到 Ionic 默认提供的更加通用的特性。最好使用常见的导航技术，比如按钮，而不是创建一个用户必须学习用法的新技术。

我建议你先观察四五个常用的应用并试着思考它们使用的导航流程以及它们提供给用户的技术。它们用按钮了吗？是否用边栏菜单或者选项卡来帮助用户到达应用的关键位置？你是否走丢过，如果是，你能说出原因吗？这些问题可以帮助你更好地设计你的应用。

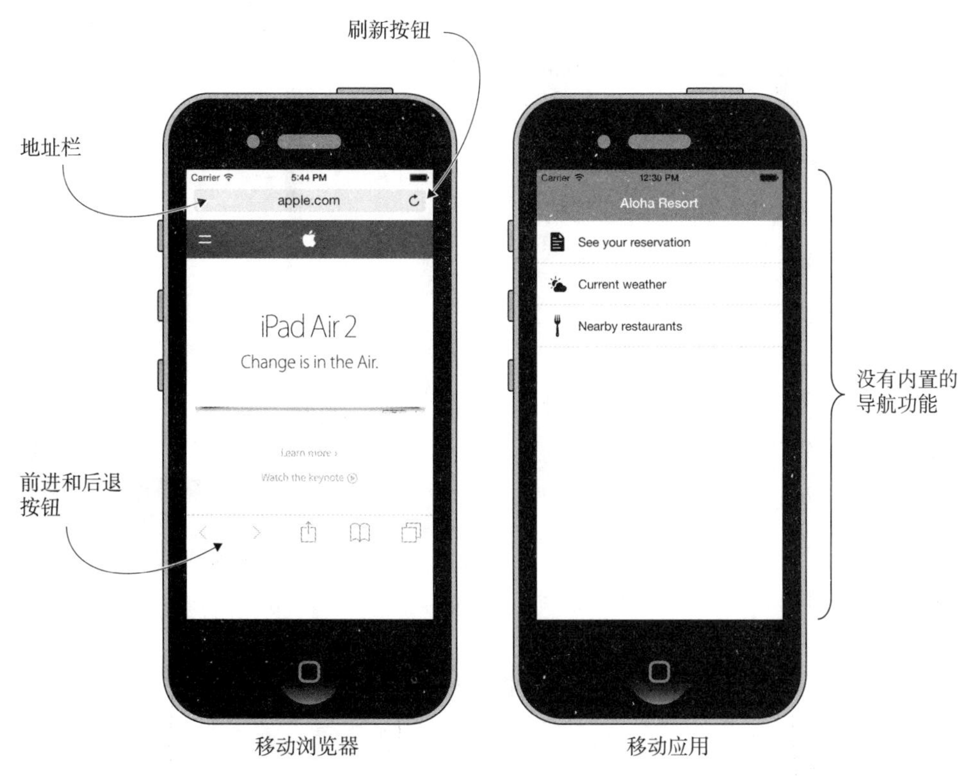

图 4.3 浏览器可以用地址栏、刷新和返回按钮来导航。应用没有按钮，所以开发者必须实现导航选项。

4.2.2 使用状态管理器来声明应用视图

下面来写点代码。你的第一个任务是向应用的 HTML 中添加一个 Ionic 导航组件，然后需要声明一个起始视图。最后的结果如图 4.4 所示，这是一个没有内容的内容容器和导航栏（navbar）。如果你使用了 Git，可以检出这步代码：

```
$ git checkout -f step2
```

ionNavView 和 ionNavBar 是 Ionic 的基础组件，用于导航。ionNavView 就像一个占位符，用于把不同的视图内容载入应用，ionNavBar 是标题栏，在用户跳转视图时自动更新。这两个组件是一同工作的，不过如果你不想要顶部的导航栏，也可以单独使用 ionNavView。

如果你很熟悉 HTML 中的 frame，那很容易理解 ionNavView，它会把内容加载到内部。但是 ionNavView 并不是真正的 frame。如果你想深入了解 Angular 和模板，请阅读第 3 章。还记得吧，Angular 会使用标签（也就是模板）并把它注入视图（在本例中就是 ionNavView）。没有 ionNavView，应用就不知道应该把内容加载到哪里，所以如果你用到了导航，那至少要有一个 ionNavView。

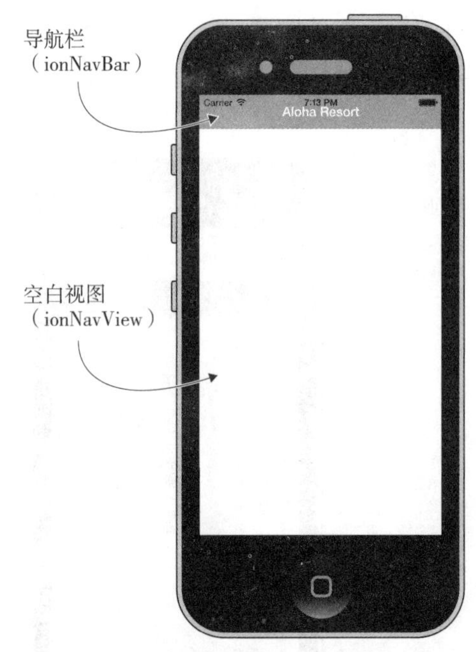

图 4.4　一个基础应用，包含导航和一个视图，没有任何内容。

ionNavBar 在应用的顶部，大部分应用都是这么做的，它看起来像个标题栏。你可以在这里放置当前视图的标题，也可以放置按钮，比如返回按钮。在这个应用中你需要使用 ionNavBackButton 组件，因为用户需要一种返回方式。在图 4.1 中，最下面一行会显示返回按钮，用于返回主视图。主视图没有返回按钮，因为它是顶层视图，所以没有返回按钮。

打开清单 4.1 中所示的 index.html 文件，加入导航组件。你需要加入清单 4.2 中的 JavaScript 代码这些组件才能工作，不过我们先来关注 HTML 中的组件。下面只显示了 <body> 标签中的内容，但是你需要保留 HTML 文件中其他的标签。

清单 4.1　应用导航组件代码（www/index.html）

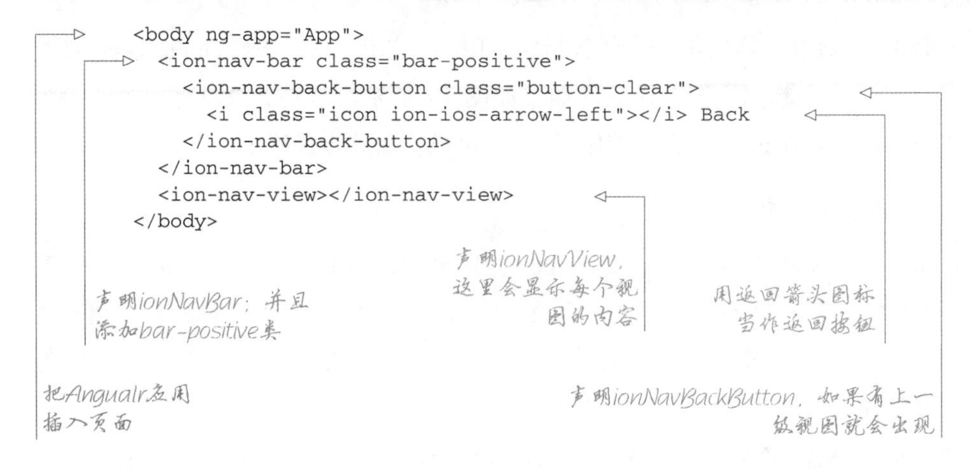

```
<body ng-app="App">
  <ion-nav-bar class="bar-positive">
    <ion-nav-back-button class="button-clear">
      <i class="icon ion-ios-arrow-left"></i> Back
    </ion-nav-back-button>
  </ion-nav-bar>
  <ion-nav-view></ion-nav-view>
</body>
```

刚才只是声明了内容占位符，还没有声明任何视图，不过声明之后这些组件就会自动获取视图信息。你构建的许多应用中应该都会有和清单 4.1 类似的内容，这是应用导航的基础。

可以看到有些组件上有类，这很常见。Ionic 允许使用 CSS 类来自定义许多组件的展示方式。后面我们会详细介绍这些选项。

如果现在运行代码，你会发现实际上什么功能都没有，因为你还没有声明任何视图。你需要声明应用的一系列状态。状态是 ui-router 中的一个概念。状态对应应用当前需要显示的视图，其中会包括视图对应的 URL、视图控制器的名字和视图对应的模板。在本书中你通常会把状态声明和视图关联起来（比如图 4.1 中的主视图就是一个状态）。如果要深入了解状态，可以阅读更多关于 ui-router 的内容 https://github.com/angular-ui/ui-router/wiki。

还记得吗，之前我们说过，路由这个概念的意思就是声明用户可以在应用中进行导航的路径。你可以把它看作一个树状结构，一个状态可以是其他状态的子状态。

现在你已经创建了 home 状态，但是还需要把目录中的其他文件设置为视图。你声明的状态中包含具体的路由方式，可以使用 URL 或者使用状态的名字来实现。在本书中我们通常用状态的名字来做导航。

我们给应用加入一些状态，如清单 4.2 所示。你需要把这些状态添加到 app.js 文件中，其中包含 Angular 应用的定义。需要使用 `$stateProvider` 服务来声明状态，用 `$urlRouterProvider` 会在请求无效的时候被使用。清单 4.2 中的代码需要添加在文件中的第一行后面。

好的，你已经声明了第一个状态，名为 `home`。它非常简单——只需要试着从 `templateUrl` 对应的 URL 加载模板。在本章中你还会添加更多状态，到时你会学到其他的配置用法。在 ui-router 的文档中可以查看所有的配置，本章会覆盖绝大多数常用内容。

`otherwise()` 方法非常重要，因为它会在应用无法找到目标路由时起作用，比如网站有 404 错误。如果用户试图请求一个不存在的状态，`otherwise()` 方法会显示主视图。最好保证有 `otherwise()` 方法，这样应用万一有路由问题也可以显示一些内容，而不是显示空白页或者出错。你可以显示一个特殊的出错视图，让用户可以给你发送反馈。

清单 4.2 声明应用状态（www/js/app.js）

```
angular.module('App', ['ionic'])
.config(function ($stateProvider, $urlRouterProvider) {
  $stateProvider.state('home', {
      url: '/home',
      templateUrl: 'views/home/home.html'
    });
    $urlRouterProvider.otherwise('/home');
})
.run(function($ionicPlatform) {
```

声明第一个状态，对应的是主视图

Angular的run方法，文件中已经有这行了

声明降级URL，如果应用找不到请求的状态会跳转到这里

添加新的config方法并注入$stateProvider

视图激活时，让这个状态从指定URL加载模板

声明Angular的模块，文件中已经有这行了

给状态设置一个URL，可以用在锚点链接上

你可能已经注意到了，这里声明了一个模板，但是没有创建对应的文件。下面我们就加入这个文件，让第一个视图可以正常工作，看看它到底是什么样的。创建新文件 www/views/home/home.html 并写入清单 4.3 中的内容。

清单 4.3 给主视图添加模板（www/views/home/home.html）

```
<ion-view view-title="Aloha Resort" hide-back-button="true">
</ion-view>
```

使用ionView声明一个视图模板；title会显示在导航栏中，hide-bcak-button会隐藏返回按钮

现在就可以正常运行代码了。你应该会看到应用中有一个蓝色的导航栏，标题是“Aloha Resort”。视图其余的部分暂时是空白的，之后会添加内容。它看起来应该和图 4.4 显示的差不多。

注意 `hide-back-button` 属性。这个属性会告诉 `ionNavBar` 视图不想显示返回按钮。你可以在文档中找到更多 `ionView` 可用的属性。

现在应用看起来舒服多了！下面你会完成主视图的配置，同时我们会介绍如何在内容区域中使用图标和列表。

4.3 构建主视图

现在项目只有一个带标题的空视图，需要给视图添加更多内容。这个页面主要的特性就是提供一个链接列表，用户可以跳转到天气、餐馆和预订视图。如果你使用 Git，检出这一步的代码：

```
$ git checkout -f step3
```

在清单 4.3 中有一个非常基础的空白视图，需要向其中添加内容。可加入 `ionContent`，这是一个通用的内容封装器，有许多暂时还用不到的特性。接着会创建一个列表，包含每个视图的导航链接。最后会添加一些图标，让链接看起来更漂亮。可以在图 4.5 中看到最终的效果。

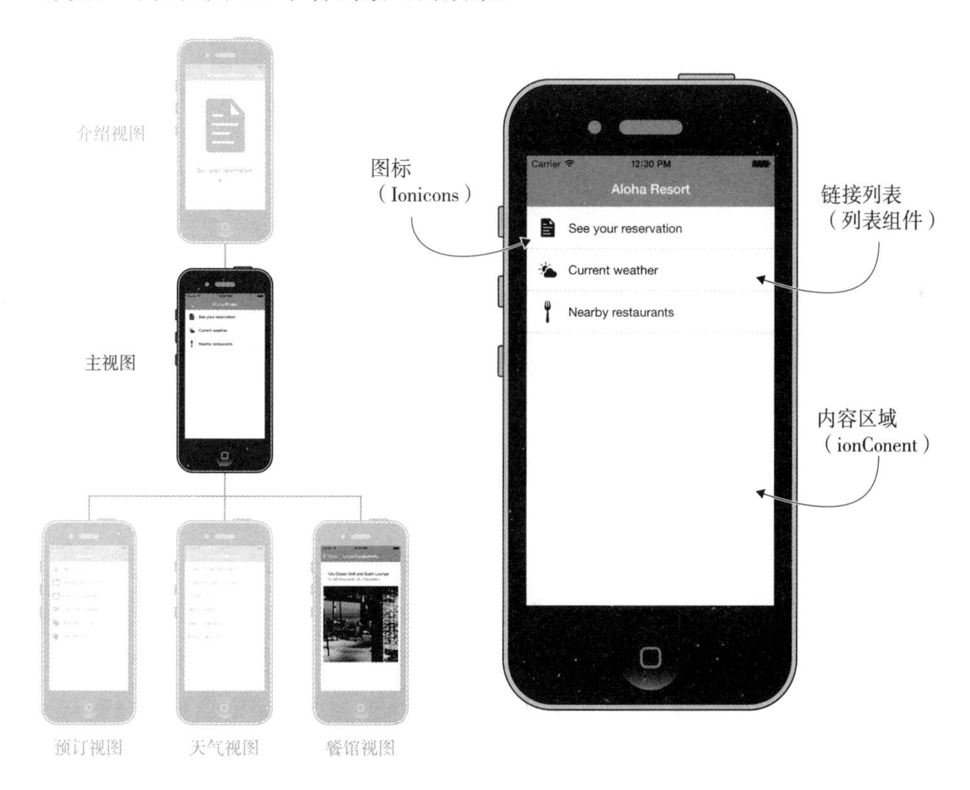

图 4.5 主视图中有图标和一个链接列表，内容被正确地定位到导航栏下方。

4.3.1 创建内容容器

`ionContent` 是最常用的内容容器。它有很多特性：

- 根据设备调整内容区域尺寸——它会根据设备来设置内容容器的高度。
- 和头部底部协同合作——它知道是否有头部和底部，可以据此调节尺寸和位置。
- 管理滚动——有许多配置项来管理滚动。举个例子，你可能希望只允许一个方向的滚动（水平），或者彻底禁止滚动。

ionContent 有许多选项，但是最常用的是管理滚动。大多数情况下你都不需要使用其他选项，不过可以在文档中查到。下面我们向主视图中加入标签。再次打开主视图文件，写入清单 4.4 中的代码。

清单 4.4 给主视图添加 ionContent（www/views/home/home.html）

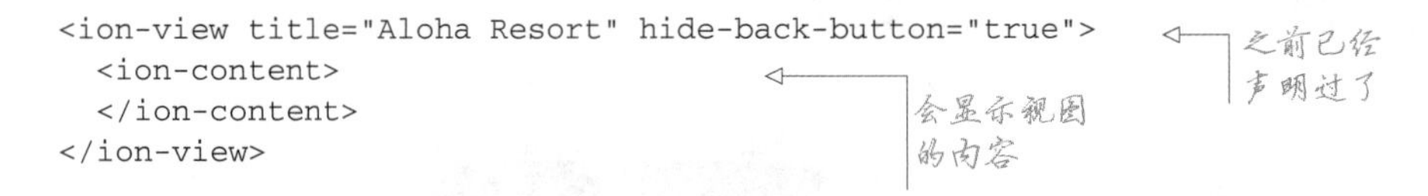

```
<ion-view title="Aloha Resort" hide-back-button="true">
  <ion-content>
  </ion-content>
</ion-view>
```


这就完了？是的！在本例中 ionContent 非常简单，因为你只使用了默认的特性，不需要更复杂的功能。内容区域现在会自动调整尺寸，而且会把导航栏计算进去。如果没有 ionContent，内容会从左上角开始显示，被导航栏挡住，显然我们不想要这种效果。

你的内容是不是放错了地方？

绝大多数时候你都需要使用 ionContent 来封装内容。如果你发现内容在屏幕上显示错了位置，首先检查是否正确使用了 ionContent。

有时候你不想使用 ionContent；在第 5 章你会看到一个例子，在那个例子中标签不应该被放在 ionContent 中。如果不想使用 ionContent，有时候你需要添加一些 CSS 来调整显示效果。举个例子，如果你用了 ionHeaderBar 但是没用 ionContent，那内容会被 ionHeaderBar 压住。Ionic 会努力让设计风格和组件在大多数情况下工作正常，但是如果不是标准用例，有时候需要一些额外的 CSS。

4.3.2 使用 CSS 组件并添加一个简单的链接列表

现在你有了一个内容容器，需要加入一个链接列表。Ionic 有很多 CSS 组件，可以通过 CSS 类应用到元素上。如果你对前端界面框架（如 Bootstrap 或 Foundation）很熟悉，那一定也很熟悉这种通过类来创建视觉组件的方式。有些表单组件是专门为移动设备设计的，比如复选框、范围选择器、按钮等。

Ionic 有一个列表组件，包含列表类和每个列表项的类。列表组件有许多样式配置；你会从最基础的开始，后面会加入图标。

我们向应用中添加一个最基础的空列表，如清单 4.5 所示。你可以使用一个无序列表元素，不过我会使用 div 来封装一个锚点标签列表。需要强调的是，CSS 样式非常完善，完全可以用在不同的元素上。

清单 4.5 给主视图添加列表（www/views/home/home.html）

```
<ion-view title="Aloha Resort" hide-back-button="true">
  <ion-content>
    <div class="list">
      <a href="#/reservation" class="item">
        See your reservation
      </a>
      <a href="#/weather" class="item">
        Current weather
      </a>
      <a href="#/restaurants" class="item">
        Nearby restaurants
      </a>
    </div>
  </ion-content>
</ion-view>
```

ionView和ionContent之前已经声明过了

给容器元素添加list类，从而指定它为列表容器

给元素添加item类，从而创建一个列表元素，这里它会链接到另一个视图

通常来说，使用 CSS 组件的方式就是查看组件文档然后给元素设置合适的 CSS 类。我们会在下一章中看到更复杂的列表，但是简单地展示元素我们现在的代码已经足够了。文档中还介绍了许多不同的展示方式，比如添加分割线、缩略图和图标。

列表中的链接指向的 URL 现在还没有定义。你需要单独添加每个视图，然后应用就能导航过去。锚点标签上有 item 类，所以它们会显示正确的样式。这三个链接会关联到三个视图（参考图 4.1）。

CSS 和 JavaScript 组件

在 Ionic 文档中，你会看到组件有完全不同的两个类别：CSS 和 JavaScript。如果仔细看，会注意到有些组件出现在两个类别中，比如标题栏和列表。你可能很好奇为什么有两个组件，它们有区别吗？

有些组件只有CSS（比如按钮），有些只有JavaScript（比如无限滚动），有些都有(比如标签)。CSS组件会设置组件的视觉样式，但是没有代码逻辑和交互功能。JavaScript组件有代码逻辑和交互功能，这是CSS组件无法实现的。

有些组件既包含CSS也包含JavaScript，比如选项卡。如果不需要JavaScript版本的内容，你可以只使用CSS特性。虽然Ionic性能很好，但是能少使用JavaScript还是少用更好。

此外，如果组件同时有CSS和JavaScript版本，你同样可以在JavaScript组件上使用CSS类来修改样式。举个例子，本章中ionNavBar使用CSS类来修改颜色。

4.3.3 给列表元素添加图标

在这个视图中需要完成的最后一个任务就是添加图标。Ionic自带许多图标，它们被称为Ionicons。图标可以用在很多地方，你经常会看到它们。可以在http://ionicons.com查看所有的图标。图标其实是字体图标，它们是自定义字体，把标准字符换成了字体图标并使用CSS类来显示图标。如果你想使用其他的字体图标库(比如Font Awesome)，可以包含进来，不会发生冲突。

列表组件有专门的图标显示模式。加上一个新CSS类和图标元素就可以生成想要的效果：图标显示在列表元素中文字的左侧。假设你想把图标放在文字的左侧，按照清单4.6所示来更新列表元素，就可以完成主视图。

清单4.6 给主视图添加图标（www/views/home/home.html）

```
<ion-view title="Aloha Resort" hide-back-button="true">
  <ion-content>
    <div class="list">
      <a href="#/reservation" class="item item-icon-left">
        <i class="icon ion-document-text"></i> See your reservation
      </a>
      <a href="#/weather" class="item item-icon-left">
        <i class="icon ion-ios-partlysunny"></i> Current weather
      </a>
      <a href="#/restaurants" class="item item-icon-left">
        <i class="icon ion-fork"></i> Nearby restaurants
      </a>
    </div>
  </ion-content>
</ion-view>
```

添加item-icon-left类来获得我们想要的效果

给i元素添加图标类，就可以把它转换成图标

这是最常用的添加图标的方法，但是因为现在在列表中，你需要使用特殊

的 item-icon-left 类来达到想要的效果。如果想让图标显示在右侧，可以使用 item-icon-right。

图标通常的声明形式是 <i class="icon ion-calendar"></i>。默认情况下斜体元素是行内元素，会修改内部文本的样式。但是这里内部并没有文本，只有两个 CSS 类。第一个类 icon 会给元素加上图标的基础 CSS 样式，第二个类 ion-calendar 会显示指定的图标。这两个放到一起之后，行内元素就变成了图标。你可以在图 4.5 中看到图标和完整的主视图。

现在已经完成了主视图，我们继续做预订视图，你会学习如何使用控制器展示内容。

4.4 使用控制器和模型来开发预订视图

经常需要给控制器添加自定义逻辑，用于处理数据加载或者交互。主视图没有自定义逻辑，因为它展示一个静态列表。但是对于预订视图来说，你需要加载用户的数据并显示出来。由于这只是个示例，不需要从真正的旅馆数据库中加载数据，但是仍然可以使用控制器来管理数据。如果你是第一次使用 Angular，最好学习一下第 3 章中关于控制器的内容，然后再继续阅读。如果你使用 Git，检出 step4 代码：

```
$ git checkout -f step4
```

在 Ionic 中声明控制器和 Angular 的模式是一样的，在第 3 章中介绍过。别忘了，Ionic 是基于 Angular 构建的，并没有开发自己的框架。下面你需要创建一个新控制器，在其中包含预订视图需要的模型。完成后的效果如图 4.6 所示。

在第 3 章中学过如何在 Angular 中创建模型，你需要把一个值赋给 $scope 对象。赋值的是一个对象，它的属性描述了用户的预订细节，比如到达和离开的日期、房间号等。把清单 4.7 中的控制器写入 www/views/reservation/reservations.js。

这个控制器内容不多，不过你可以用它来保存数据并使用 Angular 的双向绑定特性。你不需要在主视图中做这些，因为主视图中的列表元素非常简单而且不会改变。在本例中，不同用户的数据是不一样的，所以需要加载到控制器中。

这个控制器需要类似 home.html 的模板来展示信息。预订视图也有一个类似主视图的列表，模板中会用到一些图标。

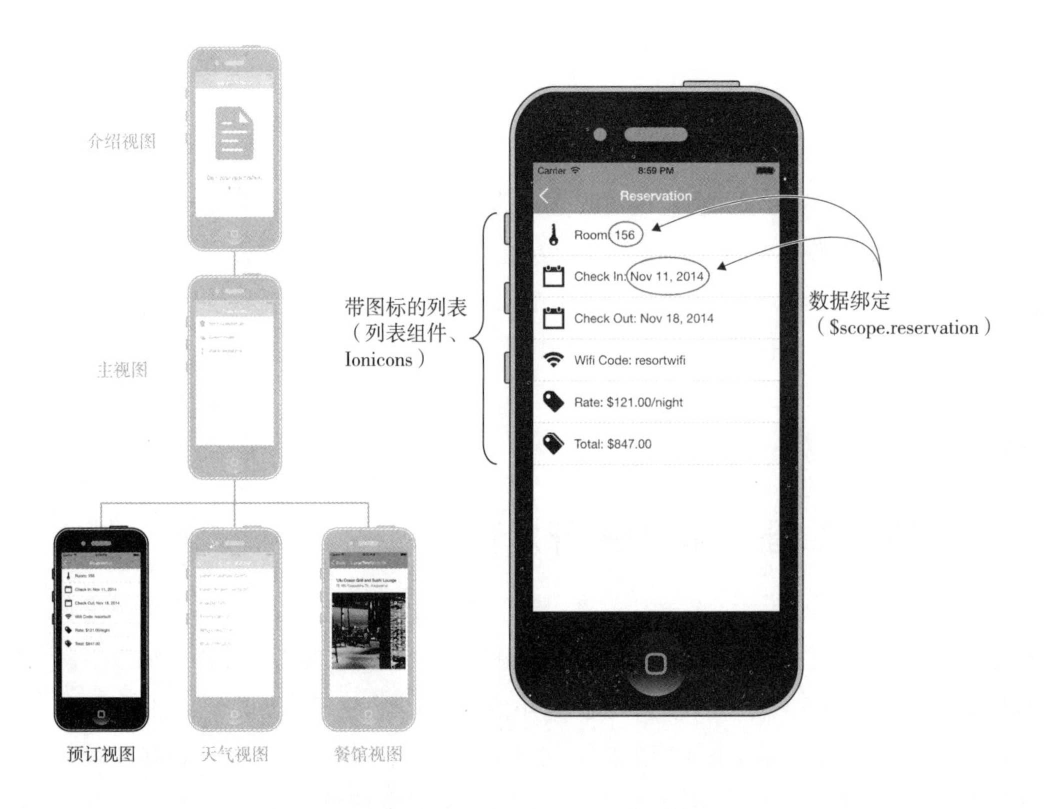

图 4.6　预订视图，使用绑定并从控制器加载数据。

清单 4.7　预订控制器（www/views/reservation/reservation.js）

```
angular.module('App')
.controller('ReservationController', function ($scope) {
  $scope.reservation = {
    checkin: new Date(),
    checkout: new Date(Date.now() + 1000 * 60 * 60 * 24 * 7),
    room: 156,
    rate: 121,
    wifi: 'resortwifi'
  };
});
```

引用App模块

声明控制器的名字和函数；接受一个元素列表并注入$scope中

把模型对象赋值给$scope

设定停留日期，住一个星期的时间

设置预订需要的其他静态值

这个模板和主视图模板的主要区别是，你需要把控制器中的数据绑定到模板。绑定的同时还会用到 Angular 的过滤器，这样可以很方便地把模型中的数据转换成不同的显示形式。你还需要使用一些 Angular 表达式。

文件组织方法

现在你可能更加理解为什么我喜欢把文件按照视图组织——这会把有关联的文件都放到一起。许多 Angular 教程喜欢把 JavaScript 文件放到一起，把 HTML 模板放到另外一个位置，这样很难找到关联的内容。之后你还会把 CSS 文件放到视图文件夹中。把和视图相关的文件放到一起会极大提高工作效率，不用再花费时间来寻找关联代码。

你并不需要遵循我的管理方法，但是这是我多年构建 Angular 应用的经验之谈，本书会遵循。

清单 4.8 中所示的代码是你刚才构建的预订视图。

清单 4.8 预订视图模板（www/views/reservation/reservation.html）

```
<ion-view view-title="Reservation">
  <ion-content>
    <div class="list">
      <div class="item item-icon-left">
        <i class="icon ion-key"></i> Room: {{reservation.room}}
      </div>

      <div class="item item-icon-left">
        <i class="icon ion-calendar"></i> Check In: {{reservation.checkin |
    date:'mediumDate'}}
      </div>

      <div class="item item-icon-left">
        <i class="icon ion-calendar"></i> Check Out: {{reservation.checkout |
    date:'mediumDate'}}
      </div>

      <div class="item item-icon-left">
        <i class="icon ion-wifi"></i> Wifi Code: {{reservation.wifi}}
      </div>
      <div class="item item-icon-left">
        <i class="icon ion-pricetag"></i> Rate: {{reservation.rate |
    currency}}/night
      </div>
      <div class="item item-icon-left">
        <i class="icon ion-pricetags"></i> Total: {{reservation.rate * 7 |
    currency}}
      </div>
    </div>
  </ion-content>
</ion-view>
```

使用Reservation来声明视图标题

使用内容封装器来协助展示内容

使用列表组件类来包裹列表

一个列表元素一个图标；把房间值绑定到模板中

这个列表元素会在绑定中使用过滤器，这里用到的是日期格式过滤器

这个列表元素在绑定中使用表达式和过滤器

乍一看和主视图很像，但是这里用 Angular 绑定来把控制器中的模型数据（$scope.reservation）添加到模板中。{{}} 中的内容会被当作 *Angular* 表达式进行求值。Angular 表达式可以绑定 $scope 中的数据，甚至还可以编写自动求值的数学表达式。第 3 章已经详细讲解了 Angular 表达式和数据绑定。

我们仔细观察一下 {{reservation.rate * 7 | currency}}。首先这里有两个关键的部分，用管道符号（|）分割。左侧是表达式，右侧是过滤器。在表达式中你可以做数学运算，把每日的利率乘以 7 得到每周的利率。表达式中如果有变量名，比如 reservation.rate，它会试着从 $scope 中寻找同名属性。如果没找到，表达式会失败，什么都不显示。过滤器是可选的，不过这里我们使用 Angular 内置的货币过滤器，它会接收一个值并用浏览器中当地的货币格式来显示。它不会修改 reservation.rate，只会在显示的时候加上货币符号。

表达式还有很多技巧和强大的功能，但是最常见的用法是把数据绑定到视图。你会在天气视图中再次看到它们。在开发下一个视图之前，需要把这个视图添加到应用的状态管理器中。现在你已经有了视图文件，但是还没告诉应用这件事。再次打开 app.js，之前你在这里声明过第一个状态，按照清单 4.9 所示的声明一个新状态。这段代码需要放在现有的主视图后面，确保它们之间没有分号。

清单 4.9 声明预订状态（www/js/app.js）

```
.state('reservation', {                                    ← 声明一个新状态reservation
  url: '/reservation',                                     ← 使用/reservation URL来标识这个状态
  controller: 'ReservationController',                     ← 声明这个视图用到的控制器的名称
  templateUrl: 'views/reservation/reservation.html'        ← 声明要加载的视图文件
});
```

好了，现在你声明了视图，万事大吉了吧？并没有——还剩下一个很容易被忽略的步骤。你正在构建 Web 应用，创建了一个新的 JavaScript 文件但是还没把它加入 index.html 文件。如果你在 JavaScript 控制台中看到错误提示说 Reservation 控制器是 undefined，那要么是你没有在应用中包含那个文件，要么是什么地方有语法错误。把下面这行代码加入 index.html 文件的 </head> 标签前：

```
<script src="views/reservation/reservation.js"></script>
```

现在可以再次运行应用，单击预订链接来查看预订细节。它应该会显示图 4.6 所示的内容。你可以看到返回按钮显示出来了，当你导航到子视图时返回按钮会自

动显示。在主视图中隐藏了它，所以子视图会自动显示出来。注意，如果你在预订视图刷新页面，返回按钮不会出现。因为这是你首次访问应用，没办法返回任何历史状态。如果你卡住了，可以把浏览器中的 URL 改成 http://localhost:8100 来重新开始。

4.5　把数据加载到天气视图中

如果你身处热带度假村，那天气最好是有阳光并且温度适中。你的目的地是沙滩，所以最好是适合去沙滩玩耍的天气！在下一个视图中，你会从外部服务载入天气数据。有许多提供这样数据的服务器，你可以选择用 Open Weather Map，它是免费的，并且提供可以直接使用的 API。其他服务可能需要注册账号或者付费。如果你正在使用 Git，检出 `step5`：

```
$ git checkout -f step5
```

和预订视图一样，需要一个 Angular 控制器。这个控制器会从 Open Weather Map 加载数据然后保存在模型中，用于视图绑定数据。你可以使用 Angular 提供的 `$http` 服务来处理数据加载。我会创建一个 API 用于代理 Open Weather Map 的请求，这样即使 Open Weather Map 出问题，你还可以用我的 API。

这个视图还是显示一个列表，比如当前温度、今日最高温度和最低温度、风速和风向。我会告诉你如何在模板表达式中使用 `$scope` 来计算信息。在本例中你需要把数值形式的风向转换成罗盘数值，比如东南西北。

从外部网站加载数据可能需要花费一些时间。到目前为止导航过去的视图都是立刻显示的，但是这里你必须等到数据加载完毕才能显示。这可能需要一些时间，取决于你的网速、服务器的响应速度和其他因素（大部分你都控制不了）。要改善用户体验，我会告诉你如何使用 `$ionicLoading` 服务在数据加载时显示一个载入图标。

图 4.7 显示的是载入组件的效果以及当地天气的具体内容。

你首先需要创建一个模板文件，然后添加控制器和数据加载代码，最后实现加载组件。

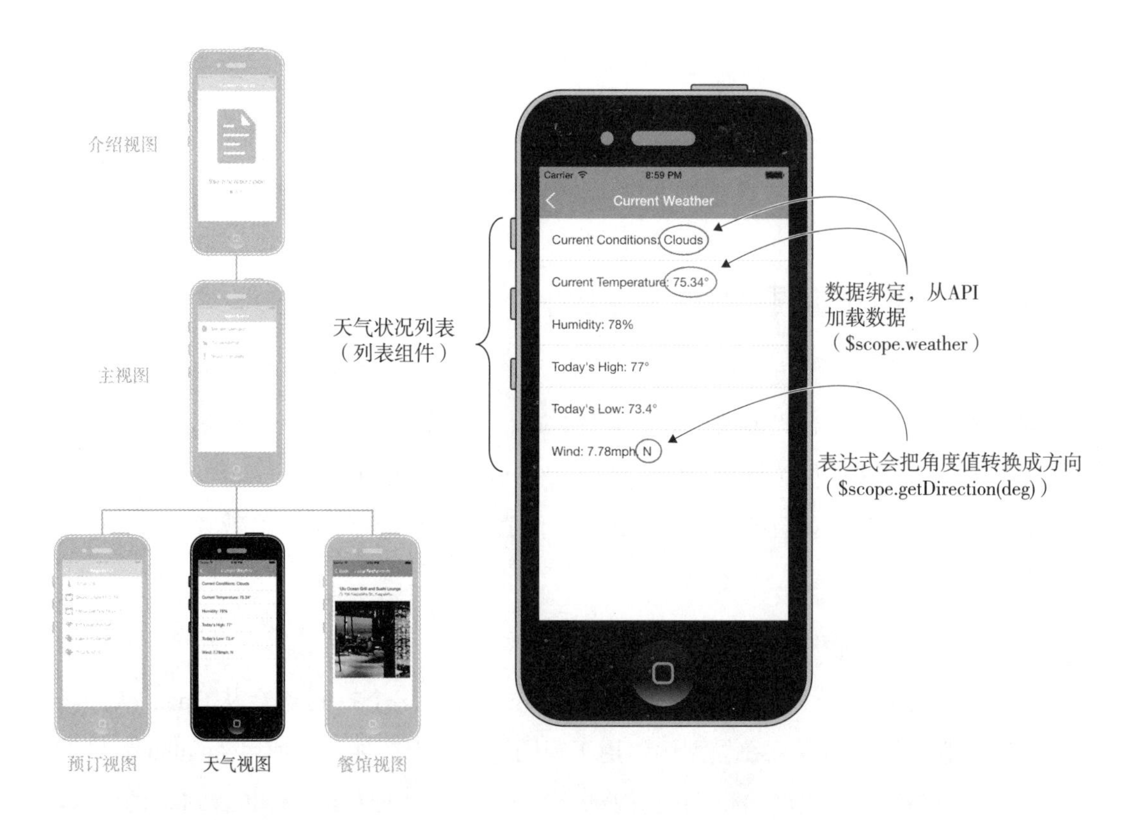

图 4.7　天气视图：加载进行中（左侧）和加载完成（右侧）。

4.5.1　给天气视图添加模板

天气视图的模板非常简单——你只需要显示一个天气状况列表。你需要创建一个列表并把数据中的值绑定上去。除了一个 Angular 表达式，其他内容你都很熟悉了。

创建一个新的 www/views/weather/weather.html 文件，并写入清单 4.10 中的代码。

清单 4.10　天气视图模板（www/views/weather/weather.html）

```
<ion-view view-title="Current Weather">        <—— 声明导航栏的视图和标题
  <ion-content>                                <—— 用容器包裹内容
    <div class="list">
      <div class="item">Current Conditions:
      {{weather.weather[0].main}}</div>
      <div class="item">Current Temperature: {{weather.main.temp}}&deg;</div>
      <div class="item">Humidity: {{weather.main.humidity}}%</div>
      <div class="item">Today's High: {{weather.main.temp_max}}&deg;</div>
      <div class="item">Today's Low: {{weather.main.temp_min}}&deg;</div>
```

添加列表元素，绑定到天气对象的数据属性

```
    <div class="item">Wind: {{weather.wind.speed}}mph,
   {{getDirection(weather.wind.deg)}}</div>
  </div>
 </ion-content>
</ion-view>
```

这个元素有两个绑定；第二个会调用作用域中的一个方法

这里你创建了一个新视图并把它的标题改成“Current Weather”，然后用内容容器来管理内容区域的位置。列表再次使用了 CSS 类，不再赘述，就是显示一个天气细节列表。

这个模板中有一些比较复杂的绑定，因为 Open Weather Map 返回的数据格式是 JSON 字符串，Angular 把它解析成一个 JavaScript 对象。你可以在浏览器中访问 Open Weather Map API 来查看天气数据的标准输出（http://api.openweathermap.org/data/2.5/ weather?q=London,uk）。可以把 `London,uk` 换成其他城市，这样加载的数据就是其他城市的天气。如果你看过 API 的输出，就会发现里面有很多对象和数组，你需要从里面取出具体的数据。我为本章开发的 API（https://ionic-in-action-api.herokuapp.com/weather）只会返回一个位置的天气信息（如果你对我的 API 开发细节感兴趣，可以查看源文件 https://github.com/ionic-in-action/apis）。

我还要单独介绍一个不太一样的表达式。看最后一个列表元素，里面是 `{{getDirection(weather.wind.deg)}}`。这个表达式实际上会引用控制器中 `$scope` 中的方法。你还没有编写这个方法，不过它的名字是 `getDirection`，接受一个参数，参数值是风向的角度表示。需要的时候你可以用这种方式在表达式中使用方法。

4.5.2　创建天气控制器加载外部数据

现在你需要配置控制器并加载数据。你需要使用 Angular 提供的 `$http` 服务来从一个 URL 加载数据。把 `$http` 服务注入控制器，访问一个 URL，然后处理 HTTP 请求的成功或者失败情况。创建一个新控制器文件 www/views/weather/weather.js，并写入清单 4.11 中的内容。

清单 4.11 天气视图控制器（www/views/weather/weather.js）

```
angular.module('App')
.controller('WeatherController', function ($scope, $http) {
  var directions = ['N', 'NE', 'E', 'SE', 'S', 'SW', 'W', 'NW'];
  $http.get('https://ionic-in-action-api.herokuapp.com/weather')
.success(function (weather) {
    $scope.weather = weather;
}).error(function (err) {
  });

  $scope.getDirection = function (degree) {
    if (degree > 338) {
      degree = 360 - degree;
    }
    var index = Math.floor((degree + 22) / 45);
    return directions[index];
  };
});
```

包含所有可能风向的数组

引用Angular的App模块

声明控制器并注入$scope和$http

之后会在这里做错误处理

把天气数据赋值给$scope.weather模型

处理响应成功的情况，获取返回的天气对象

发起HTTP请求来从给定的URL加载数据

计算风向

用来把角度值转换成风向的方法

用户每次加载视图时，这个控制器都会自动加载天气数据。数据会被加载到`$scope.weather`模型，这样模板就可以绑定数据。你可以使用浏览器的开发者工具来查看API返回的数据内容。这是一种最基本的从URL加载数据的方法。

API有时候不会返回数据，目前我们还没有错误处理。下一节会添加错误处理，你应该保证`$http`总是有错误处理器。

`getDirection`方法会接受风向角度，查询`directions`数组并返回用户能看懂的值。这个过程很适合写成Angular的过滤器，不过为了介绍Angular，我还是把它写成了方法。

你需要把这个新视图添加到状态列表中，然后把新控制器添加到`<script>`标签中。打开应用的主文件并在状态列表结尾处添加清单4.12所示的新状态。

清单 4.12 声明天气视图状态（www/js/app.js）

```
.state('weather',
    {
  url: '/weather',
    controller: 'WeatherController',
  templateUrl: 'views/weather/weather.html'
});
```

声明天气状态：把它添加到现有列表中

给声明的状态添加URL、控制器和模板值

然后在 `</head>` 标签前添加一个 `<script>` 标签，把天气控制器加载到 index.html 文件中：

```
<script src="views/weather/weather.js"></script>
```

现在可以执行 `ionic serve` 来预览应用。选择天气链接，应用会展示天气视图。你会注意到视图有一个加载过程，页面会有一个短暂的空白期，直到数据加载完毕。这个体验对用户来说并不好，我们需要添加一个载入指示器。

4.5.3　给天气视图添加一个载入指示器

展示加载动画时用户无法操作应用，所以一定要考虑清楚是否有必要这样做。如果你的应用没有数据就无法正常使用，那看起来需要添加一个加载组件。举个例子，如果你需要在打开应用时加载账户数据，那就可以显示一个加载组件，因为没有数据用户就无法使用应用。可以在图 4.8 中看到默认的展示效果。

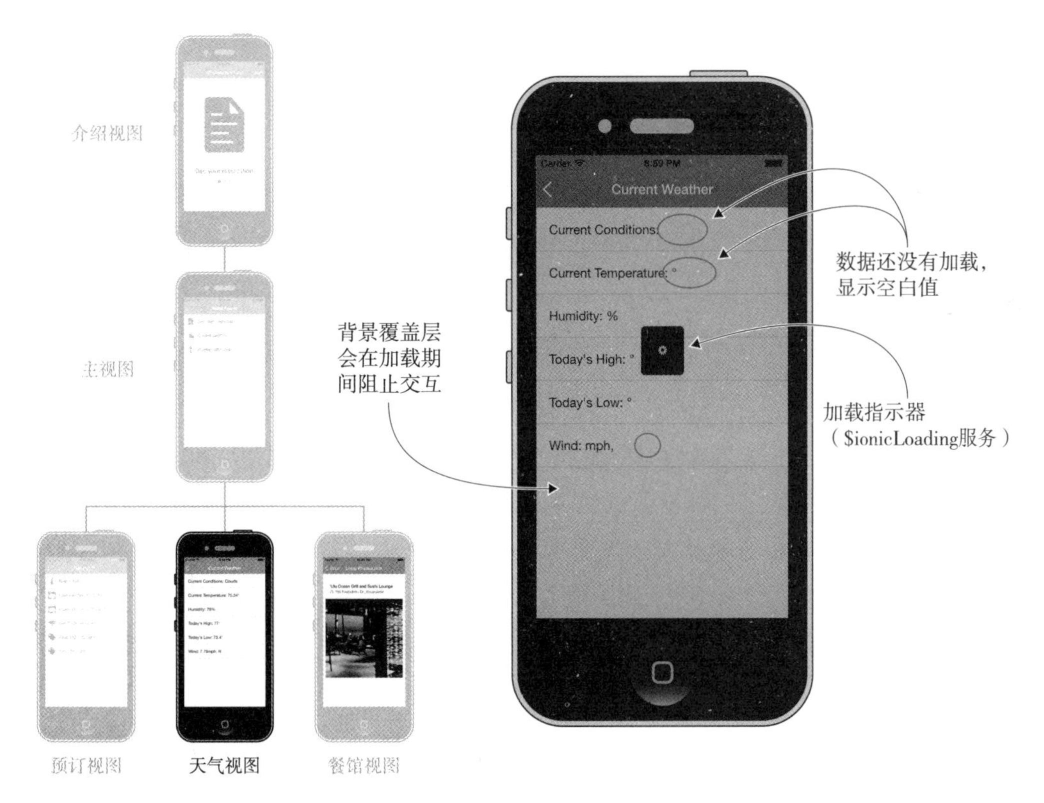

图 4.8　天气视图会在从 API 载入数据的时候激活加载指示器

加载组件有两个方法：show() 和 hide()。你需要告诉加载组件什么时候使用 hide()，因为它不会自动在加载完成时隐藏。可以在文档中查看所有的选项。

在本例中，你需要在 HTTP 请求执行时显示加载指示器。在请求发送之前显示加载组件，在响应返回之后隐藏它。加载组件不会自动隐藏，因为它并不知道你想在什么时候隐藏。

加载组件只有 JavaScript 的控制器，再次打开天气控制器，按照清单 4.13 中的代码来更新它（只需要修改和加载相关的内容）。

清单 4.13 给天气视图添加加载组件（www/views/weather/weather.js）

把$ionicLoading服务注入控制器

```
.controller('WeatherController', function ($scope, $http, $ionicLoading) {
  var directions = ['N', 'NE', 'E', 'SE', 'S', 'SW', 'W', 'NW'];
  $ionicLoading.show();
  $http.get('https://ionic-in-action-
     api.herokuapp.com/weather').success(function (weather) {
    $scope.weather = weather;
    $ionicLoading.hide();
  }).error(function (err) {
    $ionicLoading.show({
      template: 'Could not load weather. Please try again later.',
      duration: 3000
    });
  });
```

在HTTP请求开始之前显示加载组件

如果响应成功，隐藏加载组件

如果出错，使用加载器来显示错误信息并在三秒后自动关闭

仔细看看更新后的控制器，可以发现加载组件是根据你的指令显示和隐藏的。首先需要将加载服务（$ionicLoading）注入到控制器。因为 Ionic 服务是基于 Angular 开发的，因此它们可以像其他 Angular 服务一样被注入（比如 $http）。

show() 在异步命令执行之前被调用。JavaScript 中的 HTTP 请求一定是异步的，你可以定义请求完成之后的成功和失败方法，在其中做你想做的事。如果请求成功，调用 hide() 来隐藏加载组件；如果请求失败，需要重新配置加载组件，让它显示一个错误消息。

第二个 show() 方法会在三秒后自动关闭，因为你只是用它展示一个错误。它接受一个对象，其中包含行为相关的配置值，举个例子，你可以用它自定义加载信息。

同时只能有一个加载组件存在，所以如果你调用两次 show() 方法，只会用新

配置来更新现有的组件，不会创建两个加载组件。如果你有多个异步事件，就需要仔细设计代码逻辑，来选择何时隐藏组件。举个例子，如果你正在展示一个图表，它需要两个独立的 HTTP 请求加载数据，那就需要在隐藏加载组件之前确保两个请求都已经完成，或者在第一个请求完成时就立刻显示图表，然后在第二个请求完成后更新图表内容。

你还可以使用其他组件来告诉用户当前发生的错误——后面的章节中我们会介绍这部分内容。你可以根据错误类型来做不同的事；举个例子，如果天气 API 告诉你它出问题了，你可以试着过一会儿再重新加载数据。

接下来是餐馆列表视图，我们会介绍如何使用卡片和无限滚动组件。

4.6 在餐馆视图中使用卡片和无限滚动

在餐馆视图中，你需要显示一个本地餐馆列表供旅游景点的游客享用。要实现这个功能，需要从外部网站加载餐馆数据，并使用卡片组件来展示每个餐馆的名字和图片，同时使用无限滚动，这样用户滚动到列表底部时会加载更多信息。

从清单 4.14 中可以看出，卡片只是列表的一个变种。很多应用都使用了卡片组件，因为它的风格清新，能展示更多信息。它非常适合用来展示包含文本和图片的内容，如果你使用的是 Git，检出 step6 的代码：

```
$ git checkout -f step6
```

在本例中，你需要从本书专用的一个 API 来加载数据，其中包含真实的餐馆数据。图 4.9 展示了这个视图，它有一个卡片列表，滚动到底部时会出现无限加载指示器并载入更多内容。

每个餐馆都会显示在一个独立的卡片中，视觉效果很不错。你可以在文档中看到卡片的所有形式，这里我们只是显示标题和图片。按照清单 4.14 来创建模板文件 www/views/restaurants/restaurants/html。

清单 4.14 餐馆视图模板（www/views/restaurants/restaurants/html）

创建卡片列表，使用 ngRepeat 遍历餐馆

```
<ion-view view-title="Local Restaurants">        <—— 声明视图
  <ion-content>
    <div class="list card" ng-repeat="restaurant in restaurants">
```

```
      <div class="item">
        <h2>{{restaurant.name}}</h2>
        <p>{{restaurant.address}}, {{restaurant.city}}</p>
      </div>
      <div class="item item-image">
        <img ng-src="{{restaurant.image_url}}" />
      </div>
    </div>
    <ion-infinite-scroll on-infinite="getRestaurants()" ng-if="total > page"
     immediate-check="false"></ion-infinite-scroll>
  </ion-content>
</ion-view>
```

卡片元素显示餐馆的名称和位置

卡片可以使用类似图片的列表样式

无限滚动元素会在快要滑动到底部的时候调用getRestaurants()，除非已经没有新数据

图 4.9 使用卡片显示本地餐馆，用到了无限循环。

给列表中的元素添加 card 类，你就可以使用卡片效果。每个卡片都是单独的一个列表，使用 ngRepeat 来为每个餐馆创建一个新卡片。这里的重点是 ionInfiniteScroll 组件。

无限滚动的原理非常简单：如果组件和视图的距离小于某个值（默认是 1%），那它就会调用 on-infinite 属性声明的方法。初始化时视图中没有内容，所以会显示

一个加载指示器并调用 getRestaurants() 方法来加载初始内容。请求到数据之后，无限滚动组件就会隐藏加载指示器并把视图放到列表后面。当用户滚动到底部时会再次触发。由于无限滚动的机制限制，初始化的时候会触发两次载入方法（控制器会触发一次，无限滚动组件会触发一次，一共两次），因此需要在初始化的时候禁用无限滚动，把 immediate-check 属性设置成 false，让控制器加载数据。

无限滚动组件会在每次滚动到底部时加载数据。但是如果数据已经全部加载完，需要让它停止加载。ngIf 语句可以在加载完所有数据之后禁用无限滚动。你需要在控制器中编写这个逻辑，API 会返回一个值来表示可用的数据页数，这样就可以判断已经加载了多少内容。

现在需要给视图添加一个控制器。这个控制器需要加载餐馆数据并在新数据加载完毕时通知无限滚动组件隐藏。把清单 4.15 中的代码写入 www/views/restaurants/restaurants.js 文件。

清单 4.15 餐馆视图控制器（www/views/restaurants/restaurants.js）

```
angular.module('App')
.controller('RestaurantsController', function ($scope, $http) {

  $scope.page = 0;
  $scope.total = 1;
  $scope.restaurants = [];

  $scope.getRestaurants = function () {
    $scope.page++;
    $http.get('https://ionic-in-action-api.herokuapp.com/
     restaurants?age=' + $scope.page).success(function (response) {
      angular.forEach(response.restaurants, function (restaurant) {
        $scope.restaurants.push(restaurant);
      });

      $scope.total = response.totalPages;
      $scope.$broadcast('scroll.infiniteScrollComplete');
    }).error(function (err) {
      $scope.$broadcast('scroll.infiniteScrollComplete');
      console.log(err);
    });
  };

  $scope.getRestaurants();
});
```

创建控制器并注入服务

❶ 创建一些视图的作用域变量

❷ 定义加载餐馆的方法

❸ 递增页数并发起 HTTP 请求

❹ 获取餐馆列表并把它们添加到 ngRepeat 操作的餐馆数组中

❺ 基于 API 的值更新总页数

❻ 广播事件，告诉无限滚动组件已经加载完成

❼ 处理错误，广播事件并打印出错误信息

❽ 载入页面的时候从 API 加载第一页餐观数据

清单 4.15 中首先定义了三个变量❶：page、total 和 restaurants。page 变量用来记录最后一次从 API 请求到的页面，total 存储的是 API 中可用的页数（第一次 API 请求之后可以获得这个值）。数组 restaurants 会在 ngRepeat 中用来创建餐馆列表。

和天气控制器一样，你需要调用 API 来加载数据。因为你会重复调用它，这个调用在作用域方法 getRestaurants() 中❷。无限滚动每次需要加载数据时都会调用 getRestaurants()。它首先增加 page 的值❸并创建 HTTP 请求。一旦返回数据，就会把结果中的每条内容添加到 restaurants 数组尾部❹。此外，它还会把当前可用的页数赋值给 total❺。

无限滚动被触发并调用 getRestaurants() 时，它不知道 HTTP 请求何时完成加载。可以调用 $scope.$broadcast('scroll.infiniteScrollComplete')❻来告诉它已经加载完成，这个调用会给组件发送一个完成信息。收到这个事件之后，无限滚动会隐藏加载动画；反之，如果你没有发送事件，那加载动画会一直显示。你还需要处理可能发生的错误❼，把它打印到命令行并告诉组件加载完成。最后一件要做的事是调用 getRestaurants() 来加载数据进行初始化。

运行代码之前需要把视图添加到状态中。和之前一样，你需要在 app.js 文件中为餐馆视图添加一个新状态：

```
.state('restaurants', {
  url: '/restaurants',
  controller: 'RestaurantsController',
  templateUrl: 'views/restaurants/restaurants.html'
 });
```

此外，新控制器的文件需要加载到应用的 index.html 文件中：

```
<script src="views/restaurants/restaurants.js"></script>
```

现在你可以运行应用并查看卡片形式的餐馆列表。我们的最后一个目标是给应用添加使用介绍，这需要一组幻灯片来介绍应用及其用法。下面我们就来添加幻灯片组件来实现应用介绍！

4.7 使用幻灯片组件来实现应用介绍

度假胜地希望用户在第一次使用应用的时候能看到一个快速入门。有许多种实现方法，不过这里我们会使用 ionSlideBox 组件来显示一个简单的幻灯片，介绍三个应用的核心特性。如果你使用 Git，检出 step7 的代码：

```
$ git checkout -f step7
```

幻灯片应用非常广泛，它们很适合展示那种需要滑动切换的内容，比如产品的一组图片或者推荐商品的轮播。幻灯片可以自动轮播，也可以让用户手动滑动切换。

$ionSlideBoxDelegate 服务可以用来在程序中控制幻灯片。举个例子，你可以在用户单击一个按钮时把幻灯片跳到某一页。这个项目中不会使用这个服务，不过如果你需要更细粒度的控制可以使用它。可以在同一个视图中添加多组幻灯片，互相之间不受影响。幻灯片服务可以命名不同的实例并分别进行操作。

在本例中，应用介绍会使用幻灯片服务显示三页幻灯片。你需要添加一些 CSS 代码来控制样式，因为默认情况下幻灯片会根据内容尺寸来决定自己的尺寸，你需要让幻灯片全屏显示。可以在图 4.10 中看到幻灯片的实现效果。

大多数情况下只需要一些 HTML 标签就可以展示幻灯片组件。清单 4.16 展示了这个视图的模板，它的路径是 www/views/tour/tour.html。

清单 4.16 引导视图模板（www/views/tour/tour.html）

```
<ion-view view-title="Welcome to Aloha Resort" id="tour-view">
  <ion-nav-buttons side="right">
    <a class="button button-clear" href="#/home" nav-clear>Start</a>
  </ion-nav-buttons>

  <ion-slide-box show-pager="true">

    <ion-slide>
      <span class="icon icon-slide ion-document-text"></span>
      <h3>See your reservation</h3>
    </ion-slide>
    <ion-slide>
      <span class="icon icon-slide ion-fork"></span>
      <h3>Find local restaurants</h3>
    </ion-slide>
    <ion-slide>
      <span class="icon icon-slide ion-ios-sunny"></span>
      <h3>Get the weather</h3>
    </ion-slide>
  </ion-slide-box>
</ion-view>
```

声明视图并给它一个ID，这样就可以添加CSS

给导航栏添加一个按钮，用户可以返回主视图

ionSlideBox会作为内容的封装器和滑动组件的容器

每个ionSlide都会被自动添加到滑动组件中

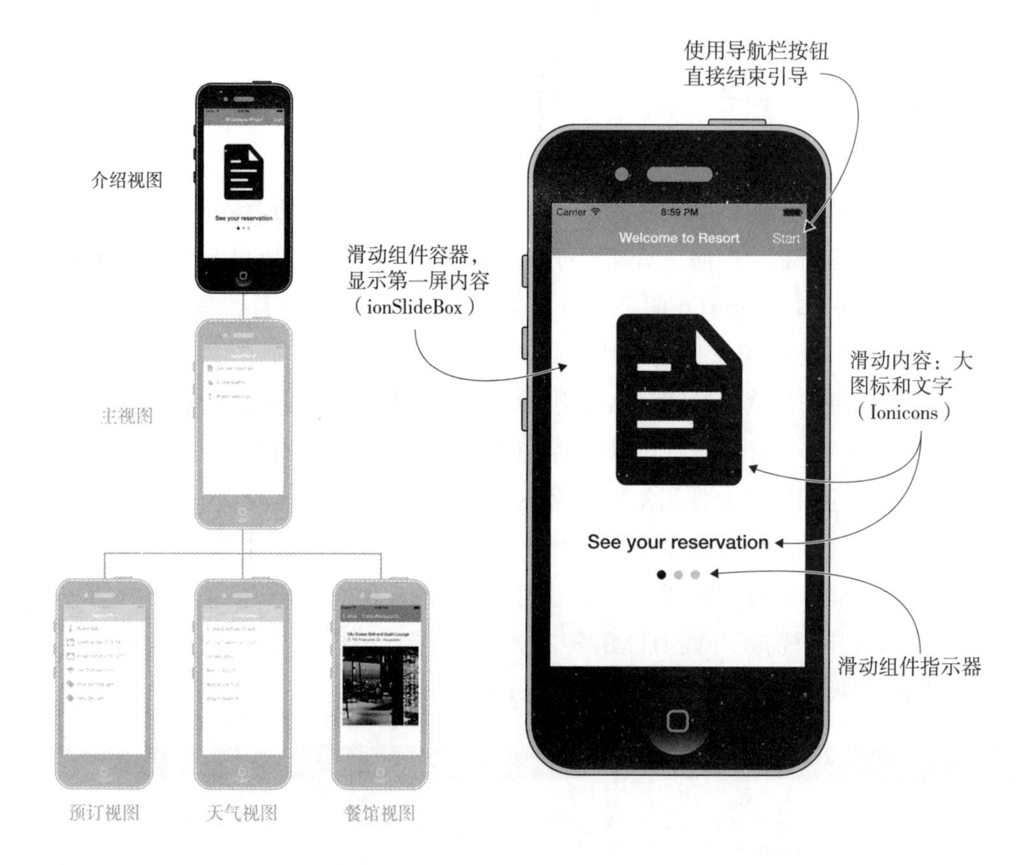

图4.10 在引导视图中使用滑动组件

幻灯片选项卡的名字非常清晰，开发者一眼就能看出它的作用。这个幻灯片包含三页，每页都有一个图标和一个标题选项卡，其中会显示应用介绍。幻灯片默认情况下会和内容一样大，因为图标和标题都是标准的HTML元素，所以幻灯片会和文本内容一样高。

你需要使用CSS来修改样式。在本例中，`ionView`有一个`id`，它会被用在CSS中。给CSS添加视图的前缀非常有用，这样就不会无意中修改应用的其他部分，当然你也可以自己决定如何使用CSS选择器。

现在是时候添加CSS代码了。你需要添加三组样式代码来修改幻灯片的样式。创建www/views/tour/tour.css文件并写入清单4.17中的内容。

清单 4.17 引导视图的 CSS（www/views/tour/tour.css）

```
#tour-view .slider {
  height: 100%;
}

#tour-view .slider-slide {
  padding-top: 100px;
  text-align: center;
}

#tour-view .icon-slide {
  font-size: 20em;
  display: inline-block;
}
```

让滑动组件占用全屏高度

给组件顶部添加内边距并让内容居中

让图标更大并把它们显示为行内块

在 www/index.html 文件中加载样式文件，如下所示：

```
<link href="views/tour/tour.css" rel="stylesheet">
```

这些 CSS 代码会让图标更大并让内容居中，同时让幻灯片占据整个屏幕。这样用户就可以滑动整个屏幕（除了标题栏）来切换幻灯片；否则用户必须准确地滑动内容部分。你可以根据需要自行修改代码，从而适应不同的内容。

最后一件事是把新视图添加到应用的状态中，然后在应用第一次打开时把默认的状态修改成使用介绍。再次打开 app.js 文件，添加一个新状态，然后修改默认的 `otherwise` 路由，如清单 4.18 所示。

清单 4.18 引导状态和更新默认路由（www/js/app.js）

```
.state('tour', {
  url: '/tour',
  templateUrl: 'views/tour/tour.html'
});
$urlRouterProvider.otherwise('/tour');
```

把引导状态添加到模板中

把默认路由改成引导状态

现在你已经完成了整个应用！如果运行应用，首先会看到使用介绍，然后是主视图。如果你一直在使用热重载，那可能不会被重定向到使用介绍。如果遇到这种情况，可以删掉 URL 中井号后面的内容，只剩 /#/，这会重置路由并显示使用介绍。

4.8 挑战

现在你已经学会了如何构建可以导航的界面，下面是一些挑战，帮助你完善你的应用。

- 添加一个新状态——试着给应用添加一个新状态。举个例子，添加一个新状态，它的视图会显示如何导航到旅游胜地。
- 改进设计——发挥创造力，让天气视图更加美观。可以学习一下其他的天气应用。
- 实现风向过滤器——在天气视图中，把 `getDirection()` 修改成过滤器，接受角度值，返回字符串。
- 缓存天气数据——不要每次都请求新的天气数据，想办法缓存数据，只在超过 15 分钟之后才重新载入数据。可以试试使用 `localStorage` 来存储数据。
- 创建天气服务——本例使用 `$http` 在控制器中加载数据。试着构建一个 Angular 服务来加载天气数据，这样控制器就不需要直接使用 `$http` 了。

4.9 总结

在本章中我们介绍了 Ionic 应用导航的核心概念和一系列可用的组件。下面来回顾一下本章的核心内容：

- Ionic 应用基于状态构建。状态是使用 `$stateProvider` 的 `config()` 方法声明的。
- Ionic 会在状态发生改变时把你的模板载入 `ionNavView` 组件。
- `ionNavBar` 选项卡会基于当前视图自动更新导航栏的标题。
- 列表和卡片组件可以用移动端友好的形式展示一组内容。
- 可以使用 `$http` 服务把数据加载到控制器中，并使用 `$ionicLoading` 服务在加载时显示加载指示器。
- `ionSlideBox` 是一个非常强大的移动端幻灯片组件，你可以用它来实现应用使用介绍。

在第 5 章中你会学到如何用选项卡实现应用导航以及其他 Ionic 特性，比如下拉刷新、高级列表和表单。

5 选项卡、高级列表和表单组件

本章要点

- 使用选项卡组件并单独保存导航历史
- 让列表元素支持设置开关和重新排序
- 使用下拉刷新来重载数据
- 使用移动端表单输入框

本章会继续学习 Ionic 特性，和第 4 章一样，你会从头开始构建一个完整的应用。这次要构建的应用需要显示比特币和其他货币的实时汇率以及历史汇率。界面会使用 Ionic 的选项卡组件，其中包含三个选项卡：查看当前市场汇率、查看历史汇率图表以及资金管理。

你会学到如何在选项卡中使用导航窗口。如果你想在使用选项卡的同时维护用户界面状态，那么掌握这个技术非常重要。你还会学到如何在不同选项卡中缓存外部来源加载的数据，这样可以提高加载速度，避免不必要的 HTTP 请求。

> **什么是比特币？**
>
> 比特币是一种非常流行的电子货币。它有购买和出售价格，很像股票和各种商品，通过电子市场进行交易。在本章中你需要关注比特币和各种传统货币（比如美元和欧元）的汇率，同时需要用图表来展示历史数据。
>
> 可以在 https://bitcoin.org 了解更多和比特币相关的信息。

在图 5.1 中可以看到需要开发的应用。其中会展示当前比特币和其他货币的汇率，通过对比过去 24 小时的数据来判断趋势是涨还是跌。接着你需要显示历史数据，具体来说是过去一个月中每小时的平均值。你需要使用第三方库来生成图表。最后通过开关来配置是否显示一种货币，同时支持重新排序，你可以把你喜欢的货币放在最上方。

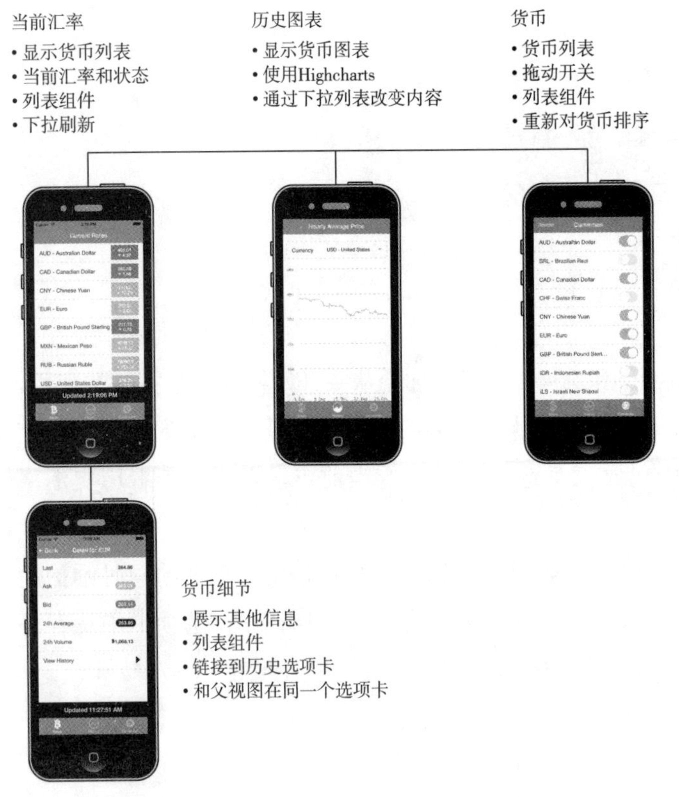

图 5.1　比特币示例应用，有 3 个标签页和 4 个视图。

完整的代码在 GitHub 上，https://github.com/ionic-in-action/chapter5，你也可以访问 https://ionic-in-action-chapter5.herokuapp.com。

5.1 配置本章的项目

你可以手动创建一个新 Ionic 项目并跟着本章内容来添加代码，也可以从本书的 GitHub 仓库中直接克隆完整的项目并检出对应的步骤。开发完之后可以使用 `ionic serve` 命令在浏览器中预览应用。

5.1.1 手动创建项目并添加代码

使用 Ionic 的 CLI 来创建一个新应用，打开命令行并执行下面的命令（如果你忘了如何配置项目，可以回去看看第 2 章）：

```
$ ionic start chapter5 https://github.com/ionic-in-action/starter
$ cd chapter5
$ ionic serve
```

5.1.2 克隆完整项目

如果要使用 Git 来检出完整项目，使用下面的命令来克隆项目并检出第一步：

```
$ git clone https://github.com/ionic-in-action/chapter5.git
$ cd chapter5
$ git checkout -f step1
$ ionic serve
```

5.2 ionTabs：添加选项卡和导航

你的第一个任务是添加基础的导航元素：`ionNavBar` 和 `ionNavView` 组件。`ionNavBar` 可以根据当前选项卡自动更新标题栏，`ionNavView` 会显示 `tabs` 模板。第 4 章中已经学过如何使用它们，如果你忘记了可以回去看一下。如果使用 Git，检出这一步的代码：

```
$ git checkout -f step2
```

在本节中你需要实现基础的选项卡和导航，如图 5.2 所示。

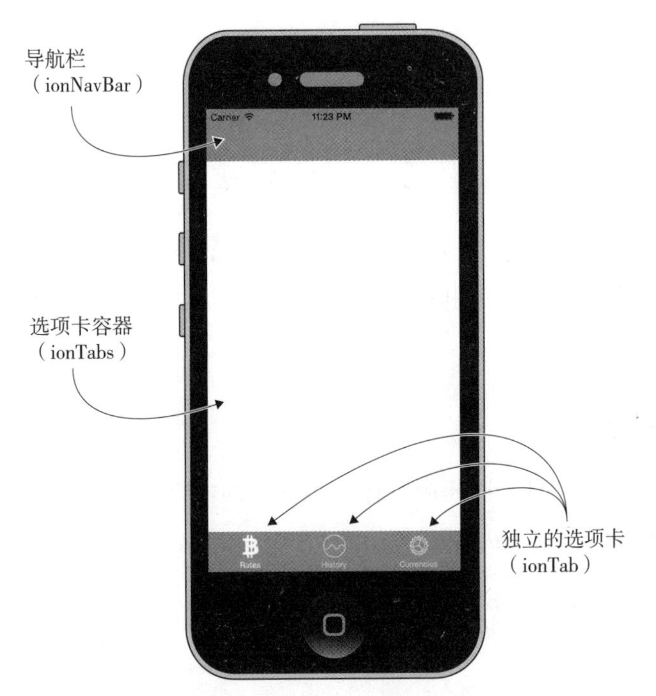

图 5.2 有选项卡、基本的导航以及空白内容的应用

在清单 5.1 中，你会更新 www/index.html 文件，添加导航组件。

清单 5.1 添加 ionNavBar 和 ionNavView（www/index.html）

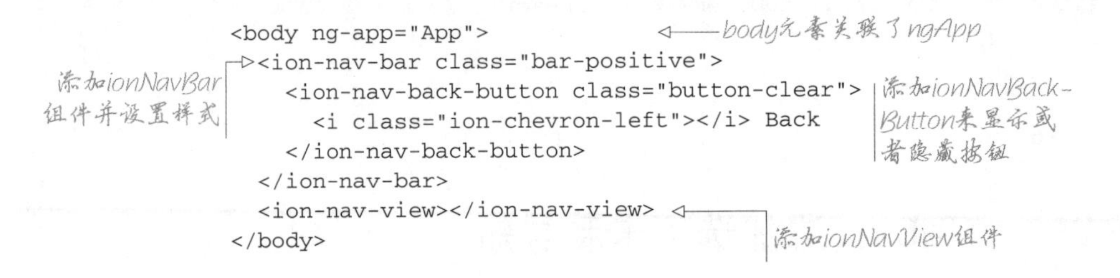

```
<body ng-app="App">
  <ion-nav-bar class="bar-positive">
    <ion-nav-back-button class="button-clear">
      <i class="ion-chevron-left"></i> Back
    </ion-nav-back-button>
  </ion-nav-bar>
  <ion-nav-view></ion-nav-view>
</body>
```


这样就可以把组件添加到模板中，并用它们来渲染路由。ionNavBackButton 组件后面会用到，可以从子视图返回父视图。现在你需要声明一个路由和模板，用于后面展示内容。

打开 www/js/app.js 文件来声明第一个路由。修改现有的内容，添加 config() 方法，如清单 5.2 所示。

清单 5.2 给应用的 config() 方法添加第一个路由（www/js/app.js）

```
angular.module('App', ['ionic'])
.config(function ($stateProvider, $urlRouterProvider) {
  $stateProvider
    .state('tabs', {
      url: '/tabs',
      templateUrl: 'views/tabs/tabs.html'
    });
  $urlRouterProvider.otherwise('/tabs');
})
```

声明App模块并包含ionic模块

声明config()方法并注入服务

给标签声明一个状态

设置默认路由

这样就可以声明路由，默认路由会在其他路由都匹配失败时被使用。预览应用前需要添加 tabs 模板。

5.2.1 给应用添加选项卡容器和三个选项卡

移动应用中大量用到选项卡，Ionic 提供了一个非常强大的组件，用来快速创建选项卡。选项卡通常用来显示几个视觉上有关联的视图。具体的选项卡数量并没有限制，不过由于空间限制，通常只有 2~5 个。你可以在应用的任何位置使用选项卡，除了 ionContent 指令，因为在 ionContent 中使用 ionTabs 会导致 CSS 冲突。

Ionic 提供了两个选项卡组件：ionTabs 和 ionTab。和 ionSlideBox 一样，首先要声明 ionTabs，然后在内部声明多个 ionTab。在本例中你需要声明三个选项卡。

选项卡可以显示一个图标和 / 或一个标题。可以应用不同的类来修改标题和图标的显示方式，在本例中我们会通过类来让标题显示在图标下面。选项卡可以根据当前的激活状态来使用对应的图标。

下面我们来给应用模板添加标签。创建一个新文件 www/views/tabs/tabs.html，并写入清单 5.3 中的内容。

清单 5.3 标签模板（www/views/tabs/tabs.html）

```
<ion-tabs class="tabs-icon-top tabs-positive">
```

声明ionTabs组件来封装所有的标签，并用类来修改标题和图标样式

```
  <ion-tab title="Rates" icon-on="ion-social-bitcoin" icon-off=
     "ion-social-bitcoin-outline">
  </ion-tab>
  <ion-tab title="History" icon-on="ion-ios-analytics" icon-off=
     "ion-ios-analytics-outline">
  </ion-tab>
  <ion-tab title="Currencies" icon-on="ion-ios-cog" icon-off=
     "ion-ios-cog-outline">
  </ion-tab>
</ion-tabs>
```

声明标签及其在激活和非激活状态下的标题和图标

选项卡的声明非常简单，对于单个选项卡来说只有 title 属性是必要的。现在你的选项卡是空的，不过如果在浏览器中预览应用，会发现选项卡像图 5.2 那样出现在底部。你可以单击选项卡，它的图标会发生改变，用来指示当前处于激活状态。

给选项卡添加内容之前，你需要给每个选项卡配置它自己的 ionNavView。

5.3 给每个选项卡添加ionNavView

你的选项卡现在是空的，需要使用额外的 ionNavView 组件来加载你的组件。这样每个选项卡都需要维护自己的导航历史。你可以给某个选项卡单独使用返回按钮，而不是直接给应用使用。在图 5.3 中可以看到用户在不同选项卡中的导航流程。如果你使用 Git，执行下面的代码来检出这步代码：

```
$ git checkout -f step3
```

选项卡不一定需要独立的视图

选项卡可以包含你想展示的任何内容。实际上选项卡视图就是一个大视图，一次展示一个选项卡，隐藏其他选项卡。这有点像叠在一起的几张纸，你随时可以把下面的纸放到最上方，这样它就会显示出来。

可以在每个选项卡中使用 ionNavView 元素，这非常有用，这样每个选项卡就可以有自己的导航历史。所以准确地说不是一叠纸，而是一摞书，最上方的书可以显示具体的某一页，如果你要显示下方的书，标记好第一本书当前显示的页面，这样之后就可以恢复到上次显示的位置。

但是你需要想清楚选项卡的用途。我主要在两种情况下使用选项卡：提供导航功能以及在一个视图中显示更多内容。

> 用选项卡来导航时，独立的视图是非常有用的。本章的示例就是这种情况。
>
> 然而，使用选项卡在单个视图中显示更多内容并不会受益于独立视图。举个例子，你可以在天气应用中使用选项卡来显示当前状况。因为当前状况包含的信息通常是从 API 一次性载入并且不同信息都有联系，所以你可以用选项卡来对信息进行划分。你可以使用三个选项卡：当前状况、天气地图和 10 天预报。
>
> 通常来说，如果选项卡的内容可以在逻辑上放到同一个视图和控制器中，那我建议你不要使用独立的 `ionNavView` 组件。

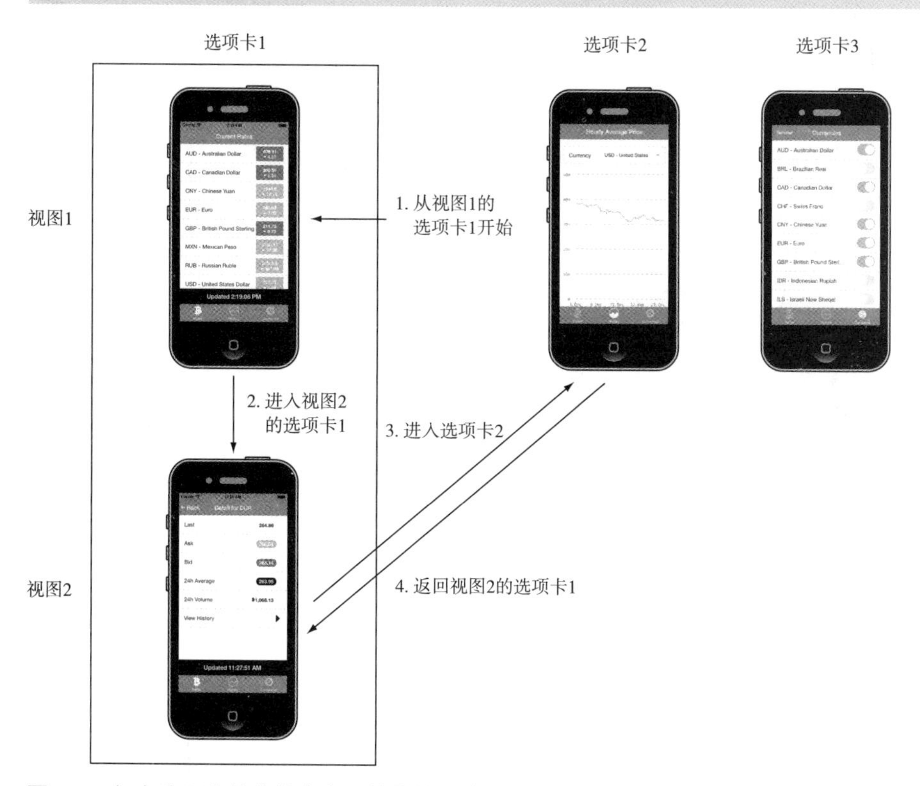

图 5.3　每个选项卡单独保存自己的导航历史

首先你需要向选项卡中添加 `ionNavView` 组件，需要分别给这些组件设置一个名字，从而可以引用它们。在 Ionic 应用中，只能有一个未命名的 `ionNavView`，并且它一定是默认视图。每个选项卡还会有一个 `ui-sref` 属性，用来把选项卡图标转换成按钮，从而可以在选项卡之间切换。本节并不会对界面做很大改动，就像你在图 5.4 中看到的，只会在当前激活的选项卡头部显示一个标题。

打开 www/views/tabs/tabs.html 模板文件，用清单 5.4 中的内容更新它。需要更新的部分已经加粗显示。

清单 5.4 给每个标签设置独立的视图（www/views/tabs/tabs.html）

```
<ion-tabs class="tabs-icon-top tabs-positive">
  <ion-tab title="Rates" icon-on="ion-social-bitcoin" icon-off=
     "ion-social-bitcoin-outline" ui-sref="tabs.rates">
    <ion-nav-view name="rates-tab"></ion-nav-view>
  </ion-tab>
  <ion-tab title="History" icon-on="ion-ios-analytics" icon-off=
     "ion-ios-analytics-outline" ui-sref="tabs.history">
    <ion-nav-view name="history-tab"></ion-nav-view>
  </ion-tab>
  <ion-tab title="Currencies" icon-on="ion-ios-cog" icon-off=
     "ion-ios-cog-outline" ui-sref="tabs.currencies">
    <ion-nav-view name="currencies-tab"></ion-nav-view>
  </ion-tab>
</ion-tabs>
```

添加ui-sref来基于选项卡选择改动视图

给每个选项卡添加ionNavView并命名

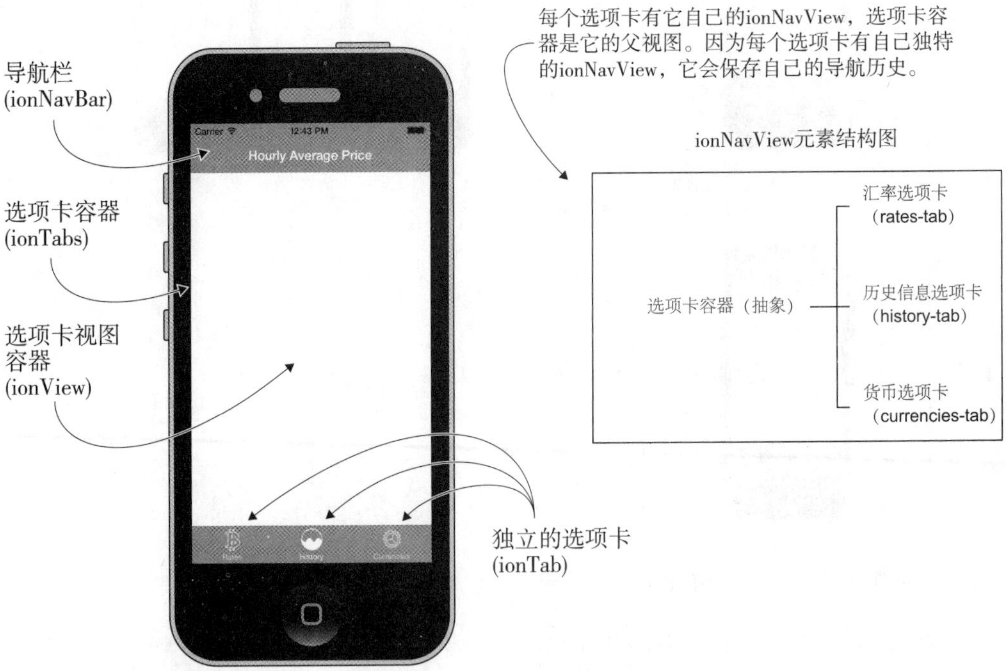

图 5.4 带独立视图的选项卡，在改变选项卡的时候显示对应的标题。

这段代码会添加三个新 ionNavView 组件，分别有不同的名字。ui-sref 属性和正常的 href 属性类似，会基于名字链接到一个指定的状态。和 href 相比，你需要把 URL 改成状态名。虽然同时只能显示一个视图，但是这三个视图属于同一个选项卡视图。

下面需要在 config() 中添加新视图的路由。Uirouter 有一个被称为嵌套状态的特性，可以声明带层级的状态。在本例中，显示选项卡的选项卡路由就是根状态，每个选项卡都是下面的一个子状态。这可以帮助你在逻辑上组织状态，让 Ionic 导航组件了解你的应用导航结构。你需要用新状态更新应用的 config()，同时修改 tabs 状态。清单 5.5 中加粗的部分就是需要改动的地方。

清单 5.5 在应用的 config() 中给标签设置状态（www/js/app.js）

```
.config(function ($stateProvider, $urlRouterProvider) {
  $stateProvider
    .state('tabs', {
      url: '/tabs',
      abstract: true,
      templateUrl: 'views/tabs/tabs.html'
    })

    .state('tabs.rates', {
      url: '/rates',


      views: {
        'rates-tab': {
          templateUrl: 'views/rates/rates.html'
        }
      }
    })
    .state('tabs.history', {
      url: '/history',
      views: {
        'history-tab': {
          templateUrl: 'views/history/history.html'
        }
      }
    })
    .state('tabs.currencies', {
      url: '/currencies',
      views: {
        'currencies-tab': {
          templateUrl: 'views/currencies/currencies.html'
        }
      }
    });
  $urlRouterProvider.otherwise('/tabs/rates');
})
```

❶ 把选项卡的状态改成抽象，因为你要使用它的子选项卡

❷ 使用点号来声明 tabs.rates 状态

❸ 声明路由的 URL；这是一个子路由，所以它会被添加到父 URL 之后

❹ 汇率视图的目标视图名称以及视图模板

声明历史视图

声明货币视图

❺ 把默认路由改成汇率视图

这段代码中有不少没见过的状态配置项。选项卡路由❶现在包含 abstract:

true 属性，这样它就可以被声明为父状态，并且不能成为激活状态。

当前汇率状态的名字是 tabs.rates❷，这表示父子状态关系。URL 也在这里定义❸，不过注意，如果存在父子关系，URL 实际上会被添加到父 URL 后面。当前汇率视图的 URL 实际上是 /tabs/rates，不是 /rates。最后定义了子视图的状态❹。视图的名字必须和前面 ionNavView 里面的名字一致，这里是 rates-tab。现在应用就可以在汇率选项卡激活的时候把指定的模板加载到视图里。之后你会声明其他的视图属性，比如控制器。

最后，默认的路由从 /tabs 改成了 /tabs/rates ❺。这是因为你必须指定一个具体的选项卡，因为选项卡容器状态本身是抽象的（abstract）。如果你试着跳转到选项卡路由（/tabs），现在会自动跳转到默认的当前汇率视图。

本节的最后一个任务是给这三个选项卡添加默认模板。已经使用 templateUrl 属性在状态中声明了它们。下面的三个清单是对应的模板，非常简单，只包含一个视图和标题。

清单 5.6 汇率选项卡基础模板（www/views/rates/rates.html）

```
<ion-view view-title="Current Rates">
  <ion-content>
  </ion-content>
</ion-view>
```

清单 5.7 历史选项卡基础模板（www/views/history/history.html）

```
<ion-view view-title="Hourly Average Price">
  <ion-content>
  </ion-content>
</ion-view>
```

清单 5.8 货币选项卡基础模板（www/views/currencies/currencies.html）

```
<ion-view view-title="Currencies">
  <ion-content>
  </ion-content>
</ion-view>
```

这些模板暂时是空的，不过在后续章节中会更新它们。如果你已经在浏览器中预览过应用，那就会发现当你改变选项卡的时候，标题会对应改变。现在已经搞定了选项卡，下面我们会创建第一个选项卡的内容：展示当前比特币的汇率。

5.4　加载并显示当前的比特币汇率

你的应用需要展示比特币信息，第一个选项卡就是展示当前比特币市场价对应不同货币的汇率。可以使用免费的服务 BitcoinAverage API（https://bitcoinaverage.com），它可以提供接近实时的汇率信息，同时还会提供历史汇率信息。这个 API 会计算比特币在一段时间内针对不同货币汇率的平均值。如果你使用 Git，可以执行下面的命令检出这步代码：

```
$ git checkout -f step4
```

在本节中你会学到如何加载实时数据并显示到选项卡中。图 5.5 是本节要实现的效果，会显示最后更新的日期以及一个货币列表，包含当前的价格和趋势。为了辅助你实现货币列表，首先需要创建一个 Currencies 服务。这非常简单——只是一个数组，包含应用支持的货币——但是因为它是一个服务，所以可以在应用的不同位置重用它。

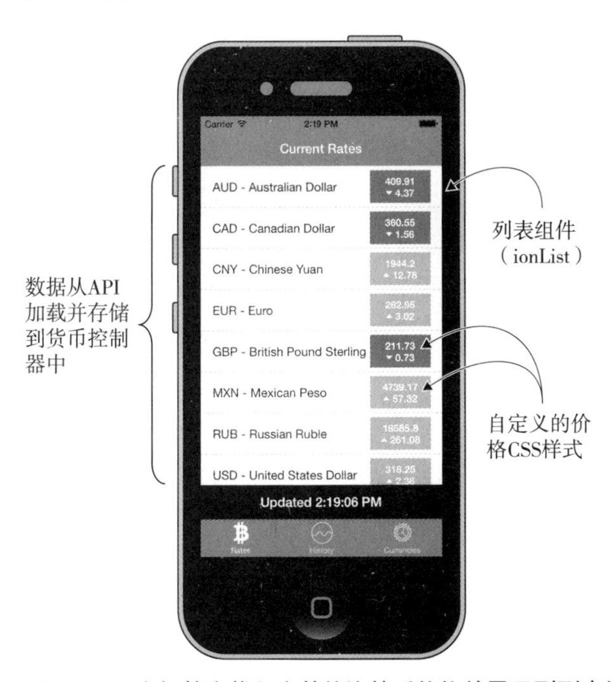

图 5.5　汇率标签会载入当前的比特币价格并展示到列表组件中

打开 www/js/app.js 文件并把清单 5.9 中的代码添加到文件结尾。如果之前的代码结尾有分号，记得删掉，否则会报语法错误。

清单 5.9 货币数据服务（www/js/app.js）

```
.factory('Currencies', function () {
  return [
    { code: 'AUD', text: 'Australian Dollar', selected: true },
    { code: 'BRL', text: 'Brazilian Real', selected: false },
    { code: 'CAD', text: 'Canadian Dollar', selected: true },
    { code: 'CHF', text: 'Swiss Franc', selected: false },
    { code: 'CNY', text: 'Chinese Yuan', selected: true},
    { code: 'EUR', text: 'Euro', selected: true },
    { code: 'GBP', text: 'British Pound Sterling', selected: true },
    { code: 'IDR', text: 'Indonesian Rupiah', selected: false },
    { code: 'ILS', text: 'Israeli New Sheqel', selected: false },
    { code: 'MXN', text: 'Mexican Peso', selected: true },
    { code: 'NOK', text: 'Norwegian Krone', selected: false },
    { code: 'NZD', text: 'New Zealand Dollar', selected: false },
    { code: 'PLN', text: 'Polish Zloty', selected: false },
    { code: 'RON', text: 'Romanian Leu', selected: false },
    { code: 'RUB', text: 'Russian Ruble', selected: true },
    { code: 'SEK', text: 'Swedish Krona', selected: false },
    { code: 'SGD', text: 'Singapore Dollar', selected: false },
    { code: 'USD', text: 'United States Dollar', selected: true },
    { code: 'ZAR', text: 'South African Rand', selected: false }
  ];
});
```

使用Angular的factory方法来注册服务

创建货币数组并设置默认的选择状态

这个 Currencies 服务是一个数组，包含一组对象，对象中是货币信息。code 是货币的标准名称，text 是货币名称，selected 属性用来确定对应的货币是否显示在列表中。之后你会实现用户的配置功能，这里有些被设置成 false，它们不会显示在列表中。现在你已经创建并注册了服务，可以在应用中的任何地方使用它。

第一个要用到 Currencies 服务的地方是当前汇率视图的控制器。这个控制器会从 BitcoinAverage API 加载当前的汇率数据。加载完毕之后，它会把数据存到 Currencies 服务中，这些数据可以在作用域中使用。清单 5.10 列出了当前汇率选项卡的控制代码，在 www/views/rates/rates.js 中。

这个控制器会在 load() 方法被调用时使用 $http 服务加载数据。Currencies 服务被注入并存储在作用域中，这样你的视图就可以使用它来展示所有数据。同时你还把当前的汇率存储到了 Currencies 服务中，这样后面就可以方便地使用它。这个数据对象可以被传递到其他地方并被多次使用。虽然也可以用其他技术共享数据，但是在这种需求里这个方法非常好用。

清单 5.10　汇率选项卡控制器（www/views/rates/rates.js）

```
angular.module('App')
.controller('RatesController', function ($scope, $http, Currencies) {

  $scope.currencies = Currencies;

  $scope.load = function () {
    $http.get('https://api.bitcoinaverage.com/ticker/all').success(
     function (tickers) {
      angular.forEach($scope.currencies, function (currency) {
        currency.ticker = tickers[currency.code];
        currency.ticker.timestamp = new Date(currency.ticker.timestamp);
      });
    });
  };

  $scope.load();
});
```

声明RatesController并注入要用到的服务

立刻把货币服务的数据赋值给作用域

用来按需加载数据的作用与方法

把响应中的时间戳转换成JavaScript日期对象

给BitcoinAverage发送HTTP请求，加载当前汇率

第一次加载控制器的时候触发一次加载

遍历货币列表，把数据存储到货币服务

好了，现在你已经可以加载数据，下一步需要把它们显示到屏幕上。下面我们来修改模板，让它遍历货币信息并显示控制器加载的数据。打开 www/views/rates/rates.html 文件并按照清单 5.11 中的内容进行更新。

清单 5.11　带货币数据的汇率选项卡模板（www/views/rates/rates.html）

```
<ion-view view-title="Current Rates">
  <ion-content>
    <ion-list>
      <ion-item ng-repeat="currency in currencies | filter:{selected:true}">
        {{currency.code}} - {{currency.text}}
        <span class="price" ng-if="currency.ticker.last ==
     currency.ticker['24h_avg']">
          {{currency.ticker.last || '0.00'}}<br />0.00
        </span>
```

❶ ngRepeat会遍历货币并过滤出没有激活的货币

❷ 会在当前价格等于过去24小时平均价格时显示

```
        <span class="price negative" ng-if="currency.ticker.last <
      currency.ticker['24h_avg']">
          {{currency.ticker.last}}<br /><span class="icon ion-arrow-down-
      b"></span> {{currency.ticker['24h_avg'] - currency.ticker.last |
      number:2}}
        </span>
        <span class="price positive" ng-if="currency.ticker.last >
      currency.ticker['24h_avg']">
          {{currency.ticker.last}}<br /><span class="icon ion-arrow-up-
      b"></span> {{currency.ticker.last - currency.ticker['24h_avg'] |
      number:2}}
        </span>
      </ion-item>
    </ion-list>
  </ion-content>
  <ion-footer-bar class="bar-dark">
    <h1 class="title">Updated {{currencies[0].ticker.timestamp |
      date:'mediumTime'}}</h1>
  </ion-footer-bar>
</ion-view>
```

❸ 会在当前价格小于过去24小时平均价格时显示

❹ 会在当前价格大于过去24小时平均价格时显示

❺ ionFooterBar会保留最后一次加载数据时的尾部

这个模板内容有点多，我们从头开始看。这里用到了 `list` 组件，然后用 `ngRepeat` 给每个货币❶都创建了一个列表元素。但是在 `ngRepeat` 中有一个过滤器，很不巧，它的名字也是 `filter`（不要怪我，都是 Angular 的错），会删除 `selected` 属性是 `false` 的货币。之后你会创建配置视图，从而可以切换货币的显示和隐藏，这里我们先实现过滤功能。

在每个列表元素中都需要绑定文本，然后有三个包含 `ngIf` 的 span 元素❷❸❹。它们会显示当前的价格以及和过去 24 小时平均值相比的趋势。有三种可能的情况：价格相同，当前价格更高，当前价格更低。同时只会显示一个 span 元素，基于当前的价格和 24 小时的平均值。

在列表之后是 `ionFooterBar`❺，它被放在 `ionContent` 后面。这两个组件知道彼此的存在，也知道选项卡的存在，所以页尾会被自动定位到选项卡后面，内容区域也会基于页尾和选项卡的尺寸进行调整。这很重要，因为只有这样做滚动区域才会有正确的尺寸。不过 Ionic 会自动帮你处理，所以不用担心。

由于 Ionic 没有对应的内置组件，你还需要添加一些 CSS 来美化你的价格元素。把清单 5.12 中的内容添加到 www/css/styles.css 中。

清单 5.12 价格元素的样式（www/css/styles.css）

```
.item .price {
  font-weight: bold;
  font-size: 13px;
  color: #fff;
```

所有价格元素的CSS样式

```
  position: absolute;
  background: #666;
  right: 15px;
  height: 42px;
  top: 5px;
  width: 80px;
  text-align: center;
  padding: 6px;
  line-height: 1.2em;
}
.item .price.positive {
  background: #66cc33;
}
.item .price.negative {
  background: #ef4e3a;
}
```

所有价格元素的CSS样式

修改增长标签的背景颜色

修改下跌标签的背景颜色

这个 CSS 借鉴了 Ionic 中标记的样式，不过标记不支持多行内容。以上就是这个应用中你需要定制的全部 CSS，所以我把它放到了一个通用的 styles.css 文件中。

基本上已经做完了，你还需要把控制器添加到状态声明中并把 JavaScript 文件添加到 index.html 文件中。打开 www/index.html 文件并把 `<script>` 标签添加到 `</head>` 标签之前，其他所有 JavaScript 文件之后：

```
<script src="views/rates/rates.js"></script>
```

最后，你需要把控制器添加到状态中。打开 www/js/app.js 文件，按照下面的粗体内容修改状态，从而把控制器添加到当前汇率选项卡视图中。

```
.state('tabs.rates', {
    url: '/rates',
    views: {
        'rates-tab': {
            templateUrl: 'views/rates/rates.html',
            controller: 'RatesController'
        }
    }
})
```

现在，如果你在浏览器中刷新应用，应该能看到当前汇率加载到了列表中。本节已经实现了很多功能，不过你还是可以继续优化用户体验。在下一节中我们会使用一个新视图来展示某个指定货币的详细细节，这样用户可以看到更多内容。

5.5 在同一个选项卡视图中显示货币细节

能查看当前汇率很棒，但是还有更多需要显示的信息。例如想让用户能查看所有的数据，包括市场第一沽价（current ask）、出价（bid）以及交易量。你可以创建一个新视图并让当前汇率选项卡可以导航过去，然后使用选项卡的后退按钮返回主列表。图 5.6 所示的是视图详情。如果你使用 Git，使用下面的命令检出代码：

```
$ git checkout -f step5
```

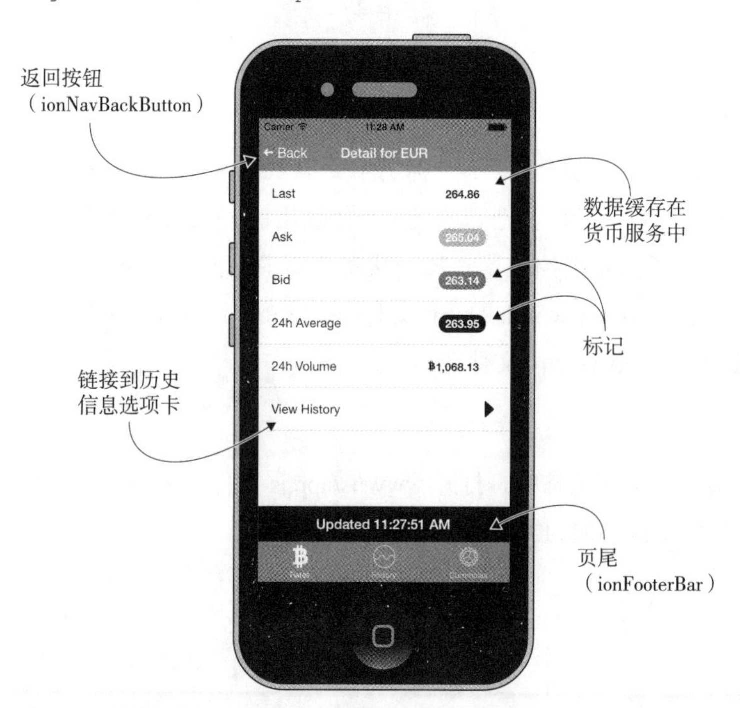

图 5.6 详细信息视图会显示货币的详情，它有返回按钮，仍然属于汇率选项卡。

可以看到，即使你进入其他视图，当前汇率选项卡仍然是激活状态，这样选项卡就可以有两层导航，可以用后退按钮回到主汇率视图。如果你导航到其他选项卡并返回这个选项卡，那仍然显示详情视图和后退按钮。这样应用就可以记住选项卡的当前状态，从而有更好的用户体验。

首先创建详情视图的控制器。它本身不需要加载任何数据，直接使用 `Currencies` 服务显示汇率视图已经加载好的数据就行。清单 5.13 是 www/views/detail/detail.js 中的控制器代码。

清单 5.13　详情控制器（www/views/detail/detail.js）

```
angular.module('App')
.controller('DetailController', function ($scope, $stateParams, $state,
  Currencies) {                                    // 注册控制器并注入服务

  angular.forEach(Currencies, function (currency) {   // 遍历所有货币，找到需要的货币并存储到作用域中
    if (currency.code === $stateParams.currency) {
      $scope.currency = currency;
    }
  });

  if (angular.isUndefined($scope.currency.ticker)) {  // 如果货币和数据没有设置，返回汇率视图
    $state.go('tabs.rates');
  }

});
```

声明这个状态时需添加一个叫作 `currency` 的参数，控制器会使用 `$stateParams` 来访问这个参数的值。很快你就会看到如何传入这个参数。拿到这个参数之后，就可以遍历所有货币信息，找到匹配的 code，然后把货币模型赋值给模板的 `$scope`。最后，你需要检查货币模型是否可用，如果不可用，返回到汇率视图。由于这个选项卡不是自己加载数据，所以如果你直接在详情视图刷新浏览器页面，它什么都不会显示，此时它会重定向到详情视图，避免展示一个空详情视图。

现在你需要给详情视图添加模板，使用列表和标记来显示具体的值。模板底部是一个链接，可以跳转到另一个选项卡查看这个货币的历史数据。使用清单 5.14 中的代码可创建 www/views/detail/detail.html 模板。

清单 5.14　详情模板（www/views/detail/detail.html）

```
<ion-view view-title="Detail for {{currency.code}}">     <!-- 把货币编码绑定到视图标题中 -->
  <ion-content>
    <ion-list>
      <ion-item>Last <span class="badge badge-
     stable">{{currency.ticker.last}}</span></ion-item>    <!-- 每个值都用标记显示，会漂浮在列表的右侧 -->
      <ion-item>Ask <span class="badge badge-
     balanced">{{currency.ticker.ask}}</span></ion-item>
      <ion-item>Bid <span class="badge badge-
     assertive">{{currency.ticker.bid}}</span></ion-item>
      <ion-item>24h Average <span class="badge badge-
     dark">{{currency.ticker['24h_avg']}}</span></ion-item>
      <ion-item>24h Volume <span class="badge badge-stable icon ion-social-
     bitcoin"> {{currency.ticker.total_vol | number:2}}</span></ion-item>
      <ion-item ui-sref="tabs.history({currency: currency.code})"
```

```
    class="item-icon-right">View History <span class="icon ion-arrow-right-
    b"></span></ion-item>
   </ion-list>
  </ion-content>
  <ion-footer-bar class="bar-dark">
    <h1 class="title">Updated {{currency.ticker.timestamp |
    date:'mediumTime'}}</h1>
  </ion-footer-bar>
</ion-view>
```

添加一个链接，关联到历史视图，会跳转到tabs.history状态并把货币编码当作参数传入

模板中用列表和标记来显示值。标记的用法很简单，给元素加上 badge 类和预设的 badge-[color] 类即可。颜色的名称和前面介绍的一样，比如 badge-assertive。模板中绑定了各种值，并且还给交易量添加了一个小比特币图标。

最后一个列表元素有一个 ui-sref 属性，和选项卡一样。但是这里会把它当作函数使用并传入一个对象，这样就可以给其他状态传递参数。在后面的章节中我们会看到历史记录选项卡如何使用这个值，这里只要记住它会跳转到历史记录选项卡就行。

照例，你需要把新路由添加到状态配置中，还要把控制器脚本文件添加到 index.html 文件中。把下面的代码添加到 index.html 中，放在其他脚本后面：

```
<script src="views/detail/detail.js"></script>
```

现在打开 www/js/app.js 文件并声明这个新状态。把清单 5.15 中的状态定义添加到 config() 方法中。

清单 5.15 详情状态声明（www/js/app.js）

```
    .state('tabs.detail', {
      url: '/detail/:currency',
      views: {
        'rates-tab': {
          templateUrl: 'views/detail/detail.html',
          controller: 'DetailController'
        }
      }
    })
```

:currency表示这是一个参数，对应货币编码

重用相同的汇率选项卡视图，因为这个状态要显示到同一个选项卡中

声明模板和控制器

这里的状态声明和汇率状态很像，重用了同一个视图。:currency 参数会被设置为一个货币 code，然后传入状态中，这样状态就可以知道展示哪个货币。在详情控制器中可以通过 $stateParams 访问这个值，在清单 5.13 中已经看过具体用法。

最后一步是让汇率视图中的列表元素跳转到对应货币的详情视图。你只需对汇率模板做两个小改动即可，如清单 5.16 中的粗体所示。

清单 5.16 更新汇率模板，关联到详情视图（www/views/rates/rates.html）

```
<ion-view view-title="Current Rates" hide-back-button="true">
  <ion-content>
    <ion-list>
      <ion-item ng-repeat="currency in currencies | filter:{selected:true}"
     ui-sref="tabs.detail({currency: currency.code})">
        {{currency.code}} - {{currency.text}}
```

添加hide-back-button属性，这样汇率视图不会显示返回按钮

添加ui-sref和目标tabs.detail状态，把货币编码当作参数传入

这里你告诉视图，它永远都不要显示返回按钮。因为当前货币列表是顶层页面，用户不应该返回——他们应该做的是选择列表中的元素。

接着再次使用 ui-sref 属性并链接到 tabs.detail 状态。传入货币 code 作为参数，这样详情视图就知道选中的是哪个货币。

现在你可以再次使用你的应用，单击货币之后就会跳转到详情视图。此时会显示返回按钮，你可以用它返回汇率视图。下面需要实现汇率视图的最后一个功能，然后就可以去构建其他两个选项卡了。

5.6 刷新比特币汇率并显示帮助信息

现在已经可以载入汇率并查看详情，但是现在还无法刷新汇率。你的用户需要更新汇率，常用的方法是添加 ionRefresher 组件，这样用户就可以在屏幕上下拉并松手，触发数据刷新。

你还需要给用户提供一个快速帮助界面，告诉他们屏幕上都是什么东西。可以使用 ionPopoverView 组件来显示帮助信息。图 5.7 显示的是 ionRefresher 和 ionPopoverView 激活时的效果。如果你使用 Git，运行下面的命令检出代码：

```
$ git checkout -f step6
```

图 5.7　弹出视图和下拉刷新组件

5.6.1　IonRefresher：下拉刷新汇率

Ionic 的 `ionRefresher` 组件可以让任何 `ionContent` 组件拥有一个隐藏的界面，当用户下拉内容区域的时候显示出来，如果用户下拉足够的长度并松手，它会调用一个函数来重载数据。重载完成后，组件会再次隐藏。

为了使用 `ionRefresher`，你需要更新汇率模板和控制器。首先需要把 `ionRefresher` 组件添加到你的模板中，把清单 5.17 中的加粗部分添加到 www/views/rates/rates.html 模板中。

清单 5.17　给汇率模板添加 ionRefresher（www/views/rates/rates.html）

```
<ion-view view-title="Current Rates" hide-back-button="true">
  <ion-content>
    <ion-refresher on-refresh="load()" pulling-text="Pull to Refresh">
    </ion-refresher>
    <ion-list>
```

ionRefresher组件必须是ionContent的第一个元素，它会调用load方法看起来很简单是不是？给模板添加组件就是这么简单。它会把隐藏的 ionRefresher 组件添加到内容上方，当用户下拉的时候，组件就会出现。它还会显示一个图标；你可以配置具体的图标，但是这里我们使用默认的图标。pulling-text 属性可以设置一条信息，告诉用户这个组件的功能。

如果 ionRefresher 组件被下拉足够的长度并释放，图标会变成一个不断转圈的加载图标并调用 on-refresh 声明的 load() 方法。你的控制器中已经有一个 load() 方法来处理数据加载，所以只需在数据加载完毕之后通知 ionRefresher 组件即可。组件本身并不知道数据什么时候加载完毕，所以它不会自动隐藏，就像第 4 章介绍的无限滚动组件一样。你需要修改 load() 方法，广播一个事件来通知 ionRefresher 组件数据已经加载完毕。

打开汇率控制器 www/views/rates/rates.js，并用清单 5.18 中的加粗内容更新加载方法。

清单 5.18 更新 load 方法，让它关闭 ionRefresher（www/views/rates/rates.js）

```
$scope.load = function () {
  $http.get('https://api.bitcoinaverage.com/ticker/all').success(function
      (tickers) {
    angular.forEach($scope.currencies, function (currency) {
      currency.ticker = tickers[currency.code];
      currency.ticker.timestamp = new Date(currency.ticker.timestamp);
    });
  }).finally(function () {
    $scope.$broadcast('scroll.refreshComplete');
  });
};
```

链式调用一个finally()方法，它会在HTTP请求完成之后触发，无论成功或者失败

广播scroll.refreshComplete事件，这样ionRefresher知道何时关闭

这里用到了 finally() 方法，这是 Angular promise API（第 3 章介绍过）的一部分，无论 HTTP 请求成功还是失败，它都会被触发，从而广播 scroll.refreshComplete 事件。哪怕是出错也要隐藏刷新组件，所以使用 finally() 方法。以上就是支持下拉刷新功能要做的所有工作。由于代码架构良好，所以很容易就实现了刷新功能。（这里指的是提取一个单独的 load 方法。）

5.6.2 $IonicPopover：弹出帮助信息

$ionicPopover 组件一般会在页首显示一个按钮，单击按钮可以弹出一个页面。你可以自定义 $ionicPopover 组件显示的内容，但是弹出页面只会占据一部分屏幕。如果你需要全屏显示，那就需要使用另一个组件。在本例中需要显示当前页面的基本介绍并感谢数据来源网站。

在不同的平台运行应用时，弹出页面的样式是不一样的，它会模拟平台的原生样式。一般来说你不应该修改弹出页面容器的样式，因为兼容全平台比较麻烦。

首先为你的弹出内容创建一个新模板文件。我喜欢把弹出页面看作一个子视图，它会把一个模板加载到一个容器中，这样就不需要创建一个全新的视图。此外，我建议把模板文件放到视图文件夹中，而不是创建新文件夹。所以，创建一个新文件 www/views/rates/help-popover.html，并写入清单 5.19 中的内容。

清单 5.19 弹出框模板（www/views/rates/help-popover.html）

```
<ion-popover-view>
  <ion-header-bar>
    <h1 class="title">About Bitcoin</h1>
  </ion-header-bar>
  <ion-content>
    <div class="padding">This shows the last bitcoin transaction price for
     a currency and compares it to the 24 hour rolling average rate.</div>
    <div class="padding">Data is available up to once a minute.</div>
    <div class="padding">The data for this application is from the
     <a href="https://bitcoinaverage.com/api">Bitcoin Average</a> API.
     </div>
  </ion-content>
</ion-popover-view>
```

使用ionPopoverView来封装模板；它就像弹出框的ionView一样

在弹出框中使用ionHeaderBar

添加ionConent和HTML内容

这个模板被包裹在 ionPopoverView 中而不是 ionView 中，因为这是专为弹出页面编写的模板。然后使用 ionHeaderBar 和 ionContent 组件来包裹你的内容——一些简单的 HTML 代码和文字。

现在你需要注册弹出页面，这样视图就可以知道它的存在，这一步在控制器中完成。就像你在应用的 config() 中声明状态一样，需要在控制器中声明弹出页面。因为弹出页面不是全局可见的，所以可以把它隔离到单独的一个视图中，从而减少复杂度。打开汇率控制器 www/views/rates/rates.js，并用清单 5.20 中的内容更新它。

清单 5.20 把弹出框注册给控制器（www/views/rates/rates.js）

```
angular.module('App')
.controller('RatesController', function ($scope, $http, $ionicPopover,
    Currencies) {

  $scope.currencies = Currencies;

  $ionicPopover.fromTemplateUrl('views/rates/help-popover.html', {
    scope: $scope,
  }).then(function (popover) {
    $scope.popover = popover;
  })

  $scope.openHelp = function($event) {
    $scope.popover.show($event);
  };

  $scope.$on('$destroy', function() {
    $scope.popover.remove();
  });
...
```

注入弹出服务

声明弹出框的模板URL，并把父作用域设置为它的作用域

加载模板之后，把弹出框赋值给作用域

作用域中显示弹出框的方法；需要传入$event

监听$destory事件，当视图销毁时会广播，这时销毁弹出框

控制器的剩余部分和之前一样

首先需要注入 `$ionicPopover` 服务，然后用它从一个模板 URL 创建一个新弹出页面。这个弹出页面会创建它自己的作用域，不过你也可以传入一个 `{scope: $scope}` 来设置它的作用域。通常都需要这样做，从而让弹出页面可以访问父作用域。`then()` 方法会在模板载入之后执行，把新的弹出页面赋值给 `$scope.popover` 属性。

现在弹出页面已经配置完毕，你可以使用 `$scope.popover.show($event)` 方法来显示弹出页面。你需要给按钮添加一个 `ngClick` 来触发这个方法，并将 `$event` 变量当作参数传入。`$event` 的值是单击事件中的事件对象，包含被单击元素的一些信息。弹出页面会使用这些信息来计算自己要显示在哪里。如果要隐藏弹出页面，可以调用 `$scope.popover.hide()` 方法，也可以让用户单击弹出页面以外的任何地方。

最后，监听作用域的 `$destroy` 事件，当前作用域从内存中销毁的时候会触发这个事件。为了防止内存泄露，你需要从应用中移除弹出页面，因为此时它已经没用了。

为什么有些组件需要手动移除？

Ionic 中的大部分组件都可以在不需要的时候被自动清理，从而释放内存并提高性能。有些组件，尤其是模态页面和弹出页面，需要应用在作用域销毁的时候手动移除组件。

`$destroy` 事件会在当前作用域从内存中删除时触发。这个作用域中的所有东西都会被删除，但是弹出页面和模态页面是创建独立作用域存在的，因此无法自动移除模态页面和弹出页面。

如果你忘了在应用中手动移除这些组件，你的应用可能不会明显变慢。具体的影响取决于弹出页面和模态页面的复杂度以及占用的内存。对于大多数应用来说可能都没什么影响，但是最好移除它们。

下面添加一个按钮来触发弹出页面。最后一次打开汇率模板 www/views/rates/rates.html，添加清单 5.21 中加粗的内容。

清单 5.21 添加一个按钮来触发弹出框（www/views/rates/rates.html）

```
<ion-view view-title="Current Rates" hide-back-button="true">
  <ion-nav-buttons side="primary">
    <button class="button" ng-click="openHelp($event)">About</button>
  </ion-nav-buttons>
  <ion-content>
…
```

- 可以使用ionNavButtons来声明顶部导航区域的按钮（`<ion-nav-buttons side="primary">`）
- 添加一个按钮，使用ngClick来调用openHelp并传入$event（`<button ...>`）
- 模板的剩余部分和之前一样（`…`）

现在你的新按钮会调用函数来打开弹出页面，弹出页面会自动显示在按钮下方。`$event` 值是 `ngClick` 和其他事件特有的一个值，可以把事件对象传递出去。`ionNavButton` 会出现在主要的一侧，根据平台不同，可能是左侧或者右侧。

汇率视图终于完成了。你已经添加了弹出帮助信息和更新汇率列表的下拉刷新功能。下面需要实现历史信息选项卡，它会加载过去一个月的数据并用图表绘制历史价格。

5.7 绘制历史数据

用户想看到在过去一个月内某种货币和比特币汇率的变化情况。你会用到流行的 Highcharts 绘图库和一个 Angular 的 Highcharts 命令 `highcharts-ng`。你不需要成为 Highcharts 专家，不过如果想了解更多知识可以去 http://highcharts.com 阅读相关文档。如果你使用 Git，运行下面的命令检出这步代码：

```
$ git checkout -f step7
```

你需要从 BitcoinAverage API 加载数据，不过这次数据不是 JSON 格式的，而是 CSV（comma-separated value，逗号分隔的值）格式的。这个 API 不会返回 JSON 数据（CSV 格式更加简洁，需要传输的数据更少），所以你需要解析并格式化数据，让 Highcharts 可以使用。

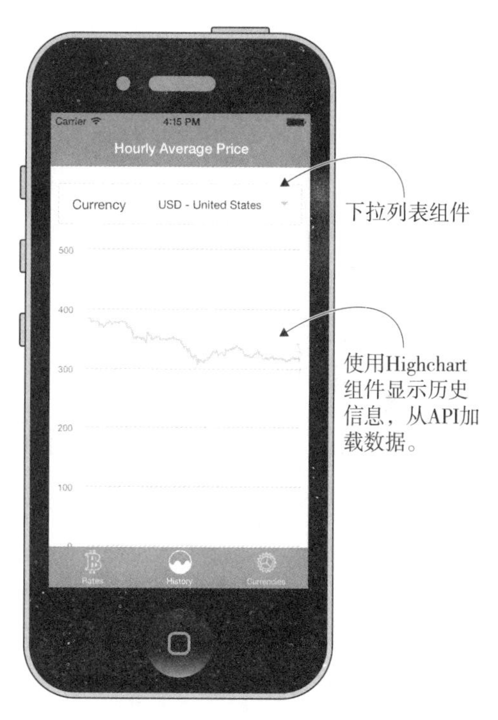

图 5.8 历史标签会展示过去一个月的平均价格图表，可以通过下拉列表切换货币。

可以在图 5.8 中看到本节的效果图。图中有一个图表，上方显示的是货币名称。你可以在上方的下拉列表中选择不同货币，下方的图表也会同步更新。

5.7.1 配置第三方库

你的应用需要使用第三方库，所以需要下载一份代码并配置到你的应用中。你需要使用 `ionic add` 命令，它会用 Bower 把第三方库下载到你的项目中。如果你还没安装 Bower，执行下面的命令：

```
$ npm install -g bower
```

然后需要安装两个库：Highcharts 绘图库以及 Angular 的 Highcharts 包装库 `highcharts-ng`。执行下面的命令，Ionic 会自动下载并配置这两个库：

```
$ ionic add highcharts-release#4.0.4 highcharts-ng#0.0.7
```

在这行命令中你指定了要安装的库的版本，这样就可以确保本书的示例代码正常运行。它们会被下载到 www/lib 目录中。

下面需要把它们添加到 index.html 中。前两行是 Highcharts，第三行是 Highcharts 的 Angular 包装库。

```
<script src="lib/highcharts-release/adapters/standalone-
    framework.js"></script>
<script src="lib/highcharts-release/highcharts.js"></script>
<script src="lib/highcharts-ng/dist/highcharts-ng.js"></script>
```

最后一步是将 highcharts-ng 模块声明为项目依赖，从而可以使用它。打开 www/js/app.js，并添加这个新依赖：

```
angular.module('App', ['ionic', 'highcharts-ng'])
```

现在就已经配置好要用的第三方脚本了，我们继续构建历史信息选项卡需要用的模板。

5.7.2 历史信息选项卡模板：使用 Highcharts 和下拉列表来切换货币

之前你已经创建了一个空的历史信息选项卡模板，现在需要添加一个下拉列表组件来切换货币，还需要配置好 Highcharts 组件。需要使用一个只包含一个元素的嵌入列表来创建下拉列表容器，如清单 5.22 所示。

清单 5.22 带图表的历史模板（www/views/history/history.html）

```
<ion-view view-title="Hourly Average Price" hide-back-button="true">
  <ion-content>
    <div class="list list-inset">
      <label class="item item-input item-select">
        <div class="input-label">
          Currency
        </div>
```

隐藏视图的返回按钮

使用嵌入列表来包含下拉列表

```
        <select ng-change="changeCurrency()" ng-model="history.currency">
          <option ng-repeat="currency in currencies | filter:{selected:true}"
     value="{{currency.code}}" ng-selected="history.currency ==
     currency.code">{{currency.code}} - {{currency.text}}</option>
        </select>
      </label>
    </div>
    <highchart config="chart"></highchart>
  </ion-content>
</ion-view>
```

highchart组件会接受一个config属性，这个属性是一个图表对象

使用正常的HTML下拉列表以及ngChange和ngModel来跟踪值的变化

给每一个激活的货币创建一个选项

下拉列表组件本质上是给默认的HTML下拉列表设置了一些样式，从而看起来更适合移动端使用。通常来说，在移动设备上使用下拉列表的时候，平台会自动修改样式，应用能控制的东西很少。不过本例中你可以放心地让平台来显示下拉列表，这样看起来会更像原生界面。

我们又一次用到了 `Currencies` 服务，用来在下拉列表中显示一个可用货币列表。`ngModel` 可以记录当前被选中的值。如果值发生改变，`ngChange` 会触发 `changeCurrency()` 方法，从而更新视图，显示被选中货币的图表。

最后，`highchart` 指令用来显示图表对象，你可以在控制器中声明。这个指令会使用图表对象中的值来让 Highcharts 渲染出一张图。

模板部分完成，下面需要修改控制器。

5.7.3 历史信息选项卡控制器：加载数据并配置图表

你的控制器需要配置图表、加载图表数据并把它格式化成图表可用的数据。我们再一次用 `$http` 服务加载数据，然后根据 Highcharts 的数据格式来格式化图表对象。因为拿到的数据不能直接被 Highcharts 使用，所以需要在展示数据之前对它进行转换。控制器还会处理货币切换以及加载模板中用到的货币列表。

创建一个新控制器 www/views/history/history.js，并添加清单 5.23 中的代码。我们会仔细分析这段代码，里面有很多东西要讲。

清单 5.23　历史控制器（www/views/history/history.js）

```
angular.module('App')
.controller('HistoryController', function ($scope, $http, $state,
    $stateParams, Currencies) {

  $scope.history = {
    currency: $stateParams.currency || 'USD'
  };
  $scope.currencies = Currencies;

  $scope.changeCurrency = function () {
    $state.go('tabs.history', { currency: $scope.history.currency });
  };

  $scope.chart = {
    options: {
      chart: {
        type: 'line'
      },
      legend: {
        enabled: false
      }
    },

  title: {
    text: null
  },
  yAxis: {
    title: null
  },
  xAxis: {
    type: 'datetime'
  },
  series: []
};

$http.get('https://api.bitcoinaverage.com/history/' +
   $scope.history.currency +
   '/per_hour_monthly_sliding_window.csv').success(function (prices) {

  prices = prices.split(/\n/);
  var series = {
    data: []
  };

  angular.forEach(prices, function (price, index) {
    price = price.split(',');
    var date = new Date(price[0].replace(' ', 'T')).getTime();
    var value = parseFloat(price[3]);
    if (date && value > 0) {
      series.data.push([date, value]);
    }
  });
```

❶ 创建控制器并注入服务

❷ 给history模型赋值一个下拉列表，默认是美元

❸ 把货币列表存储在作用域中

❹ 这个函数用来处理新货币被选择之后的状态变更

❺ chart声明的对象会被Highcharts命令转换成图表

❻ 基于被选中的货币加载历史信息

❼ 把价格字符串分割成一个数组，每个元素都是一行价格

❽ 创建一个空坐标系数组

❾ 遍历每行价格

❿ 把每一行用逗号分隔成数组

⓫ 解析并格式化时间和价格值

⓬ 如果日期和值合法，把这个点添加到坐标系数组中

```
    $scope.chart.series.push(series);  ⟵⓭ 把完整的坐标系数组添加到图表的数据中
  });

  $scope.$on('$ionicView.enter', function() {
    $scope.history = {
      currency: $stateParams.currency || 'USD'
    };
  });
});
```

⓮ 监听$ionicView.enter事件，在没有缓存的情况下重置货币模型

看起来有很多内容，不过大多数代码都是在格式化数据以及配置图表。我们从头开始看。首先设置历史信息模型，它会保存 `$stateParams`❶ 里的货币值。如果没有传入货币值，那默认是美元❷。然后把货币存储到 `$scope` 中，供模板使用❸。

`changeCurrencies()`❹ 方法会读取下拉列表的值并用它更新当前的状态。它会调用 `$state.go` 方法，这和模板中的 `ui-sref` 效果一样。

控制器剩下的部分都和图表有关❺。首先创建一个图表对象，`highcharts-ng` 模块会使用它来创建图表。你可以在 https://github.com/pablojim/highcharts-ng 查看 `highcharts-ng` 的文档，了解这个对象的所有属性。

最后一部分是加载和格式化数据。`$http` 服务会加载 CSV 格式的价格数据❻，因为 API 只能提供这种数据。这有点棘手，因为 JavaScript 没有内置的 CSV 解析器，不过你可以自己来解析。图表需要用到 series 属性，所以首先创建一个空的 series。使用 split 方法把 CSV 切分成 JavaScript 数组❼❽。拿到的数据中还有一些不需要的元数据，所以把它们过滤掉，只保留你需要的数据点❾❿⓫。你可以在浏览器的开发者工具中查看服务器的返回值，可以看到里面有许多你不需要的数据。然后把数据点添加到 series 里，并把 series 添加到图表对象中⓬⓭。这样就可以让价格数据显示在图表中。

最后一块代码是一个事件监听器，监听 Ionic 内置的导航事件。Ionic 允许在内存中缓存状态，这样后面返回的时候会更快。默认情况下会缓存 10 个状态，如果之后又有需要缓存的状态，它会从内存中删掉最老的一个状态。

在本例中，你用 `<select>` 元素的 `ngChange` 事件触发应用导航。用户改变下拉列表的值时，这个值会被存储到当前视图的模型中，然后应用会导航到另一个视图。假设你现在在美元的历史信息视图，从下拉列表中选择了欧元，那美元的第一个状态会被缓存起来，对应下拉列表中的欧元。如果你之后再返回美元的视图，那么视图中显示的仍然是欧元。要解决这个问题，可以监听 `$ionicView.before-`

Enter 事件⓮，在这里根据 URL 重新设置下拉列表，显示正确的货币。（译者注：这里不太好理解，说明一下。缓存起来的视图数据对应的是某一个 URL。在本例中，最初的 URL 是美元，然后改变下拉列表的值为欧元，此时触发了缓存机制，把当前视图的值关联到美元 URL。但是此时图表是美元，下拉列表的值是欧元，因此存储的时候会错位，导致美元的 URL 对应的视图缓存数据中下拉列表的值是欧元。）

如果你认为每次加载状态的时候都会执行控制器，那就会出现上面所说的问题。如果先缓存然后被重用，那控制器就不会被重载。从缓存里重载状态的时候，作用域方法之外的所有控制器代码都不会被执行。在本例中，大部分控制器代码都不会被执行，其中也包括设置下拉列表货币值的代码❷，因此出现错位问题。使用 Ionic 的导航事件就可以在每次载入状态的时候执行某个逻辑，无论这个视图是否被缓存。

你需要把控制器代码添加到 index.html 文件中，然后更新状态定义，设置参数和控制器。在 index.html 中现有的脚本文件后面添加 history 控制器的 <script> 标签：

```
<script src="views/history/history.js"></script>
```

然后打开 www/js/app.js 文件并按照清单 5.24 中加粗部分修改历史状态。

清单 5.24 更新历史选项卡的状态声明（www/js/app.js）

```
.state('tabs.history', {
  url: '/history?currency',                              <-- 给这个状态添加货币参数
  views: {
    'history-tab': {
      templateUrl: 'views/history/history.html',
      controller: 'HistoryController'                    <-- 声明这个视图的控制器
    }
  }
})
```

现在可以在应用中查看历史信息选项卡。图表会自动加载，你可以选择其他货币种类来查看对应的图表，也可以在汇率选项卡的详情视图中直接跳转到历史选项卡。回到汇率选项卡，查看某个货币的详情视图，然后单击“View History”链接，就可以跳转到货币的历史信息选项卡。

最后一个任务是配置货币选项卡，可以控制货币是否显示以及其他选项卡中货币的显示顺序。

5.8 货币选项卡：支持重新排序和开关

最后一个选项卡需要实现货币列表的重新排序以及货币显示的开关。这有点像手机的设置界面，用户可以选择他们关心的货币并隐藏其余的货币，也可以把他们喜欢的货币放到列表开头。图 5.9 所示的是最终的效果图。如果你使用 Git，执行下面的命令来检出代码：

```
$ git checkout -f step8
```

图 5.9 货币选项卡会显示货币列表，每项都有开关，并且可以重新排列顺序。

5.8.1 IonReorderButton：让列表支持重新排序

首先给货币选项卡添加一个模板，然后使用 `ionReorderButton` 来实现重新排序功能。重新排序只能用在 `ionList` 指令上。要使用它，可以设置 reordering 状态为 `true` 或者 `false`，重新排序图标会根据这个值显示或者隐藏。如果被激活，你可以使用图标拖动元素到新位置，然后你的控制器会自动更新模型。打开货币模板 www/views/currencies/currencies.html，并按照清单 5.25 中的代码进行更新。

清单 5.25 货币模板（www/views/currencies/currencies.html）

```
<ion-view view-title="Currencies">
  <ion-nav-buttons side="primary">
    <button class="button" ng-click="state.reordering =
     !state.reordering">Reorder</button>
  </ion-nav-buttons>
  <ion-content>
    <ion-list show-reorder="state.reordering">
      <ion-item ng-repeat="currency in currencies">
        {{currency.code}} - {{currency.text}}
        <ion-reorder-button class="ion-navicon" on-reorder="move(currency,
     $fromIndex, $toIndex)"></ion-reorder-button>
      </ion-item>
    </ion-list>
  </ion-content>
</ion-view>
```

添加一个切换 state.reordering 值的按钮

使用 show-reorder 来声明列表可以被重新排列，以及需要使用的模型

ionReorderButton 必须被包含进来，并且在元素被移动之后调用一个方法

你已经创建了一个可以重新排序的货币列表。ionList 组件使用 show-reorder 属性来判断是否显示 ionReorderButton，它俩一起实现了重排功能。导航栏中的按钮用来切换 state.reording 属性，它又会触发重排的显示与否。

on-reorder 方法会在重排结束时被调用。它会传入两个特殊的参数，$fromIndex 和 toIndex。这是列表中元素的下标值，这样你就可以知道元素从哪里移动到了哪里。下面把这个方法添加到控制器中。创建一个新文件，www/views/currencies/currencies.js，并写入清单 5.26 中的内容。

清单 5.26 货币控制器（www/views/currencies/currencies.js）

```
angular.module('App')
.controller('CurrenciesController', function ($scope, Currencies) {
  $scope.currencies = Currencies;
  $scope.state = {
    reordering: false
  };

  $scope.$on('$stateChangeStart', function () {
    $scope.state.reordering = false;
  });

  $scope.move = function(currency, fromIndex, toIndex) {
    $scope.currencies.splice(fromIndex, 1);
    $scope.currencies.splice(toIndex, 0, currency);
  };
});
```

声明控制器并注入服务

把货币关联到作用域

声明默认的 reordering 状态值

监听状态变化，在离开选项卡的时候退出重排状态

处理元素移动，移动元素在列表中的位置

控制器非常简单，开头是一些作用域变量设置。你需要监听 $stateChange-Start 事件，从而能在当前选项卡失去焦点时禁用重排功能，每次切换选项卡都会触发这个事件。这样做主要是为了提高用户体验；如果用户离开这个选项卡之后重排功能还处在激活状态，那在他们再次回到这个选项卡时还会保持这个状态。move() 方法会接受三个参数，被移动的元素、原始位置以及移动后的位置。使用 splice 可以把元素从数组中移除并重新插入新位置。

现在你的货币列表就支持重排了，元素一旦被重排，其他选项卡中的顺序也会被更新。这就是使用类似 Currencies 这种共享服务的好处之一，只要在一处发生改动，就可以同步到所有使用相同服务的状态。

5.8.2　IonToggle：给列表元素添加开关

还需要支持设置货币的开关状态，从而让用户只看自己关心的内容。你可以使用 ionToggle 组件，不过这里我们要用 CSS 版本的开关，因为 ionToggle 组件和 ionReorderButton 有冲突。ionToggle 组件只是 CSS 版本的一种抽象，实现的功能都是一样的。

再次打开货币模板，写入 ionToggle 组件，实现应用的最后一个功能。清单 5.27 显示了如何使用这个组件。

清单 5.27　给货币列表添加开关（www/views/currencies/currencies.html）

```
<ion-item class="item-toggle" ng-repeat="currency in currencies">
  {{currency.code}} - {{currency.text}}
  <label class="toggle toggle-balanced">
  <input type="checkbox" ng-model="currency.selected">
    <div class="track">
      <div class="handle"></div>
    </div>
  </label>
  <ion-reorder-button class="ion-navicon" on-reorder="move(currency,
     $fromIndex, $toIndex)"></ion-reorder-button>
</ion-item>
```

声明一个标签，添加toggle类

添加item-toggle类来应用开关样式

使用checkbox输入框并给它的模型赋值为currency.selected

添加开关图标需要的元素

这个 ionToggle 组件使用复选框来记录开关值。复选框和开关都是布尔值，所以开关的 CSS 样式会覆盖 HTML 复选框的默认样式。还记得吗，在其他的选项卡中，你使用模型的 `currency.selected` 来过滤掉不可用的元素。因此当切换元素的开关时，其他的选项卡也会立刻更新，显示或者隐藏对应的元素。同样，这都得益于共享的 `Currencies` 服务。

现在所有功能都已完成，可以去试用一下你的应用了。你可以查看货币的当前汇率及其详细信息，还可以查看这个汇率在过去一个月中的变化图表。此外，你还能通过配置显示和隐藏货币并随心所欲地排列它们的顺序。

5.9 挑战

你已经掌握了很多组件，如果想进一步熟悉和了解它们，可以尝试完成下面的任务：

- *自动刷新汇率*——想办法实现每分钟自动刷新汇率。Angular 的 `$interval` 服务非常有用，你可以考虑一下。
- *持久化货币设置*——有很多种方法可以使用，比如 `localStorage` 或者 `indexedDB`，可以用它们来存储货币顺序和开关状态。修改对应的加载逻辑，在使用默认值之前先尝试从缓存中读取数据。
- *绘制更多数据*——BitcoinAverage API 提供了多种类型的历史数据，比如从比特币诞生到现在的所有价格。给历史信息选项卡添加更多东西，让用户可以查看不同类型的图表数据。更多细节请查询 BitcoinAverage API。
- *改进详情视图*——详情视图非常简单，只是列出信息。试着用 Ionic 的 CSS 组件或者自定义的 CSS 来改善视觉效果。

5.10 总结

在本章中，我们介绍了很多 Ionic 组件，并且学会了用 Highcharts 来绘制 BitcoinAverage API 的数据。我们来回顾一下本章的重点内容：

- 选项卡很适合用来实现导航结构。有时候你只需要简单的选项卡，有时候需要像本例这样单独保存导航历史的选项卡。
- 添加第三方脚本和 Angular 模块非常简单，不过每个模块都有自己的功能，需要使用者去学习。

- 列表支持重新排序、使用标记和开关组件。
- 使用类似 `Currencies` 这样的共享服务可以在视图之间共享数据。

在下一章中你会继续学习 Ionic 中其余的组件和功能，比如菜单栏、模态页面和滚动组件。

6 使用Ionic开发一款天气应用

本章要点

- 使用侧滑菜单作为应用的导航
- 使用活动菜单和弹窗显示选项
- 使用模态框显示相关内容
- 制作高级的滚动交互效果

本章会制作一款天气应用，在这个过程中会展示许多 Ionic 提供的组件，例如该应用的导航会使用侧滑菜单组件。这款应用允许你查看当前天气情况、天气预报以及地点收藏；在模态框内显示日出和日落的数据；使用分页滚动面板显示天气信息。

全章会展示一些 Ionic 特性和组件。应用导航用的侧滑菜单，是一个在应用边缘显示的左侧菜单。而活动菜单组件会向用户显示一系列的选项，例如收藏地点。使用模态窗来切换显示之后一年的日出和日落时间表。为了让这张表渲染性能更好，可以使用 Ionic 列表的集合重复特性，针对大列表通过仅渲染需要的子元素来减少内存占用。

其中我们会使用两个在线服务来加载数据。Forecast.io 是一个基于地理位置提供当前天气和天气预报的天气 API 提供商。使用 Google 地理位置服务可以确定你的地理位置并得到地理坐标。这两个服务都是免费的，不过在使用 Forecast.io 服务之前必须先申请一个 API 密钥。

图 6.1 中展示了应用中的几个视图，我们将一步一步地实现它们，主要的功能还是集中在天气视图中。

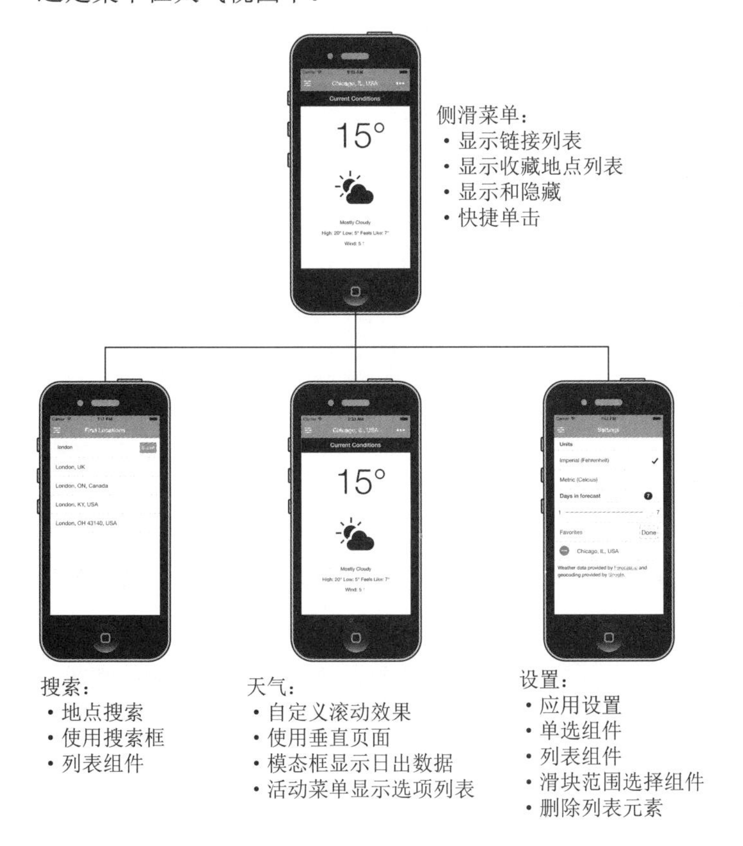

图 6.1 本章实现的天气应用预览，不同的视图通过侧滑菜单进行切换。

你可以在 https://ionic-in-action-chapter6.herokuapp.com 预览此项目，源码托管在 https://github.com/ionic-in-action/chapter6。

6.1 项目配置

你可以新建一个 Ionic 项目，然后复制本章代码，也可以直接克隆本书在 Github 上托管的完整代码仓库。当配置完之后，使用 `ionic serve` 命令开启服务以便能在浏览器中预览应用。

创建新项目并手动添加代码

在命令行中使用 Ionic 命令为应用创建一个新的项目，打开命令行并执行以下命令（友情提醒，如果你忘记了项目配置的相关内容，可以查阅第 2 章的内容）：

```
$ ionic start chapter6 https://github.com/ionic-in-action/starter
$ cd chapter6
$ ionic serve
```

克隆完整代码仓库

使用 Git 按照如下操作检出应用的完整源代码：

```
$ git clone https://github.com/ionic-in-action/chapter6.git
$ cd chapter6
$ git checkout -f step1
$ ionic serve
```

6.2 设置侧滑菜单和视图

之前我们已经学会了如何制作导航栏以及使用选项卡导航，现在我们试着使用侧滑菜单作为主要的导航组件。侧滑菜单的显示是流畅的，因为它是通过动作指令滑进滑出视图，允许用户快速进入导航链接列表而不打乱主内容。侧滑菜单既可以在左边也可以在右边滑入展开，本章示例中是在左侧滑入的。如果之前已经克隆了源码仓库，你可以执行下面的命令查看代码：

```
$ git checkout -f step2
```

侧滑菜单有三种打开方式。默认情况下，Ionic 支持手指边缘划动打开侧滑菜单。当然如果你已经将此动作另作他用的话也可以禁用这个配置。我们可以使用按钮来打开侧滑菜单，通常按钮会置于屏幕的左上角，本章示例采用的就是这个配置。当然也可以使用菜单托管服务来切换菜单状态。

本章示例中只用了一个侧滑菜单，但是 Ionic 允许在一个应用中使用多个侧滑菜单。有许多配置选项和方法来使用侧滑菜单，但基本和本章示例中使用的方法大同小异。

本节将为应用设置一个侧滑导航菜单。使用 `ionSideMenus` 组件可以很容易实现这个功能，它允许右划显示侧滑菜单，或者使用在左上角已配置好的切换按钮。侧滑菜单上设置了两个空路由稍后会补充进来。图 6.2 所示的是侧滑菜单的最终效果。

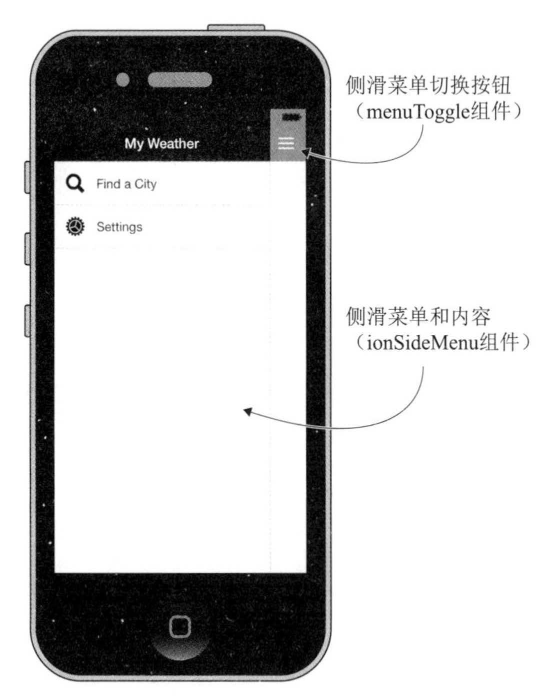

图 6.2 侧滑菜单：左划关闭右划开启。

下面，需要在刚才生成的项目中修改 www/index.html 文件配置侧滑菜单组件。清单 6.1 中的代码包括了侧滑菜单和内容区域。

清单 6.1 侧滑菜单配置（www/index.html）

```
<body ng-app="App">
  <ion-side-menus>                    ◁ 声明ionSideMenus容器用以包裹侧边栏菜单和内容区域
    <ion-side-menu-content>           ◁ 使用ionSideMenuContent组件包裹住主体内容
      <ion-nav-bar class="bar-positive">
        <ion-nav-buttons side="left">
          <button class="button button-clear" menu-toggle="left">
            <span class="icon ion-navicon"></span>
          </button>
        </ion-nav-buttons>
      </ion-nav-bar>                  在侧滑菜单内容区域中使用带切换图标的导航组件切换侧滑菜单的状态
      <ion-nav-view></ion-nav-view>
    </ion-side-menu-content>
    <ion-side-menu side="left">       ◁ 声明一个侧滑菜单并设置其位置为左侧边缘
```

```
      <ion-header-bar class="bar-dark">
        <h1 class="title">My Weather</h1>
      </ion-header-bar>
      <ion-content>
        <ion-list>
          <ion-item class="item-icon-left" ui-sref="search" menu-close>
      <span class="icon ion-search">
      </span> Find a City</ion-item>
          <ion-item class="item-icon-left" ui-sref="settings"
      menu-close><span class="icon ion-ios-cog">
      </span> Settings</ion-item>
        </ion-list>
      </ion-content>
    </ion-side-menu>
  </ion-side-menus>
</body>
```

为侧滑菜单设置一个头部

使用ionContent组件包裹链接列表为侧滑导航菜单设置内容

侧滑菜单的定义很简单，只需在代码中包含并使用 ionSideMenus、ionSideMenuContent 和 ionSideMenu 指令，不需要配置任何 JavaScript 代码。首先你需要在最外部使用 ionSideMenus 指令包裹其他功能指令，缺少它的嵌套侧滑菜单将无法生效。在 ionSideMenus 的内部，需要增加 ionSideMenuContent 和 ionSideMenu 这两个元素，同时使用 side 属性定义侧滑菜单是放置在左侧的。每一个侧滑菜单组件中仅能定义一个 ionSideMenuContent 元素，但是可以同时定义至多两个 ionSideMenu 元素用以在应用左右两边同时放置侧滑菜单。

在标签内部，你可以像以前一样使用导航栏指令，这样侧滑菜单就成为全局的导航菜单了。这样的设计很好，因为侧滑菜单可以随时在应用中打开并为用户提供导航功能。

如果大家注意到了 ionNavButtons 元素，你会看到这个按钮设置了 menu-toggle="left" 属性。menuToggle 指令用来控制当单击按钮时侧滑菜单的开启和显示。另外，在每一个侧滑菜单导航列表元素上都有一个 menuclose 属性。menuClose 指令用来控制当单击链接之后关闭所有的侧滑菜单。也就是说，当你单击“Find a City”链接后左侧的侧滑菜单会自动关闭。如果没有这个属性，这就意味着，即使用户已经跳转到新的内容区去了，侧滑菜单仍然会保持之前的开启状态。

然后我们应该仔细思考 ionSideMenu 和 ionSideMenuContent 内的视图。在侧滑菜单示例中，我们使用了一个标题栏和一个内容包裹元素嵌套导航列表，否则侧滑菜单无法正确计算元素的大小和位置。

在侧滑菜单组件内可以填写任意内容，但是一般来说我们都会给侧滑菜单放一个导航用的链接列表。使用一个右侧滑菜单组件提供额外的搜索过滤功能甚至是二级导航也都是可以的。

清单 6.1 已经完成了一个简单的侧滑菜单。可以查阅侧滑菜单组件的相关文档了解其更多的特性，如果想通过代码控制侧滑菜单的状态也可以去了解一下侧滑菜单组件的第三种开启方式即托管服务。

侧滑菜单中添加的那些链接在没有定义这些路由之前是没有用的，但是已经可以切换侧滑菜单的开启和关闭状态，例如轻扫开启侧滑菜单。下面将开始配置允许用户搜索地点和坐标的搜索视图。

6.3 地理位置搜索

当应用第一次启动的时候，用户需要设置想要查看天气的地点。使用 Google 地理位置 API，用户可以根据输入的任意格式的内容搜索地点，例如邮政编码、城市名称甚至是城市标志性街道等都可以。我们将创建一个新的视图用来允许用户搜索并查看 API 返回的结果列表。在图 6.3 中可以清楚地看到该视图的交互情况。如果之前已经使用 Git 克隆了本章项目，可以使用如下命令检出代码：

```
$ git checkout -f step3
```

为了实现这个页面，需要使用 state provider 创建一个新的路由并定义模板和控制器。模板将包含一个搜索框和一个按钮，控制器会向 API 发出请求，拿到搜索结果的列表。这一步你需要对如何创建一个新路由比较熟悉，可以将清单 6.2 中的内容添加到 www/js/app.js 文件中。

清单 6.2 声明搜索的路由（www/js/app.js）

```
angular.module('App', ['ionic'])
.config(function ($stateProvider, $urlRouterProvider) {   <-- 在App模块中增加config()方法

  $stateProvider
    .state('search', {
      url: '/search',
      controller: 'SearchController',                      定义搜索路由
      templateUrl: 'views/search/search.html'
    });
                                                           使用搜索页面
  $urlRouterProvider.otherwise('/search');             <-- 作为默认视图
})
```

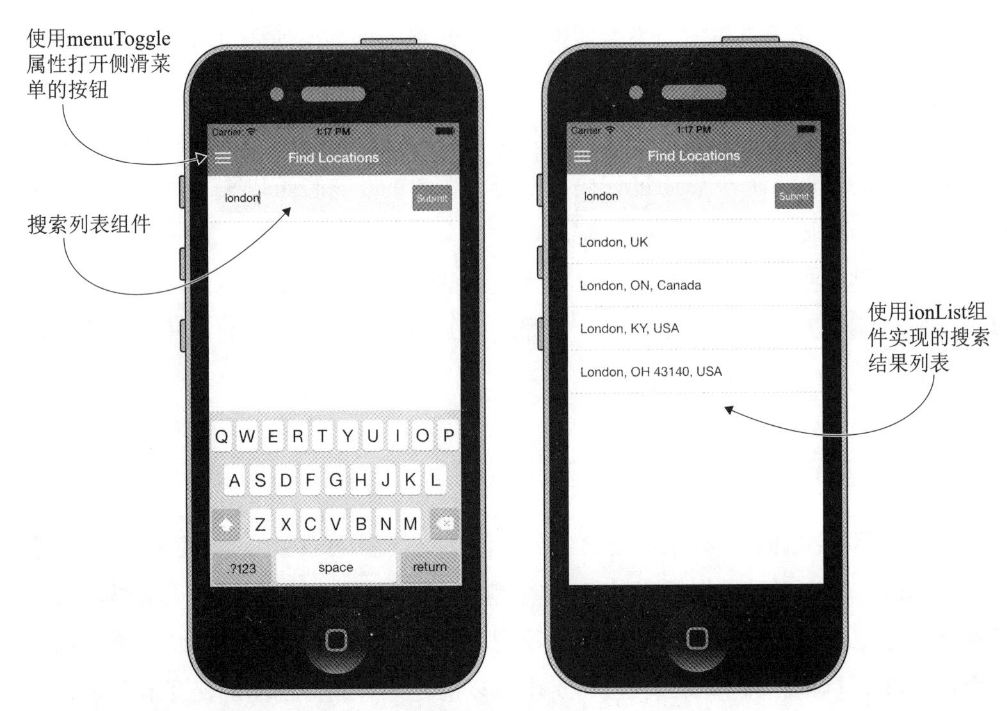

图 6.3　输入状态和结果展示状态的搜索页面视图

因为这是第一个页面，需要增加 config() 方法，然后注入 $stateProvider 和 $urlRouterProvider 服务。最后把定义好的搜索页面作为默认的路由。下面将为这个新路由增加控制器和模板。

清单 6.3 中给出了搜索视图的模板，包含一个搜索框和一个显示结果列表的列表组件。创建一个新文件 www/views/search/search.html，并追加清单 6.3 中的内容到文件中。

清单 6.3　搜索视图模板（www/views/search/search.html）

```
<ion-view view-title="Find Locations">
  <ion-content>
    <div class="list">
      <div class="item item-input-inset">
        <label class="item-input-wrapper">
          <input type="search" ng-model="model.term" placeholder=
"Search for a location">
        </label>
        <button class="button button-small button-positive"
ng-click="search()">Submit</button>
      </div>
```

使用带有ngModel指令的搜索框和一个可单击按钮制作搜索列表

```
      <div class="item" ng-repeat="result in results" ui-sref="weather({city:
      result.formatted_address, lat: result.geometry.location.lat, lng:
      result.geometry.location.lng})">{{result.formatted_address}}</div>
    </div>
  </ion-content>
</ion-view>
```

当搜索结果存在时遍历搜索结果显示地址和天气视图链接

到这里你已经有一个简单的带有结果列表展示的搜索视图模板了。第一个列表元素是搜索框，如果搜索结果存在的话紧随其后的是搜索结果列表元素。搜索框使用了 `item-input-inset` 的样式使搜索框呈灰色显示。同时 `input` 元素被定义了类型为 `search`，这将修改移动设备上搜索输入时键盘的显示。

虽然还没有创建天气界面，但是我们先使用 `ui-sref` 属性增加上了引导链接。可以从结果中传递城市名称、经度和纬度的值给天气界面。

为了让模板生效，还需要在控制器中加点东西。创建文件 www/views/search/search.js 并复制清单 6.4 中的代码到文件中。同时要在 www/index.html 中增加该文件的引用：

```
<script src="views/search/search.js"></script>
```

清单 6.4 搜索视图控制器（www/views/search/search.js）

```
angular.module('App')
.controller('SearchController', function ($scope, $http) {
  $scope.model = {term: ''};

  $scope.search = function () {
    $http.get('https://maps.googleapis.com/maps/api/geocode/json',
     {params: {address: $scope.model.term}}).success(function (response) {
      $scope.results = response.results;
    });
  };
});
```

定义一个搜索数据模板

从 Geocoding API 中搜索并存储结果到 scope 中

在控制器中会定义一个默认的输入，每次视图重新载入这个数据都会被重置。当单击按钮时，`search()` 方法会被调用，接着就会向 Google Geocoding API 发送 HTTP 请求。请求回的结果存储在 `$scope.results` 中，这样会更方便地刷新视图。这样搜索视图就完成了，下一步会继续创建设置视图以及用于存储和共享数据的自定义服务。

6.4 增加设置视图和数据的服务

应用需要一些配置选项，特别是允许用户选择他们需要的数据单位（例如摄氏温度还是华氏温度）。另外还应该允许用户设置可查看的天气预报的天数，以及可以删除收藏地点等管理功能。如果之前已经用 Git 克隆了本章项目，可以使用如下命令检出代码：

```
$ git checkout -f step4
```

我们需要为视图界面增加一个新的模板和控制器。然后为了管理应用，需要使用另外两个服务来在视图之间共享数据和方法。最后当编辑成功时同时更新侧滑菜单中的内容，它包含一个快速进入收藏地点的入口。

6.4.1 创建收藏地点和设置服务

第一步我们需要先创建两个服务，一个用来追踪收藏地点操作，而另外一个用来操作设置视图。使用 Angular 的工厂函数创建服务可以方便地注入任意的控制器。`Settings` 服务是一个带有属性的简单对象，`Locations` 服务包含一些方法帮助管理收藏的地点。

在主应用的 JavaScript 文件中同时增加这两个服务可保证应用更流畅，但也可以使用两个独立的模块。打开 www/js/app.js 文件，增加清单 6.5 中的内容。

清单 6.5 Locations 和 Settings 服务（www/js/app.js）

```
.factory('Settings', function () {
  var Settings = {
    units: 'us',
    days: 8
  };
  return Settings;
})
.factory('Locations', function () {
  var Locations = {
    data: [{
      city: 'Chicago, IL, USA',
      lat: 41.8781136,
      lng: -87.6297982
    }],
    getIndex: function (item) {
      var index = -1;
```

使用工厂函数定义Settings服务

配置默认设置后返回一个JS对象

使用工厂函数定义Locations服务

创建地点对象并存在数组中，存储数组默认有芝加哥天气的默认数据

```
      angular.forEach(Locations.data, function (location, i) {
        if (item.lat == location.lat && item.lng == location.lng) {
          index = i;
        }
      });
      return index;
    },
    toggle: function (item) {
      var index = Locations.getIndex(item);
      if (index >= 0) {
        Locations.data.splice(index, 1);
      } else {
        Locations.data.push(item);
      }
    },
    primary: function (item) {
      var index = Locations.getIndex(item);
      if (index >= 0) {
        Locations.data.splice(index, 1);
        Locations.data.splice(0, 0, item);
      } else {
        Locations.data.unshift(item);
      }
    }
  };

  return Locations;
});
```

确定一个地点在搜索结果列表中的索引

从搜藏地点中增加或者删除元素

如果新增数据，将其移到顶层或者将它增加到顶层

返回带有数据和方法的Locations对象

现在我们使用 Angular 服务工厂函数定义了一个可以在不同控制器中共享使用的服务。之后会将这个服务添加到不同的视图中去，但是某个视图中的该服务有任何数据变化都会立刻反映到其他视图中去。在第 5 章中我们用相同的技术做了一个货币列表，列表中的每种货币都能开启或关闭，并且这个状态的改变会立即在整个应用中反映出来。我们使用 `Locations.data` 数组变量存储地点的列表，数组中的每个地点应该包括城市名称、经度和纬度。应用开始的时候，会预先放置芝加哥到列表中。至于为什么是芝加哥，这是因为它是我最喜欢的城市之一。

`Locations` 服务有三个方法。如果该收藏地点存在，`getIndex()` 方法会返回收藏地点在 `Locations.data` 数组中的索引。`toggle()` 方法会检查 `Locations.data` 数组中是否存在该收藏地点，如果存在则删除它否则会添加该地点。`primary()` 方法则用来将收藏地点置顶，或者是移除一个已经置顶的收藏地点。

6.4.2 在侧滑菜单列表中显示收藏的地点

现在我们已经拥有了 Locations 服务，应用可以在侧滑菜单中显示收藏的地点列表了。为了实现这个功能，需要为侧滑菜单增加一个控制器来向应用的作用域中注入 Locations 服务，然后要增加一个导航列表元素，并使用 ngRepeat 指令来遍历显示所有的收藏地点。

首先，我们在 app.js 中定义一个控制器并注入 Location 服务。因为这个控制器属于侧滑菜单视图，它不是一个独立的视图页面，所以你可以把控制器代码放在主文件中。如清单 6.6 所示，这是一个非常简单的控制器。

清单 6.6 侧滑菜单控制器（www/js/app.js）

```
.controller('LeftMenuController', function ($scope, Locations) {   <-- 创建一个控制器并注入服务
  $scope.locations = Locations.data;   <-- 将地点列表数据映射到作用域中
})
```

这个控制器的实现非常简单，仅仅只是将收藏地点数组映射到了作用域中。不需要在控制器中做其他复杂的事情，只需把控制器增加到侧滑菜单模板中。在 www/index.html 文件中，更新 ionSideMenu 指令并增加 ngController 指令为侧滑菜单指定新的控制器：

```
<ion-side-menu side="left" ng-controller="LeftMenuController">
```

虽然还没有在应用中使用过 ngController 指令，但是我们曾经在第 3 章用过它。一般来说，会使用 $stateProvider 的 config() 函数来为应用中的每一个视图定义一个控制器。在这里，侧滑菜单并不是一个单独的页面视图，所以需要让其自己定义自己的控制器。加载控制器之后，侧滑菜单现在就能快速显示收藏地点了，下面可以更新收藏列表了。

打开 www/index.html 文件并将清单 6.7 中的粗体代码加到文件中。

清单 6.7 为导航列表组件增加地点显示元素（www/index.html）

```
<ion-list>
    <ion-item class="item-icon-left" ui-sref="search" menu-close><span
      class="icon ion-search"></span> Find a City</ion-item>
    <ion-item class="item-icon-left" ui-sref="settings" menu-close><span
      class="icon ion-ios-cog"></span> Settings</ion-item>
    <ion-item class="item-divider">Favorites</ion-item>   <-- .item-divider样式用来增加分割线以显示文字
    <ion-item class="item-icon-left" ui-sref="weather({city: location.city,
      lat: location.lat, lng: location.lng})" menu-close ng-repeat=
      "location in locations"><span class="icon ion-ios-location">
      </span> {{location.city}}</ion-item>   <-- 循环遍历地点列表，显示城市的名称，增加到其具体天气视图的链接，使用menuClose指令确保单击后侧滑菜单会被关闭
</ion-list>
```

ngRepeat 指令循环遍历地点列表数组，每个元素都会链接到天气视图页（稍后会定义）。现在，当用户打开侧滑菜单，收藏中会默认显示芝加哥。之后，当用户增加了更多的地点，它们也会在那里显示。下面我们开始做设置视图吧。

6.4.3 增加设置视图模板

设置模板将主要包含三个主要区域：一个单选列表用来选择温度的显示单位是摄氏温度还是华氏温度，一个范围选择输入控件用来配置可查看的天气预报的天数，以及可以删除地点等收藏地点的管理功能。清单 6.8 所示的是这部分的完整代码，创建一个新文件 www/views/settings/settings.html 并将代码添加到其中。最后的用户界面如图 6.4 所示。

清单 6.8 设置模板（www/views/settings/settings.html）

```
<ion-view view-title="Settings">
  <ion-content>
    <ion-list>
      <ion-item class="item-divider">Units</ion-item>
      <ion-radio ng-model="settings.units" ng-value="'us'">Imperial
     (Fahrenheit)</ion-radio>
      <ion-radio ng-model="settings.units" ng-value="'si'">Metric
     (Celsius)</ion-radio>
      <div class="item item-divider">Days in forecast <span class=
     "badge badge-dark">{{settings.days - 1}}</span></div>
      <div class="item range range-positive">
        2 <input type="range" name="days" ng-model="settings.days"
     min="2" max="8" value="8"> 8
      </div>
      <div class="item item-button-right">Favorites
     <button class="button button-small" ng-click="canDelete =
     !canDelete">{{canDelete ? 'Done' : 'Edit'}}</button></div>
    </ion-list>
    <ion-list show-delete="canDelete">
      <ion-item ng-repeat="location in locations">
        <ion-delete-button class="ion-minus-circled" ng-
     click="remove($index)"></ion-delete-button>
        {{location.city}}
      </ion-item>
    </ion-list>
    <p class="padding">Weather data powered by <a
     href="https://developer.forecast.io/docs/v2">Forecast.io</a> and
     geocoding powered by <a
     href="https://developers.google.com/maps/documentation/geocoding/">
```

使用ionRadio组件切换显示单位类型

使用范围选择输入控件设置显示的天数

创建一个带有可切换canDelete变量状态的分割线

创建一个地点列表并且根据canDelete值展示删除按钮

循环遍历显示所有的地点

当列表的删除状态为真时显示删除按钮

```
      Google</a>.</p>
   </ion-content>
</ion-view>
```

图 6.4 在设置视图中使用单选控件、范围选择输入控件以及一系列可以被删除的内容列表。

首先我们来做单选控件。ionRadio 组件是一个专门为移动端设备制作的嵌套单选按钮的组件。有别于通常网页上显示的小圆圈，控件被重新设置样式——使用勾选的方式来表示被选择的元素。由于它自带 list 组件样式，所以它也呈现出列表元素样式。这就是为什么你不需要特地将其放置在列表元素内部。同时我们使用 ngModel 指令将两个 ionRadio 控件都映射到同一个值上，当用户选择了其中一个，另外一个就会不可用，正如单选框列表展示的效果一样。

下一个组件是范围选择输入控件。这一个比较新的 HTML 元素，Ionic 也重新定义了样式。你可以在图 6.4 中看到一根线上有一个可以左右移动并选择值的圆形操作按钮。在本应用中可选的值是 2~8，因为天气预报应用一般都会显示当前的天气情况，所以我们只要设置还要显示剩下的多少天就行了。当我们拖动这个按钮的时候，这个值会自动更新。

最后一个组件就是使用 ionList 制作的带有删除功能的列表组件。ionList 组件内只负责了删除按钮的界面显示，删除元素的具体逻辑还需要开发者来实现。

为了使用 delete 特征，你需要使用 show-delete="canDelete" 属性。当表达式的值为 true 时，显示删除按钮，否则它会被隐藏。同时还需要在元素内部定义一个 ionDeleteButton 元素用来指定一个删除按钮图标。列表使用了 ngClick 指令在单击的时候执行控制器的某个删除元素的方法。在分割线区域有一个按钮用来切换 canDelete 的值是 true 还是 false。这个按钮使用了三目运算，这是一种较为复杂的表达式，根据 canDelete 的值将按钮的文本做从 Edit 到 Done 的切换。

最后，我们声明了使用的两个数据源。有一些 API 允许你免费使用，但前提是要在使用的地方给出声明链接。在清单 6.8 中我们已经实现了这个步骤。

6.4.4 设置视图控制器

为了完成设置页面，我们还需要增加一个控制器。可以快速访问之前已经写好的 Locations 和 Settings 服务，增加当删除按钮按下的时候删除地点的逻辑。

创建一个新的文件 www/views/settings/settings.js，将清单 6.9 中的代码添加到其中。

清单 6.9 设置页面控制器（www/views/settings/settings.js）

```
angular.module('App')
.controller('SettingsController', function ($scope, Settings, Locations) {
  $scope.settings = Settings;
  $scope.locations = Locations.data;
  $scope.canDelete = false;

  $scope.remove = function (index) {
    Locations.toggle(Locations.data[index]);
  };
});
```

定义控制器并注入服务

在 scope 中添加设置的收藏地点数据

为删除操作设置默认状态

定义从收藏地点中删除元素的方法

这个控制器非常简单，因为你只需要做两件事情。第一，在 $scope 中设置了一些默认值，其中的一些默认值是从我们之前定义的服务中获得的。同样在设置页面中对那些数据进行操作也会在其他页面中反映出来。第二，增加了移除元素的 remove() 方法。因为我们将地点的增加和删除功能抽象到了 Locations 服务中，所以不需要再在这里重新编写一遍同样的逻辑。

现在需要为设置页面增加一个新的路由来给应用增加设置页面的控制器。打开 www/index.html 文件并在其他 <script> 标签之后增加如下的 <script> 标签。

```
<script src="views/settings/settings.js"></script>
```

然后打开 www/js/app.js 文件并按照清单 6.10 中的代码定义路由，并将代码增加到路由服务的定义中，这样就可以在应用中看到设置页面了。

清单 6.10 设置视图路由定义（www/js/app.js）

```
.state('settings', {
  url: '/settings',
  controller: 'SettingsController',
  templateUrl: 'views/settings/settings.html'
})
```

你现在已经完成了设置视图，共包含了两个 Ionic 表单组件——单选组件和范围选择控件，还有可以删除元素的列表组件。下面我们开始制作天气视图页面。

6.5 设置天气视图

最后我们来制作天气视图页面。天气视图页面用来显示某地点的当前天气和天气预报。在本小节中我们先创建天气视图的基础架构，然后在本章之后的小节中增加更多更复杂的功能。如果之前已经用 Git 克隆了本章项目，可以使用如下命令检出代码：

```
$ git checkout -f step5
```

图 6.5 所示的是本小节的最终效果预览。这个视图最开始非常简单，但是接下来会增加更多的设计和内容。

图 6.5 基于 Forecast.io 数据的天气视图，显示当前温度。

6.5.1 获取 Forecast.io API 密钥

Forecast.io 服务在发起请求的时候需要提供一个 API 密钥。你需要使用邮箱和密码创建一个账号，该账号除非想使用它们的付费服务，否则不需要增加信用卡和其他个人信息。浏览 https://developer.forecast.io/，使用申请的免费账号登录获取到 token，待会儿我们需要使用它。

6.5.2 使用 Ionic 命令行代理

Forecast.io 是不提供跨域资源共享（CORS）功能的，也就是说，默认是不可以在浏览器中载入它们的 API 数据的。这就意味着你在 JS 中向 Forecast.io 请求数据会导致失败。

> **CORS（跨域资源共享）**
>
> CORS 是浏览器实现的一类安全策略，用来限定应用程序从其他域名导入数据。默认情况下，浏览器会拒绝从其他域名载入数据的请求，因为我们无法信任那些提供数据的域。但是如果确认数据源是安全的并且 API 接口支持 CORS，你是可以获取到数据的。可以访问 http://enable-cors.org 或者是在 http://manning.com/hossain 阅读 *CORS in Action* 来了解更多的 CORS 知识。
>
> 本书中使用的其他 RESTful API 都已经支持 CORS 功能了，因此你不需要增加额外的操作。

Ionic 命令行组件提供了一些特性，包括允许通过使用代理来解除浏览器的这一限制。特别是它允许创建一些快捷方式或者地址别名映射到服务器，这样当我们使用 `ionic serve` 命令的时候，命令行会将我们原来的请求自动映射到真实的 API 地址上。

在生产环境中，我们可能还是需要使用其他方法妥善处理 Forecast.io 的 API 跨域限制问题。当应用在移动设备中运行的时候，它是没有 Ionic 命令行组件来代理 API 的请求的。因此，你必须实现另外一种解决方法，要么是通过升级 API 接口让其支持 CORS，要么是在应用中增加一个 CORS 代理服务。

在应用中，需要打开 ionic.project 这个文件。这个文件包含一个 JSON 对象用来配置 Ionic 项目，在配置中可以定义一个需要被代理的地址列表。保证这个 JSON 正确，并将清单 6.11 中的粗体部分增加到 ionic.project 文件中。你的配置文件中可能存在一些清单 6.11 中不存在的配置选项，这是正常的。

清单 6.11 在 ionic.project 文件中定义一个代理（ionic.project）

```
{
  "name": "chapter6",
  "app_id": "",
  "proxies": [
```

增加一个代理属性，值是一个数组或者对象

```
    {
      "path": "/api/forecast",
      "proxyUrl": "https://api.forecast.io/forecast/YOUR_KEY/"
    }
  ]
}
```

增加一个path属性，用来定义最终会被你的应用访问的代理地址

增加一个proxyUrl属性，用来定义初始会被访问的地址

代码添加完毕之后你就定义了一个代理，当应用访问 /api/forecast 的时候，它会通过本地服务的代理跳到清单 6.11 中定义的 proxyUrl 地址。现在应用就可以使用从 Forecast.io 中申请的密钥替换代码中的 YOUR_KEY。

当 ionic serve 命令运行成功时，我们的代理就成功运行了。这个功能在使用 ionic emulate 或者当实时加载功能开启时使用 ionic run 命令是一样的，都可以工作。这样就可以方便地使用 Forecast.io 服务进行本地开发，而且可以使用相同的方法使用其他一些不支持 CORS 的服务来创建本地应用。

6.5.3 增加天气视图的控制器和模板

现在来给应用制作天气页面。我们需要载入 Forecast.io 的天气数据并显示当前的温度，然后需要在视图中增加一些 Ionic 组件和内容。

首先制作模板。基本的需求是在头部标题栏上显示地点的名称并在视图中展示当前的温度。在图 6.5 中可以看到芝加哥此时是比较冷的，只有 18°F。创建新文件 www/views/weather/weather.html，并将清单 6.12 中的代码添加到文件中。

清单 6.1.2 天气视图的基础模板（www/views/weather/weather.html）

```
<ion-view view-title="{{params.city}}">
  <ion-content>
    <h3>Current Conditions</h3>
    <p>{{forecast.currently.temperature | number:0}}&deg;</p>
  </ion-content>
</ion-view>
```

这里没有什么太多值得关注的，只需要将数据绑定到标题栏和内容区域即可。下一步我们会添加控制器载入数据，在温度值上使用了 number 过滤器来对数值取整，因为服务返回的值比我们需要的过于精确。我们假设用户希望拿到一个整数的温度值。

现在来写控制器。最开始它可能会比较简单，但是我们后面会一步一步扩展它。

创建新文件 www/views/weather/weather.js，并将清单 6.13 中的代码添加到文件中。

清单 6.13　天气视图控制器（www/views/weather/weather.js）

```
angular.module('App')
.controller('WeatherController', function ($scope, $http, $stateParams,
    Settings) {
  $scope.params = $stateParams;
  $scope.settings = Settings;

  $http.get('/api/forecast/' + $stateParams.lat + ',' + $stateParams.lng,
      {params: {units: Settings.units}}).success(function (forecast) {
    $scope.forecast = forecast;
  });
});
```

定义控制器并注入服务

在 scope 中添加服务数据

添加 HTTP 请求载入 Forecast.io 数据

当控制器执行时，它首先会向 $scope 中存储一些数据。$stateParams 变量映射到了 $scope.params 上，用来定义头部菜单栏的地点名称。Settings 也映射到 $scope 中去了，我们之后再说如何使用它。然后向代理地址发送了一个 HTTP 请求，参数是地点的经度和纬度以及显示的温度格式。当返回结果之后会将其存储到 $scope.forcast 中以备模板使用。

最后，我们需要为天气视图增加新的路由，首先在 index.html 文件中增加控制器文件引用。打开 index.html 文件并在其他 <script> 标签之后增加如下的 <script> 标签。

```
<script src="views/settings/settings.js"></script>
```

打开 www/js/app.js 文件，按照清单 6.14 中的代码定义路由，并将代码增加到路由服务的定义中，这样我们就可以在应用中看到设置页面了。

清单 6.14　天气视图路由定义（www/js/app.js）

```
.state('weather', {
  url: '/weather/:city/:lat/:lng',
  controller: 'WeatherController',
  templateUrl: 'views/weather/weather.html'
});
```

在下一小节，我们会为天气数据增加一个滚动分页展示功能。

6.6　ionScroll：制作自定义滚动内容组件

本节主要是给天气数据增加自定义滚动功能，并增加必要的样式美化界面。因为市面上已经有很多天气应用了，所以必须提供更好的交互体验作为卖点。如果之前已经用 Git 克隆了本章项目，可以使用如下命令检出代码：

```
$ git checkout -f step6
```

使用 ionScroll 创建一个垂直滚动分页效果，这意味着当用户上划或者下划的时候，会正常滚动直到到达下一页。某些情况下它听起来可能像 ionSlideBox，但是这个是垂直的并且交互体验上也有些许区别。然后为滚动视图内的每一页增加内容和样式。最后，增加一些过滤器用来帮助我们使用更有意义的方式格式化显示数据。

在本章最后，应用能像图 6.6 所示的那样滚动显示天气预报数据。只有当到达下一页的时候，滚动才会停止。

图 6.6 使用 ionScroll 组件对天气数据进行分页

6.6.1 在页面中使用 ionScroll

首先我们需要在页面中添加 ionScroll 组件。通常你会使用 ionContent 组件，因为它默认是垂直滚动的并且内容是自动填充的。但是 ionScroll 更加可配置化，可设置滚动内容区域函数，本章示例中显示了我们预期的页面滚动效果。

ionScroll 指令需要指定宽度值和高度值。ionContent 组件中这些都是自动适应的，但是 ionScroll 不是。因为应用可能在不同的设备、不同的屏幕分辨率上使用，所以我们不得不基于屏幕的大小来计算 ionScroll 的大小。

ionScroll 组件当滚动到每一页时会在设备可视区域渲染三次，通过计算后生成可在不同页之间滚动切换的整个内容区域。图 6.7 为我们展示了这些图层是如何工作的。

第一页
屏幕不可见
区域 300×500
内容区域其实是包含所有页面的一个超大容器。
当用户上下滚屏的时候，滚动条会定位到每一页的起始点。
第二页
屏幕可见
区域 300×500
内容区域实际上是在可视区域下进行滑动，就像电影放映一次只会投影一帧的感觉一样。
每一页的大小等于屏幕可视区域的大小。
第三页
屏幕不可见
区域 300×500
图中整个内容容器的大小是所有三个页面的大小之和，也就是说，如果图中尺寸就是屏幕尺寸的话，整个容器的大小应该是 1500px。

图 6.7　ionScroll 页面滚动的原理

在滚动区域，将 ionScroll 组件设置成与可视区域等大，内部创建三个 div 标签并设置每一个高度和 ionScroll 一样。之后该 div 标签将为上移和下移增加一些特效。你将设置只允许在垂直方向上发生滚动，当然也可以在每一页中单独设置解除锁定。假设 ionScroll 组件的高度是 500px，div 标签高度为

1500px，共包含三个页面（500×3=1500）。当页面发生滚动的时候，滚动条总是在基于 ionScroll 高度计算出的边界值上停止。在这个示例中，ionScroll 组件高度是 500px，所以第一页的边界值是 0px，第二页是 500px，第三页是 1000px。

现在我们来看看 ionScroll 组件内的元素。它的一些样式计算将在稍后添加到视图的控制器中，在未添加之前该组件还无法正常工作。

清单 6.15 天气模板中 ionScroll 的相关代码（www/views/weather/weather.html）

```
<ion-view view-title="{{params.city}}">
  <ion-content>
    <ion-scroll direction="y" paging="true" ng-style=
     "{width: getWidth(), height: getHeight()}">
      <div ng-style="{height: getTotalHeight()}">
        <div class="scroll-page page1" ng-style=
     "{width: getWidth(), height: getHeight()}">
          Page 1
        </div>
        <div class="scroll-page page2" ng-style=
     "{width: getWidth(), height: getHeight()}">
          Page 2
        </div>
        <div class="scroll-page page3" ng-style=
     "{width: getWidth(), height: getHeight()}">
          Page 3
        </div>
      </div>
    </ion-scroll>
  </ion-content>
</ion-view>
```

使用ionContent指令放置ionScroll组件

使用ionScroll指令并锁定只允许垂直方向滚动翻页，并设置确定的容器宽高值

内部创建div标签，并设置所有的div元素大小等于所有的页面高度之和

定义具体每一页，并设置每一页的宽高等于ionScroll组件区域大小

我们先使用了 ionContent 指令，然后将 ionScroll 放置其中。ionContent 能得到一个去除标题栏后的全屏大小容器。内部放置的 ionScroll 通过控制器定义的函数计算宽高值。ionContent 容器实际上是不会发生滚动的，因为 ionScroll 组件的大小就是可视空间的大小。

ionScroll 组件内放置了一个 div 元素，它的高度是三个滚动页面的总高度。最终的滑动页面放置在这个 div 元素内部，相互紧邻放置在一起，就像图 6.7 中展示的一样。

现在可以添加控制器方法计算大小来保证滚动正常工作。打开控制器文件 www/views/weather/weather.js，并将清单 6.16 中的代码添加到文件中。

清单 6.16 用来设置大小的控制器方法（www/views/weather/weather.js）

```
var barHeight = document.getElementsByTagName
     ('ion-header-bar')[0].clientHeight;            ◁ 获得标题栏的高度
$scope.getWidth = function () {
  return window.innerWidth + 'px';                   返回应用的宽度
};

$scope.getTotalHeight = function () {
  return parseInt(parseInt($scope.getHeight()) * 3) + 'px';   根据滚动页的页数和每一页的高度返回总高度
};

$scope.getHeight = function () {
  return parseInt(window.innerHeight - barHeight) + 'px';     返回去除标题栏后的应用的高度
};
```

首先我们会计算标题栏的高度，因为这个高度可能因设备平台而异。getWidth()、getHeight() 和 getTotalHeight() 方法都是根据设备高度来决定除去标题栏后的可用空间。因为不同的设备拥有不同的屏幕大小，如果想要页面大小正好和屏幕大小一样的话，通过程序计算大小是必需的。可以使用相同的逻辑使用固定大小来创建滚动区域，前提是必须提供明确的大小。

现在我们已经理解了如何滚动，下面来给每一个滚动页添加内容。添加清单 6.17 中的代码到模板 www/views/weather/weather.html 文件中。

清单 6.17 天气模板内容（www/views/weather/weather.html）

```
<ion-view view-title="{{params.city}}">
  <ion-content>
    <ion-scroll direction="y" paging="true" ng-style="{width: getWidth(),
     height: getHeight()}">
      <div ng-style="{height: getTotalHeight()}">
        <div class="scroll-page center" ng-style="{width: getWidth(), height:
     getHeight()}">
          <div class="bar bar-dark">                        使用一个标题栏样式作为次级标题栏
            <h1 class="title">Current Conditions</h1>
          </div>
使用 has-header 来定位页面内容
      ▷   <div class="has-header">
            <h2 class="primary">{{
               forecast.currently.temperature | number:0}}&deg;</h2>
            <h2 class="secondary icon" ng-class=
基于天气条件使用 icons 过滤器获取当前天气的图标
  ▷  "forecast.currently.icon | icons"></h2>
            <p>{{forecast.currently.summary}}</p>
            <p>High: {{forecast.daily.data[0].temperatureMax |
     number:0}}&deg; Low: {{forecast.daily.data[0].temperatureMin |
     number:0}}&deg; Feels Like: {{forecast.currently.apparentTemperature |
     number:0}}&deg;</p>
            <p>Wind: {{forecast.currently.windSpeed | number:0}}
```

```
<span class="icon wind-icon ion-ios7-arrow-thin-up" ng-style=
"{transform: 'rotate(' + forecast.currently.windBearing +
'deg)'}"></span></p>                                    <—— 根据温度中的风
      </div>                                                  向旋转屏幕上的
    </div>                                                    箭头方向

    <div class="scroll-page" ng-style="{width: getWidth(), height:
getHeight()}">
      <div class="bar bar-dark">
        <h1 class="title">Daily Forecast</h1>
使用 limitTo      </div>
过滤器来设      <div class="has-header">
置值，显示        <p class="padding">{{forecast.daily.summary}}</p>
页面中设置        <div class="row" ng-repeat="day in forecast.daily.data |
的天数 └—> limitTo:settings.days">
          <div class="col col-50">{{day.time + '000' |
date:'EEEE'}}</div>                               <—— 使用 date 过滤器转换
                                                      时间戳为星期几

          <div class="col"><span class="icon" ng-class="day.icon |
—> icons"></span><sup>{{day.precipProbability | chance}}</sup></div>
使用      <div class="col">{{day.temperatureMax | number:0}}&deg;</div>
chance 过  <div class="col">{{day.temperatureMin | number:0}}&deg;</div>
滤器对百    </div>
分数取整  </div>
    </div>
    <div class="scroll-page" ng-style="{width: getWidth(), height:
getHeight()}">
      <div class="bar bar-dark">
        <h1 class="title">Weather Stats</h1>
      </div>
      <div class="list has-header">
        <div class="item">
          Sunrise: {{forecast.daily.data[0].sunriseTime |        获取已经转换
          timezone:forecast.timezone}}</div>                     成当地时区的
        <div class="item">                                       日出/日落时间
          Sunset: {{forecast.daily.data[0].sunsetTime |
          timezone:forecast.timezone}}</div>
        <div class="item">Visibility:
{{forecast.currently.visibility}}</div>
        <div class="item">Humidity: {{forecast.currently.humidity *
100}}%</div>
      </div>
    </div>
  </div>
 </ion-scroll>
</ion-content>
</ion-view>
```

这个模板中已经有很多内容了，但是大多数是给视图和元素的样式和位置设置值。每一页有一个标题栏元素，包含了这一页的标题。在接下来的元素内，将为每一页设置不同的内容。在未添加那些过滤器之前这个页面是不能正确载入的。

在第二张滚动页内部，我们使用了 Ionic 栅格特性来帮助布局。div 元素设置了 .row 样式，内部的 div 元素又使用了 .col 样式。如果你熟悉像 Bootstrap 之类的 CSS 框架，会发现这是在使用 CSS 栅格系统。换句话说，CSS 栅格就像一个使用行列自适应布局。它允许我们像表格一样却又不使用 table 元素（表格元素一般用来展示表格数据，不用来做布局使用）来给内容排版。在这个例子中有 4 列，第一列设置 50% 的宽度。Ionic 的 CSS 栅格组件使用 CSS 的 flexbox 特性来自动适应每列的宽度，这样如果没有指定某列的宽度，这一列的宽度会自动等同于余下空间的宽度。

现在你看到的页面可能有点杂乱无章，需要增加一些 CSS 样式来美化一下界面。打开 www/css/style.css 文件并根据清单 6.18 中的代码增加 CSS 规则。

清单 6.18 天气视图的样式（www/css/style.css）

```
.scroll-page .icon:before {
  padding-right: 5px;
}
.scroll-page .row + .row {
  margin-top: 0;
  padding-top: 5px;
}
.scroll-page .row:nth-of-type(odd) {
  background: #fafafa;
}
.scroll-page .row:nth-of-type(even) {
  background: #f3f3f3;
}
.scroll-page .wind-icon {
  display: inline-block;
}
.scroll-page.center {
  text-align: center;
}
.scroll-page .primary {
  margin: 0;
  font-size: 100px;
  font-weight: lighter;
  padding-left: 30px;
}
.scroll-page .secondary {
  margin: 0;
  font-size: 150px;
  font-weight: lighter;
}
.scroll-page .has-header {
  position: relative;
}
```

这些 CSS 样式只作用在滚动页上，使元素看起来更舒服一点。在实际的应用中，样式可能会写得更多，但是目前我们先将关注点放在 Ionic 的功能特征上。

6.6.2 为天气数据查询创建过滤器

如果你回顾第 3 章就会知道，过滤器用来修改视图中显示的数据。我们可以将过滤器的逻辑放在控制器中，但是这样的话它们就不太容易被复用。可以从 Forecast.io 上获取大量的数据，但是都不是想要的格式。例如，接口返回了日出日落的时间戳，但是时间戳是非常不友好的。你可以创建一个过滤器来转换时间戳，使其变成像“5:46 下午”这样更加友好的时间值。

首先，我们需要展示一个与天气预报相关的图标。例如，如果天气预报告诉我们有雨，我们需要使用 Ionic 的下雨图标。因为已经在模板中使用了过滤器，现在需要做的只是强化它们。然后我们会修改降雨量的格式对其进行取整。一般降雨量报告的值会是 20%，不太可能是 17%。

最后，我们需要修改日出和日落的时间戳显示。目前它们会根据访客的时区显示。例如，如果你住在芝加哥，你查看伦敦的天气时会看到时间是基于芝加哥的当地时间的。这种行为有点令人疑惑，因为日出的时间一般都是在半夜。我们将使用 Moment.js 这个 JS 类库帮助我们管理时区并根据天气地理位置的时区显示时间而不是根据用户所在的时区。

首先，使用 `ionic add` 命令安装 Moment.js 类库。你可以在项目根目录上快速使用如上命令安装文件。如果已经使用 Git 克隆了本项目的话，那么你已经成功安装了这个文件不需要执行下面这个命令：

```
$ ionic add moment-timezone
```

它将花费一些时间安装 Moment.js 和 Moment Timezone 文件，这两个文件在我们正确设置时区的时候都是需要的。Moment Timezone 依赖 Moment.js，当两者都下载完毕后，打开 index.html 文件并在其他 `<script>` 标签之后增加如下 `<script>` 标签。

```
<script src="lib/moment/moment.js"></script>
<script src="lib/moment-timezone/builds/moment-timezone-with-
   data.js"></script>
```

现在已经配置好 Moment.js 库了，可以开始创建一个过滤器，用来将时间戳转换到预报天气地点的时区上的时间。Forecast.io 已经在接口数据中为我们提供了地点的时区信息，所以并不需要考虑如何获取这个数据。

清单 6.19 中的代码包含了我们需要创建和使用的三个过滤器，打开 www/js/app.js 文件并增加如下三个过滤器到我们的应用中。

清单 6.19 天气视图过滤器（www/js/app.js）

```
.filter('timezone', function () {
  return function (input, timezone) {
    if (input && timezone) {
      var time = moment.tz(input * 1000, timezone);
      return time.format('LT');
    }
    return '';
  };
})

.filter('chance', function () {
  return function (chance) {
    if (chance) {
      var value = Math.round(chance / 10);
      return value * 10;
    }
    return 0;
  };
})

.filter('icons', function () {
  var map = {
    'clear-day': 'ion-ios-sunny',
    'clear-night': 'ion-ios-moon',
    rain: 'ion-ios-rainy',
    snow: 'ion-ios-snowy',
    sleet: 'ion-ios-rainy',
    wind: 'ion-ios-flag',
    fog: 'ion-ios-cloud',
    cloudy: 'ion-ios-cloudy',
    'partly-cloudy-day': 'ion-ios-partlysunny',
    'partly-cloudy-night': 'ion-ios-cloudy-night'
  };
  return function (icon) {
    return map[icon] || '';
  }
})
```

创建时区过滤器，用来根据天气地点时区转换时间

过滤器只有在时间戳和时区都指定时才开始工作

创建 change 过滤器，用于将小数转化为百分比形式

如果给定某值，将其值转换成百分比后取整输出

创建 icons 过滤器，根据具体的天气条件返回相应的图标

设置天气图标对象，返回在这个对象中找到的对应的值

这些过滤器都非常简单。timezone 过滤器可以根据特定时区格式化时间戳显示，chance 过滤器会将数字转换成百分比并取整，icons 过滤器用来从图标数组中根据天气数据返回具体图标。

现在我们的应用已经能运行并显示完整的天气预报了。使用 ionScroll 组件，

你能上下滚动页面并像之前说的一样会始终停止滚动方向的下一页处。这一小节介绍的内容可能有点复杂，但是详细介绍每个独立的组件有助于了解它们是如何工作的。下一步我们要制作一系列可选按钮来打开显示用户选项的活动菜单列表。

6.7　活动菜单列表：显示可选列表

当你想要向用户显示一系列选项的时候，活动菜单列表组件是另外一个不错的工具。在本章示例中我们需要使用这个组件给用户显示一系列选项，这样他们能切换收藏地点或者设置这个地点是否是主要地点。如果之前已经用 Git 克隆了本章项目，可以使用如下命令检出代码：

```
$ git checkout -f step7
```

作为显示选项列表的组件，活动菜单列表组件包含了一列按钮，通过从屏幕下方上滑唤醒组件。通常组件内会包含一个“取消”按钮，有时候会有一些可执行撤销动作的按钮，例如“删除”按钮。单击组件外部的区域会关闭组件列表，这点和弹窗有点类似。你可以在图 6.8 中看到活动菜单列表的最终效果。

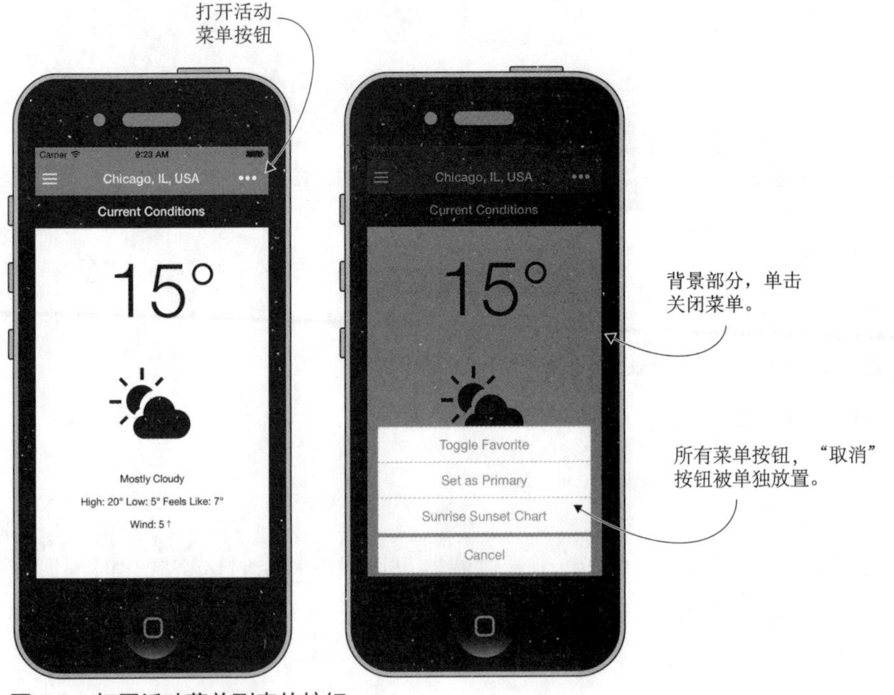

图 6.8　打开活动菜单列表的按钮

活动菜单组件一般在 iOS 中使用较多，Android 中并没有等价的原生组件存在。当应用同时还要支持 Android 的时候，你需要仔细考虑一下，因为这个组件在 Android 下使用会显得非常不原生。

这个组件的所有内容都写在 `$ionicActionSheet` 服务中，所以它没有模板内容。你需要定义一系列按钮，包括每一个按钮选中之后会发生什么。首先在我们的应用中增加一个“更多”按钮来唤醒活动菜单列表组件，如清单 6.20 所示。

清单 6.20 “更多”按钮唤醒活动菜单列表组件（www/views/weather/weather.html）

```
<ion-view view-title="{{params.city}}">
  <ion-nav-buttons side="left">
    <button class="button button-clear" menu-toggle=
     "left"><span class="icon ion-navicon"></span></button>
  </ion-nav-buttons>
  <ion-nav-buttons side="right">
    <button class="button button-icon" ng-click="showOptions()"><span
     class="icon ion-more"></span></button>
  </ion-nav-buttons>
  <ion-content>
```

重新定义左边的侧边栏切换按钮

在右边新增加一个导航按钮

增加一个新按钮并调用showOption方法

继续编辑其余的模板文件

我们在标题栏的右侧增加了一个“更多”按钮，图标样式为三个点。单击按钮会触发稍后会写的一个控制器函数，用来负责打开活动菜单列表组件。因为增加了右侧的按钮，我们修改了左侧的按钮布局。

之后我们需要更新 www/views/weather/weather.js 控制器文件。需要向控制器中注入之后会完成的 `$ionicActionSheet` 服务。清单 6.21 中展示了“更多”按钮的单击事件函数代码。

清单 6.21 控制器中的活动菜单列表组件（www/views/weather/weather.js）

```
$scope.showOptions = function () {
  var sheet = $ionicActionSheet.show({
    buttons: [
      {text: 'Toggle Favorite'},
      {text: 'Set as Primary'},
      {text: 'Sunrise Sunset Chart'}
```

使用show方法设置并显示活动菜单列表组件，前提是必须注入$ionicActionSheet服务

需要显示的按钮对象数组，对象元素中必须包含text属性

```
    ],
    cancelText: 'Cancel',
    buttonClicked: function (index) {
      if (index === 0) {
        Locations.toggle($stateParams);
      }
      if (index === 1) {
        Locations.primary($stateParams);
      }
      if (index === 2) {
        $scope.showModal();
      }
      return true;
    }
  });
};
```

显示可选的“取消”按钮并设置按钮文字

处理按钮点击事件方法，参数为点击按钮的顺序

使用Locations服务对当前地点的收藏状态进行切换

使用Locations服务设置当前地点作为主要地点

下一节我们会在这里增加一些内容来打开弹窗

返回true会关闭活动菜单列表组件，否则它会保持打开状态

当单击按钮时触发控制器方法，活动菜单列表组件被立即唤醒展现。我们注入了 `$ionicActionSheet.show()` 方法定义了 `sheet` 变量，该变量返回一个可以关闭活动菜单列表组件的函数。在任何地方都可以调用 `sheet()` 函数关闭组件。我们在调用 `show()` 方法的时候给定了一个包含大量属性的对象作为参数。使用 `buttons` 数组来创建三个按钮，另外还有单独定义的“取消”按钮。默认情况下，“取消”按钮仅仅只会关闭组件，本章示例也使用的是这种方法。当然也可以为“取消”按钮自定义单击事件函数。

最后一个属性是 `buttonClicked` 函数。当按钮被单击的时候这个方法会被执行，并且提供了按钮在第一个参数中的序号。如果“取消”按钮或者是其他返回按钮被选择了，这个函数是不会被触发的，因为它们有自己的事件处理函数。由于总共有三个按钮，所以我们有三个条件去匹配序号并根据按钮功能来执行逻辑函数。前两个按钮使用了之前创建的 `Locations` 服务，第三个按钮暂时还没有添加任何内容，我们会在下节中进行增加。

如果想为应用添加活动菜单列表组件，这些就是需要知道的。现在需要处理三个按钮中的最后一个按钮；你想要单击它的时候打开一个弹窗并且支持上下滚动以显示更多信息。

6.8 ionModal：显示日出和日落数据表

弹窗在用户的交互界面中频繁使用，它是一个位于当前视图区域的临时视图。在网站中，弹窗经常用来根据业务需要提示用户注册或者通过将剩余内容置灰，可

以让用户更加仔细地观看内容数据。如果之前已经用 Git 克隆了本章项目，可以使用如下命令检出代码：

```
$ git checkout -f step8
```

在移动设备上，弹窗显示的内容可能不同但是基本的原则是一致的。弹出层的主要功能是可以在当前视图上展示内容，当单击关闭之后可以返回原视图。例如一些弹窗在不离开搜索结果页面的情况下显示搜索结果元素的预览，或者是打开一个弹窗显示更多的搜索筛选条件，又或者是为天气事件显示一个警告或者是通知。图 6.9 为我们展示了一些弹窗的行为。

图 6.9　弹窗从底部滑出并覆盖在整个 App 之上

当应用在小屏幕的手机设备上运行时，弹窗被默认设计为覆盖整个应用。如果应用在屏幕大一些的平板设备上使用的话，弹窗是不会填充到整个应用的，但是会定位到应用的中间显示。你可以通过修改 CSS 样式来更改弹窗大小，但需要注意的是，弹窗默认的大小是根据平板屏幕大小的百分比来设置的。这是重要的，因为这意味着不需要根据情况自定义样式，弹窗的大小会自动随着设备屏幕的变化而变化。

6.8.1　配置弹窗

在本章的示例中，弹窗将用于显示当地日出和日落的数据图表。首先我们会使用 `$ionicModal` 服务创建一个弹窗示例，然后更新活动菜单列表组件中的第三个按钮触发开启弹窗事件。类似于 popover 弹出窗，当作用域被销毁的时候我们必须清除弹窗以避免内存泄露。

打开控制器文件 www/views/weather/weather.js，并将 `$ionicModal` 服务注入控制器，添加清单 6.22 中的代码到文件中。

清单 6.22　天气视图弹窗（www/views/weather/weather.js）

```
$scope.showModal = function () {
  if ($scope.modal) {
    $scope.modal.show();
  } else {
    $ionicModal.fromTemplateUrl('views/weather/modal-chart.html', {
      scope: $scope
    }).then(function (modal) {
      $scope.modal = modal;
      $scope.modal.show();
    });
  }
};

$scope.hideModal = function () {
  $scope.modal.hide();
};

$scope.$on('$destroy', function() {
  $scope.modal.remove();
});
```

定义开启弹窗的方法

如果弹窗已经存在，直接显示它

如果不存在则导入弹窗模板，并注入作用域以备后用

当模板加载完毕后，将弹窗实例存储到作用域中

然后显示弹窗

定义关闭弹窗的方法

当前视图被销毁后，同时从内容中移除弹窗

这些代码和第 5 章使用的 `ionPopover` 组件的代码非常相似。弹窗是一个独立的视图，意味着需要一个新的模板文件。在本章示例中，我们从一个相对地址中导入模板文件，你也可以直接提供内联模板代码。建议使用示例中的方法，以避免在 JavaScript 中书写 HTML 代码。

最开始我们定义了一个 `showModal()` 函数，用来立即检查弹窗是否已经被创建。如果已经创建过了就显示它，否则将创建一个弹窗。

弹窗的创建函数中有一个 `fromTemplateUrl()` 函数，该函数接受两个参数：第一个是模板文件的地址，第二个是一个对象。在第二个对象参数中可以指定其他

的选项，例如弹窗动画类型或者是指定设备的后退按钮是否能够关闭弹窗（Android设备专用）。弹窗拥有独立的子作用域，并且作用域参数告诉弹窗哪一个作用域是这个弹窗的父元素。默认情况下就是根作用域，如果你想让这个弹窗有权访问你的天气视图作用域的话，需要在作用域参数的位置使用其替换掉之前的配置。

因为导入一个模板文件是异步的过程，所以导入函数返回一个 promise 对象允许我们使用 `then()` 进行下一步操作。它传递给你一个可以控制弹窗显示和隐藏的弹窗控制器对象的实例。

每当创建一个弹窗对象时，一定要记得监听作用域的 `$destroy` 事件，否则它会一直在内存中驻留。大多数 Ionic 组件是可以做到在内存中自动清除的，但由于弹窗的设计方法，我们只能手动进行操作。

潜在的内存泄露和性能问题

Ionic 和 Angular 两者都非常关注性能和一切可能导致应用变慢的问题。内存泄露是 JS 在浏览器中加载时，当一些内存不再使用需要被释放时却无法操作并清除的现象。JavaScript 引擎现在已经有非常好的用于回收不需要使用内存的垃圾回收机制了。

大多数 Ionic 组件很容易在不使用时就被回收。例如，当用户导航至其他视图的时候，之前老视图分配的内存自动就被销毁了。当然 Ionic 的导航组件同时也提供了缓存功能让视图保存在内存中，这让我们切回视图变得非常快。

modal 弹窗和 popover 弹窗这两类组件当你不使用它们的时候必须进行手动清除。控制器中使用它们的服务创建新的视图，创建的同时还要记得清除它们。不像其他你通过 `$stateProvider` 服务定义的视图，Ionic 并不知道什么时候它们不再使用。

如果你忘记了清除那些不使用的弹窗，它也不会立即就导致应用崩溃。但是如果应用中存在很多弹窗而且都忘记在使用完毕之后清除它们，结果就会导致每开启一个弹窗内存就会增加，直到应用关闭这些内存才会被释放。所以最好的方法就是像清单 6.22 中所写的那样每次都清除它们。

为了完成弹窗显示的过程，我们还需要添加模板文件。添加一个新文件 www/views/weather/modal-chart.html，并根据清单 6.23 所示将内容添加到其中。

清单 6.23 弹窗内容模板（www/views/weather/modal-chart.html）

弹窗模板的内容必须使用 ionModalView 包裹

```
<ion-modal-view>
  <ion-header-bar class="bar-dark">
    <h1 class="title">Sunrise, Sunset Chart</h1>
    <button class="button button-clear" ng-click="hideModal()">
     Close</button>
  </ion-header-bar>
  <ion-content>
  </ion-content>
</ion-modal-view>
```

增加一个带有关闭按钮的标题栏

内容区域暂时为空

ionModalView 是一个特殊版本的 ionView 组件，它专门用来给用户创建弹窗模板。只需要确保弹窗模板内容使用 ionModalView 包裹来获取到弹窗的基本样式和位置。

因为是一个空白的视图，我们添加了标题栏和内容区。标题栏中有一个关闭按钮，可以触发父元素的作用域（天气视图的作用域）中的 hideModal() 方法。现在我们可以将日出和日落的时间添加到内容区中。

6.8.2 数据列表集：让日出和日落时间列表显示得更快

我们想要显示整年的日出和日落时间，这些时间可以使用 SunCalc 这个库来帮助我们快速进行计算。因为日出和日落每年都是循环重复的，所以只需要知道一年的数据就可以了。

你可以通过 ngRepeat 指令使用普通的列表来创建一个很长的元素列表，这就意味着需要在列表中一次创建 365 个元素，即使当前屏幕只能显示一部分数据。如果你在列表中创建 365 个元素，无论关屏或开屏它们都会进行渲染并占用内存。这非常影响列表性能，其中最主要的原因就是我们一次性渲染了太多的 DOM 元素，会导致应用显示变得很慢或者滚动时造成卡顿的情况。

为了解决这个问题，我们需要使用数据集组件。除了创建 365 个元素的方法，还可以像图 6.10 那样在屏幕上创建足够多的元素。当用户滚动页面的时候，会自动清除元素并且在视图的外部创建新的元素并添加到列表中。这将节省更多的内存处理时间，并且最重要的是提供了更加平滑的交互体验。任何大型的数据集通过使用 collection repeat 都会变得更加安全和智能。

下面有一些 collection repeat 使用上的警告，不代表通用情况。例如：

- 仅对数组元素有效，这意味着你不可以在使用 collection repeat 时传递一个对象。

- 如果所有的元素大小都是一样的，除非你定义了列表中每个元素确切的宽度和高度，否则不需要特地定义组件的宽度和高度。
- 组件将会占用容器的整个大小。
- 列表元素的创建和销毁机制和 Angular 的一次性绑定特性有冲突，所以不能使用一次性绑定特性。
- 为了让样式工作正常，应该避免做任何让元素显示、隐藏或者改变元素尺寸的行为。
- `collection repeat` 中使用图片可能会造成性能问题，所以尽量避免使用图片或者是提前缓存好图片。

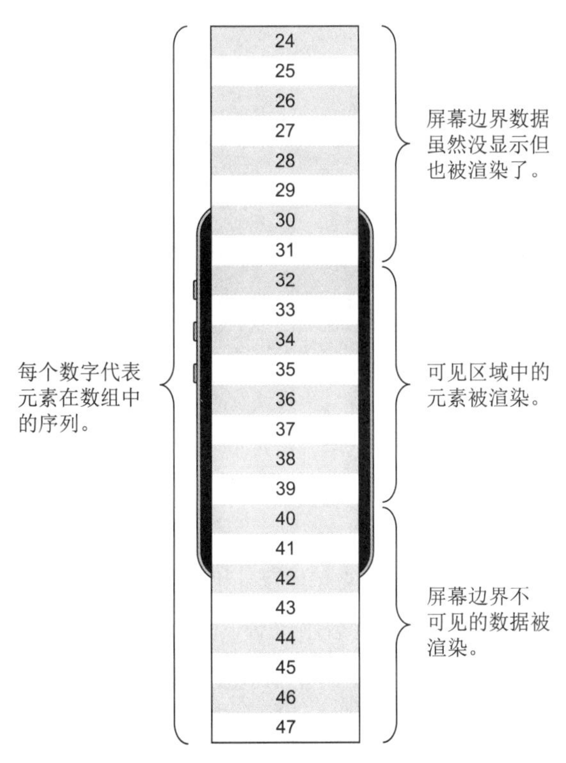

图 6.10　数据集是如何只渲染当前屏幕可见元素外加屏幕边界的几个元素来提高性能的

在使用 collection repeat 之前，需要创建一个存储全年日出日落时间的数组。首先需要安装 SunCalc 库：

```
$ionic add suncalc
```

然后需要将库文件放进 index.html 文件中，在其他 <script> 标签之后增加如下的 <script> 标签。

```
<script src="lib/suncalc/suncalc.js"></script>
```

最后，当弹窗请求发起时我们将创建数据表。更新一下天气控制器文件中的 showModal() 函数，在弹窗显示之前生成之后一年的时间列表数据。打开 www/views/weather/weather.js 文件并更新 showModal() 方法，如清单 6.24 所示。

清单 6.24 生成图表（www/views/weather/weather.js）

```
$scope.showModal = function () {
  if ($scope.modal) {
    $scope.modal.show();
  } else {
    $ionicModal.fromTemplateUrl('views/weather/modal-chart.html', {
      scope: $scope
    }).then(function (modal) {
      $scope.modal = modal;
      var days = [];
      var day = Date.now();
      for (var i = 0; i < 365; i++) {
        day += 1000 * 60 * 60 * 24;
        days.push(SunCalc.getTimes(day, $scope.params.lat,
     $scope.params.lng));
      }
      $scope.chart = days;
      $scope.modal.show();
    });
  }
};
```

创建变量，方便之后的计算

为每一天增加相应的数据

使用SunCalc基于经纬度和时间获取日出和日落的时间

将最后生成的列表数据注入到作用域中

这里我们创建了一个包含从第二天开始一整年内的每一天日出日落时间的数组。SunCalc 方法需要传递时间戳、经度和纬度三个参数用来计算日出和日落的时间。计算出来的结果被放到数组中，并存储到作用域中，因为弹窗需要访问图表数组数据然后通过 collection repeat 渲染它们。

打开弹窗模板文件，需要将数据填充进 collection repeat 代码中。编辑 www/views/weather/modal-chart.html 文件，并按照清单 6.25 所示更新文件中的代码。

清单 6.25 collection repeat（www/views/weather/modal-chart.html）

```
<ion-content>
  <div class="list">
    <div class="item" collection-repeat="day in chart">
      {{day.sunrise | date:'MMM d'}}: {{day.sunrise | date:'shortTime'}},
     {{day.sunset | date:'shortTime'}}
    </div>
  </div>
</ion-content>
```

使用.list标签嵌套元素

像使用ngRepeat指令一样使用collection repeat

绑定日期、日出时间和日落时间到渲染的列表元素中

collection repeat 是 ngRepeat 的增强实现，ngRepeat 的值一般为 item in array 这种形式，当然它还支持其他更加复杂的表达式。我们使用 list 组件样式渲染元素列表，虽然这和 collection repeat 并没有什么关系。collection repeat 只关心每个元素的大小是一样的，除非你明确地为每个元素定义大小。然后你使用日期过滤器绑定数据到视图中。

collection repeat 在大数据集上有更高的性能，它一次只渲染屏幕附近的部分数据而不是整个列表数据，这样就节省了内存和滚动处理时间。你可以尝试在清单 6.25 同样的地方使用 ngRepeat 代替 collection repeat 来渲染，这样就会发现在同一个设备上的性能差距。当数据集大到渲染出现卡顿的时候，collection repeat 会给你带来更高的性能体验。

之后我们需要完成本章示例的最后一个功能：当用户修改他们的收藏地点时，弹出确认框提醒用户。

6.9 弹框：提示并确认收藏地点修改

现在当你选择活动菜单列表组件的切换收藏按钮时，它不会通知你发生了什么，然后默默地更新你的选择。用户更喜欢对于他们做出的修改给出可见的反馈动作，所以一种解决办法就是使用弹框。如果之前已经用 Git 克隆了本章项目，可以使用如下命令检出代码：

```
git checkout -f step9
```

弹窗可能对于电脑用户来说更为熟悉，因为浏览网页时经常附带一条诸如问你“你确定吗？”这种问题或者提示你“对不起，我们出错了。”之类的消息和一个按钮或者两个按钮出现。Ionic 默认提供了三种类型的弹框——提示弹框、确认弹框和输入弹框，当然你也可以自定义一个弹框。可以在图 6.11 中查看提示弹框和确认弹框的一些选项。

图 6.11 提示弹框（左）和确认弹框（右）

默认的三种类型弹框都有独立的使用样例：

- 提示弹框意味着简单地传达信息，例如简单的某个动作执行完毕之后返回的成功或者失败的消息。
- 确认弹框会询问你是否确认要做某件事，例如确认是否要删除一个元素。
- 输入弹框经常用来询问你一些信息，例如你将存储的元素标题之类的。

当你想确认用户是否已经阅读了这条消息或者当你需要在继续之前获得输入的反馈时，有许多交互设计可以给用户提供反馈，然而弹框是最好的方式。不过应该谨慎使用弹框，因为它们会中断用户体验。

我们需要在 `Locations` 服务的切换收藏方法中增加弹框方法。首先需要确认用户是否想要移除收藏地点，并且当收藏地点添加成功之后提示用户。现在，当用户切换收藏地点的选项时，程序在后台自动完成了这个动作，用户得不到任何反馈信息确认动作是否已经完成。

打开 www/js/app.js 文件并找到 `Locations` 服务。首先我们需要像如下代码一样将 `$ionicPopup` 服务注入 `Locations` 服务：

```
.factory('Locations', function ($ionicPopup) {
```

现在使用清单 6.26 中的代码替换 toggle() 方法，在切换选择的时候增加了提示和确认弹框动作。

清单 6.26 使用 $ionicPopup 增加提示和确认弹框（www/js/app.js）

```
toggle: function (item) {
  var index = Locations.getIndex(item);
  if (index >= 0) {
    $ionicPopup.confirm({
      title: 'Are you sure?',
      template: 'This will remove ' + Locations.data[index].city
    }).then(function (res) {
      if (res) {
        Locations.data.splice(index, 1);
      }
    });
  } else {
    Locations.data.push(item);
    $ionicPopup.alert({
      title: 'Location saved'
    });
  }
},
```

创建确认弹框，参数为预先定义好的对象；默认确认弹框带有OK和Cancel按钮

为弹框定义标题和内容

当单击弹框中的某个按钮的时候，触发该函数，并且当用户单击OK按钮确认删除元素的时候，res变量的值为true

创建一个带标题的提示弹窗；默认提示弹框中仅带有一个OK按钮

确认弹框用来确认用户是否真的想要删除元素，弹框会拥有两个按钮：OK 和 Cancel，除非你覆盖了默认的配置对象。当任何一个按钮被选中之后，promise 会触发函数并将用户选择的 res 变量作为布尔值传递到函数中。如果用户选择的是 OK 按钮，res 的值为 true 并触发删除元素的操作。

当元素确认被添加后会触发提示弹框，提示用户地点已经被成功收藏了。弹框中的按钮用来自动关闭整个弹框。

弹框有许多配置选项我们还没有使用，可以在文档中找到一些有用的配置并且了解它们。例如，我们可以修改 OK 和 Cancel 按钮的内容，修改按钮的样式，甚至通过定义所有的按钮和属性创建一个更复杂的弹窗。

以上这些就是我们本章示例应用的所有功能。在结束之前，我想给大家一些挑战。我会提出一些需求让大家通过前几章学习的知识强化这款应用。

6.10 挑战

本章的主要内容覆盖了 Ionic 各个组件的使用，希望大家能够使用前几章学到

的功能继续强化这款应用：

- 增加重载天气的方法——当前天气会在视图加载完后自动导入。你可以使用 ionRefresh 组件或者其他方法让其做到不离开视图的情况下刷新当前天气情况。
- 实现正在加载的组件——天气视图和搜索视图会从 API 接口中导入数据，然而在这个过程中用户还可以继续进行其他操作。当用户等待数据加载的时候，添加一个正在加载的效果是个友好的交互。
- 允许排序收藏地点——目前你可以在设置视图中删除地点，还可以使用 ionList 组件的排序功能为收藏的地点增加排序的方法。
- 使用选项卡代替 ionScroll——对于三个不同视图的切换，可以使用选项卡代替 ionScroll。提示，仅需要增加选项卡进行切换，不需要定义每个选项卡的具体内容。
- 为主收藏地点设置默认视图——现在，默认视图是搜索视图，但是如果已经收藏了一个地点，应该展示一个更漂亮的视图。
- 将收藏和设置配置永久存储——目前，每一次重启应用都会重置设置和收藏的配置。我们可以使用第 7 章的知识实现永久存储功能。

6.11 总结

到本章为止的三章讲解了大部分对大家有用的 Ionic 组件和功能。在本章中，大家学到了如下内容：

- 设置和使用侧滑菜单组件作为应用的导航组件。
- 使用 ionScroll 创建自定义的滚动页面。
- 使用活动菜单列表组件在当前视图上为用户提供一些选项显示。
- 在不清除当前视图的情况下创建一个弹窗来显示相关的信息。
- 使用 collection repeat 代替 ngRepeat 提升性能。
- 增加弹框提示用户或者确认用户的操作。

在下一章中，我们将会学习 Ionic 应用开发中的更高级技巧，例如离线应用、数据存储和自定义 Ionic 的默认设置和样式等。

7 开发高级应用

本章要点

- 使用 Sass 自定义 Ionic 应用样式
- 手势和事件的处理
- 不同使用场景下的应用数据存储和持久化
- 修改应用做到跨平台
- 配置 Ionic 默认的行为和设置

本章主要讲解一些通用的进阶技巧。随着 Ionic 开发者对平台的使用越来越多，他们会发现核心组件虽然有用，但并不能提供一款优秀的应用所需要的一切。每个应用需要有一个独一无二的元素。仅仅使用 Ionic 的组件而不进行任何定制化或创新并不能制作一款高质量的应用。

使用本章所讲述的一些技术，既可以让应用发挥 Ionic 的长处，又可以创造出独特的用户体验。我们将要打造的这个应用既拥有能适配不同平台的设计和交互，还可以通过使用事件和存储功能提升用户体验。

7.1 配置本章项目

本章的内容有别于上一章的内容。上一章我们制作了一款完整的应用，而本章的示例将专注于当前所讨论的某个技术点。你可以单独下载本章代码也可以使用 Git 克隆项目仓库。

示例代码按小节分文件夹放置，每次讲解示例之前我会告知当前代码位于哪个文件夹。在每一个文件夹内，你仅可以使用 `ionic server` 命令在浏览器中预览应用。当然有一些特别的文件夹，你需要考虑使用模拟器或者真实设备运行。

7.1.1 获取代码

为了拿到本章示例的最新代码，可以从 Github 上直接下载完整的文件或者克隆仓库到本地。可以从 https://github.com/ionic-in-action/chapter7/archive/master.zip 下载完整的示例代码压缩包，解压即可查看。如果是使用克隆仓库的方式可以使用如下的命令（本章示例代码使用了 master 分支，并且没有为每一步打上标签）：

```
$ git clone https://github.com/ionic-in-action/chapter7.git
$ cd chapter7
```

7.2 使用 Sass 自定义 Ionic 样式

Ionic 为每个组件自带了一套默认颜色和样式集。在示例中我们大量依赖默认的 Ionic 样式，很少去自定义它。这对于学习和演示 Ionic 的功能来说是很有帮助的，但是通常你都会想要自定义应用的设计。

根据自己的需求个性化定制应用是不错的练习机会。特别是对于颜色来说，因为大家都想让自己的应用具有独特的设计和品牌性。我们需要考虑对于应用来说最适合的是什么，总结来说就是看大家对于应用品牌和设计的想象力。

我要再重申一遍，你不应该试图去修改默认的 Ionic CSS 文件。这个糟糕的实践会在你升级 Ionic 的时候产生一些问题。如果你真想添加新的规则来修改 Ionic 的样式，它也许会耗费你大量的开发时间，因为你需要在每个组件中都修改默认配置的颜色。

本小节将使用代码仓库中 sass 文件夹中的代码。你可以查看文档了解 Sass 是如何配置的。下面让我们来使用 Sass 开启 Ionic 自定义样式的大门。

7.2.1 设置 Sass

Sass，全称 Syntactically Awesome Stylesheets，是一个 CSS 预处理器。Sass 是 CSS 的超集，意味着你可以直接写原生的 CSS 样式，Sass 也能够理解它。Sass 最后会编译成 CSS 文件，这样对于浏览器没有特殊的要求。但是 Sass 提供了一些 CSS 没有的特性（例如变量、嵌套和继承），可以非常方便地自定义样式。你可以访问 http://sass-lang.com 了解更多相关知识。

Ionic 使用 Sass 编写自己的样式，使用了如变量等扩展特性。这些变量在某处定义了一次之后就可以在多处使用。这种实现方法的好处在于可以让我们只修改一处的颜色定义，所有使用这个颜色的地方都会相应得到更改。默认有成百上千的变量用来控制组件的颜色、样式、字体、边距和边框等。你可以复写其中的值并重新编译生成 CSS 文件。

需要为应用配置 Sass。首先需要确认你已经为项目安装好了 Node 依赖，然后运行 `ionic setup` 命令对应用进行升级：

```
$ npm install -g gulp
$ ionic setup sass
```

第一条命令用来安装 Gulp 这个构建工具。Ionic 使用 Gulp 来运行任务，例如将 Sass 文件编译成 CSS 文件。Ionic 在第一次创建项目的时候会生成 gulpfile.js 文件，Gulp 使用它作为默认的配置文件，用来管理 Gulp 的任务。默认情况下，Ionic 只有一个编译 Sass 文件的任务，你可以修改（假设已经存在的话）这个 Gulp 的配置文件，以便额外增加一些你想要运行的任务。

第二条命令用来处理 Sass 需要的一些配置。它将使用 Node package manager（npm）来安装运行需要的所有依赖，然后检查 Gulp 的配置文件中是否存在一条编译 Sass 的任务。如果它发现存在这个任务（默认情况下是有的，除非你手动删掉了它），它会执行编译任务生成 CSS 文件。这条命令同时也会向 ionic.project 文件中增加一些提示。最后，它将升级 index.html 主文件外链，添加新编译好的 CSS 文件（www/css/ionic.app.css）。以防万一，我们需要确认 www/index.html 文件中的外链地址是否能正确获取到编译好的 CSS 文件。

一般说来，项目刚开始的时候做这些事情会比你回过头来再做要容易一些。现在让我们看看如何通过修改默认的变量样式来自定义 Ionic 吧。

7.2.2 使用 Sass 变量自定义 Ionic

Ionic 针对每一部分的样式都有上百个默认样式变量。修改默认 9 个颜色选项是最明显和有效的方法。具体数字可能在 Ionic 的升级中会有所改变，不过我们可以在 www/lib/ionic/scss/_variables.scss 中找到所有的变量清单。但是记住，不要直接在这个文件中修改！仅需要在文件中找到你需要修改的变量，然后我们会在另外一个位置复写它。

可以通过修改 sass/scss/ionic.app.scss 文件来自定义这些变量。文件内包含一些注释，注释下对应着一些命令：

```
// ionicons 字体的文件位置，路径相对于编译后的 CSS 文件 www/css
$ionicons-font-path: "../lib/ionic/fonts" !default;
// 包含所有默认的 Ionic 样式文件
@import "www/lib/ionic/scss/ionic";
```

第一个变量用于让应用正确链接到字体图标文件夹，因为不同的项目可能对应不同的字体图标路径。第二个变量使用了 @import 命令，用来导入 www/lib/scss/ionic.scss 文件，该文件内又使用 @import 导入了其余的 Sass 文件。任何在 @import 之前设置的变量都会被默认的变量复写掉，所以我们会在这个文件中定义新的值复写掉默认值。无论何时你对 Sass 文件进行了修改，例如增加变量等，都需要重新编译 Sass 生成的 CSS 文件。

假设我们现在想要改变 Ionic 的默认配色为 Google material design 设计中的配色。在 @import 命令之前添加变量并设置新的值，如清单 7.1 所示。

清单 7.1 Sass 变量（sass/scss/ionic.app.scss）

```
$light: #FAFAFA;
$stable: #EEE;
$positive: #3F51B5;
$calm: #2196F3;
$balanced: #4CAF50;
$energized: #FFC107;
$assertive: #F44336;
$royal: #9C27B0;
$dark: #333;

//包含所有默认的Ionic样式文件
@import "www/lib/ionic/scss/ionic";

@import "www/scss/app";
```

根据需求设置默认值

导入 Ionic Sass库文件；如果文件内有自己定义的变量，它将被复写

为应用导入 Sass 样式文件

现在任何使用了 Ionic 该颜色的地方都会变为新的颜色，例如 .bar-positive 和 .tabs-positive 的颜色。首先你需要重新编译生成 CSS 文件，可以使用如下命令运行 Gulp 任务执行编译工作：

```
$ gulp sass
```

文件会在短时间内完成重建 CSS 文件的过程，然后 www/css/ionic.app.css 文件就会更新。这个看起来棒极了，但是每次修改了样式都需要执行编译的任务让人颇为烦恼。Gulp 中有一个 watch 任务，当文件有修改的时候会触发自动重新构建的任务。由于它会持续执行并不返回结束，所以 watch 任务需要使用独立的控制台运行。新建或打开一个新的命令行窗口，并运行 Gulp watch 命令：

```
$ gulp watch
```

一般说来，当使用了 ionic serve 命令并修改了 Sass 文件，serve 命令会在修改时自动重建文件并重新刷新页面，因此可以在页面中直接观察到所做的修改。

有时候 gulp watch 或者 ionic server 命令会返回错误并停止运行。依赖于使用的命令行工具，serve 命令有可能会警告我们。但是如果我们的修改没有生效的话，请确保 ionic serve 命令还在正确运行着。一般来说，代码中存在语法错误会导致 serve 命令运行失败。

7.2.3 使用 Sass 编写样式

只需要在 Sass 中修改一些 Ionic 变量就能完成我们的自定义工作。当然，使用 Sass 重新编写样式也是极好的方法。Sass 中有很多很好的特性能帮助我们开发，但如果你更喜欢原生的话直接使用 CSS 开发也是没有问题的。我个人还是比较推荐使用 Sass 的，即使你不确定到底需要 Sass 的哪些特性。最起码，它会在保存的时候提示你是否有语法错误。

最简单的开始方法是直接在 scss 文件夹下新建一个样式文件。你需要从 ionic.app.scss 文件中导入一些变量到我们自己的样式文件，就相当于在这个文件导入了 Ionic 样式。如果你想要先导入 Ionic 样式库文件，可以参考下面给出的 import 语法示例：

```
@import "customizations"
```

如果导入文件的后缀是 .scss，那么可以省略它。默认情况下，Gulp 任务会监听所有 scss 文件夹下的文件，所以只要任务监听已经启动，你做的任何样式的修改都会触发任务从而自动重新编译样式文件。

我个人更喜欢将样式文件放在 www 目录中。之前也说过，我会将同一视图的 JavaScript、CSS 和 HTML 文件都放在同一文件夹中。当然你仍然可以使用 ionic.app.scss 作为主样式入口文件，然后在这个文件中导入 www 目录下所有的样式文件。默认情况下，Ionic 的 Gulp 任务仅支持监听 scss 文件夹下的所有文件，所以我在 www 目录下的修改并不会触发任务。当然我们只要简单修改一下 gulpfile.js 文件就可以实现这点。打开配置文件你会发现，我们定义了 `paths.sass` 这个属性。这个属性的值是一个路径组成的数组（每个元素可以包括通配符或匹配模式用于匹配文件），如下我们给出了增加监听 www 目录的示例：

```
var paths = {
    sass: ['./scss/**/*.scss', './www/**/*.scss']
};
```

这样简单地进行修改之后就可以将视图样式、视图模板和 JS 文件放在一起了。当然只要在项目中保持一致，你可以按照自己的风格组织代码。

7.3 如何支持联网和离线模式

在第 4 章到第 6 章的三个示例中，我们假设用户的设备是联网的，这样就可以在应用中导入数据了。但是在移动端世界中，网络连接质量都是不稳定的，或者用户可能会手动禁用它（例如在飞机上会开启飞行模式）。那么你可以在此之前检测一下设备的在线状态，如果设备是离线状态会触发一些操作。

- 使用 Cordova 插件获取当前设备的网络连接情况。
- 监听联网和离线事件。

因为本节仅关注当用户联网情况下和非联网情况下的处理，这样使得通过 Cordova 插件去获取设备的联网状态并不是非常重要。所以我们先实现第二个操作。当然如果你的项目需要，也完全可以从 Cordova Network Connection 这款插件中获取到更多细节，例如连接的类型、WiFi 强度及电量等。

浏览器已经支持检测是否可以访问服务器。判断用户是联网状态还是离线状态的代码非常简单，难点在于如何考虑到所有的情况并处理。

清单 7.2 中的代码向应用中增加了两个监听事件并检测设备网络连接的状况。

清单 7.2 监听联网和离线的状态（offline/www/js/app.js）

```
angular.module('App', ['ionic'])
.run(function($rootScope, $window) {

  alert($window.navigator.onLine);

  $window.addEventListener('offline', function() {
    alert('offline');
    $rootScope.$digest();
  });

  $window.addEventListener('online', function() {
    alert('online');
    $rootScope.$digest();
  });

})
```

❶ 载入的时候，如果成功，显示一个弹窗显示在线状态

❷ 监听离线状态事件并返回警告

❸ 监听在线状态事件并返回警告

这里的应用示例仅仅展示了如何创建监听事件在载入时检测是否处于在线状态。根据浏览器是否已经联网，`$window.navigator.onLine` 的值❶对应 `true` 或者 `false`。然后向程序中增加了两个监听事件❷❸，当联网状态发生改变的时候事件会被触发。当然事件只会发生在状态改变的时候，当初始化刚载入的时候是不会触发的。监听事件内调用了 `$digest()` 方法是因为事件改变仅仅是在本地监听事件内部中触发，并不会反应到 Angular 的 digest loop 中。如果我们在事件回调中修改了 Angular 应用，需要在事件最后使用 `$digest()` 来手动触发应用的更新操作。

为了测试这个功能，我们需要实现确切地发送在线和离线的信息。例如，如果你使用 `ionic serve` 实时刷新模式的话，浏览器认为我们是在在线连接 Ionic 服务器，这样即使你的电脑离线了，浏览器也无法触发离线。解决方法是不使用实时刷新模式，并禁用电脑的网络连接以免触发事件。

```
$ionic platform add ios
$ionic emulate ios
```

当应用在模拟器中启动之后，你就可以切换连接状态了。并且在切换状态时会收到一个警告。虽然这个示例非常简单，但它包含了如何检测改变的基本介绍。

7.4 处理手势事件

在制作自己的组件或者交互的时候，有时候会想要处理用户的手势事件，例如划动和拖动。Ionic 为我们设置了几个选项以提供相关支持。

几乎没有应用不包含自定义的交互元素，甚至有一些应用会包含一些独特的触屏交互方式。我个人不建议用户学习一些特殊的手势操作来适应应用的复杂交互方式。因为大多数用户对学习一款应用时的耐心是非常低的，如果你提供的自定义交互方式不那么友好或者没有提供相关的信息告知用户如何使用它，那么用户肯定会抛弃这款应用。没有人会喜欢感觉自己很困惑或者很蠢，因此尽量基于大众可接受的交互方式制作应用。

Ionic 提供了两种方式来支持手势操作，一是使用一系列的指令去监听事件，二是手动在控制器中增加相应的事件监听函数。

7.4.1 使用 Ionic 事件指令监听事件

Ionic 事件指令会监听一个特殊的事件，并在事件发生后执行一个表达式或者方法。目前支持的事件包括握、按、拖、划等。文档中详细列举了事件的准确发生时间等内容。本小节中的代码位于示例项目的 events 文件夹，图 7.1 展示了最终的效果。

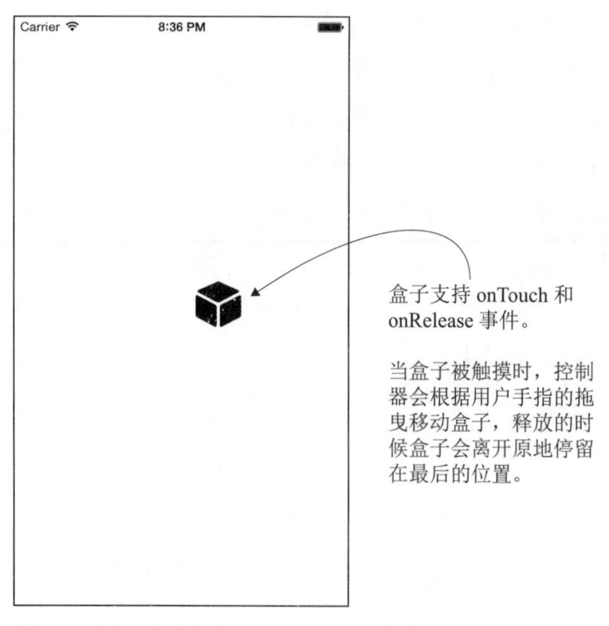

Carrier
8:36 PM
盒子支持 onTouch 和 onRelease 事件。
当盒子被触摸时，控制器会根据用户手指的拖曳移动盒子，释放的时候盒子会离开原地停留在最后的位置。

图 7.1 使用事件指令，盒子可以被触摸并移动。

使用事件指令监听事件非常简单，让我们看看示例是如何使用它们的。清单 7.3 展示了一个事件集合指令，让用户在屏幕上拖动一个图标并且在控制台中记录用户从触摸到释放所持续的时间（单位为毫秒）。清单 7.3 中所示的指令代码已添加到 app.js 文件中。

清单 7.3 盒子的事件指令（events/www/js/app.js）

```
angular.module('App', ['ionic'])
.directive('box', function () {
  return {
    restrict: 'E',
    link: function (scope, element) {          ◁ Links 方法为盒子指令添加监听者
      var time = 0, boxX = 0, boxY = 0;
      var leftBound = window.innerWidth - 50;
      var bottomBound = window.innerHeight - 50;
      scope.top = 0;
      scope.left = 0;                           配置一些变量用来追踪位置

      scope.startTouch = function (event) {
        time = event.timeStamp;
      };                                        触摸事件处理函数，记录拖动的起始时间

      scope.endTouch = function (event) {
        console.log('You held the box for ' +
      (event.timeStamp - time) + 'ms');
        boxX = scope.left;
        boxY = scope.top;
      };                                        释放事件处理函数，记录拖动的总时间并打印到控制台中

      scope.drag = function (event) {
        var left = boxX + Math.round(event.gesture.deltaX);
        var top = boxY + Math.round(event.gesture.deltaY);

        if (left > leftBound) {
          scope.left = leftBound;
        } else if (left < 0) {
          scope.left = 0;
        } else {
          scope.left = left;
        }
        if (top > bottomBound) {
          scope.top = bottomBound;
        } else if (top < 0) {
          scope.top = 0;
        } else {
          scope.top = top;
        }
      };                                        拖动事件处理函数，基于拖动位置移动盒子并对屏幕边缘情况进行限制
    },

    template: '<div id="box" class="icon ion-cube" on-
     touch="startTouch($event)" on-release="endTouch($event)" on-
```

```
    drag="drag($event)" ng-style="{top: top + \'px\', left: left +
    \'px\'}"></div>'
  }
})
```

内联模板：盒子本质上是一个带有拖动等事件和一些样式的图标

这个示例制作了一个可以在屏幕内移动的图标。它添加了相关的检测以确保图标不会跑到屏幕之外；否则，用户可以拖曳图标到任何位置。onTouch 和 onRelease 事件处理函数用于记录用户触摸图标的总时间，而 onDrag 函数通过使用 ngStyle 指令更新作用域中的相关位置变量来更改图标的相对位置以做到移动的目的。

只需要在应用中增加一个盒子元素我们就可以轻松使用它了。在这里我们会给应用增加一个允许用户拖曳的盒子元素：

```
<body ng-app="App">
    <box></box>
</body>
```

同时还需增加一些 CSS 样式用来定位。CSS 允许将元素设置成 position:absolute，然后通过在拖曳事件中给定 top 和 left 值来定位：

```
#box {
    position: absolute;
    width: 50px;
    height: 50px;
    font-size: 50px;
    text-align: center;
}
```

当然还有很多其他方法可以实现这个任务，本示例仅关注了事件指令是如何与用户手势进行交互的。将这个示例放置在指令中是因为我认为当需要操作 DOM 的时候使用指令是最佳实践，但是你也可以直接在模板中使用指令并在控制器中定义事件操作函数。

7.4.2 使用 $ionicGesture 服务监听事件

另一种监听事件的方法是使用 $ionicGesture 服务，它允许你通过自定义编程的途径，监听更多的事件。本小节中的示例放置在项目工程的 gestures 文件夹中。

首先在控制器中注入 `$ionicGesture` 服务，然后需要定义要监听的事件有哪些。同时还要定义哪些元素需要被监听并触发监听事件。尽可能地在指令内使用 `$ionicGesture` 服务，这样你能非常简单地控制元素。

我们将使用这个服务制作一个如图 7.2 所示的可以右滑从屏幕上消失的卡片。当用户左右滑动卡片的时候，卡片会在对应的方向上产生移动动画。当用户释放手势的时候，检测卡片滑动的距离是否足够远，如果满足一定距离则从屏幕上删除这个卡片，否则它会重新回到原来的位置。清单 7.4 是实现这个功能的相关代码，你也可以在第 7 章的 gestures 项目文件夹中找到。

Carrier
9:10 PM
Card 1
Card 2
向右滑移动卡片
Card 3
Card 4
Card 5
对每一张卡片都进行了手势事件监听。
当卡片在一个方向上拖曳了足够的距离之后它将被从屏幕上清除。
如果又将卡片重新移回中间，卡片会回到屏幕中间的位置。

图 7.2 监听手势事件将卡片从屏幕中删除

清单 7.4 $ionicGesture 服务（gestures/www/js/app.js）

```
angular.module('App', ['ionic'])
.directive('card', function () {
  return {
    scope: true,
    controller: function ($scope, $element, $ionicGesture, $interval) {   ◁ 向控制器中注入 $ionicGesture 服务
      $scope.left = 0;
```

监听拖曳事件，当卡片被拖曳时在水平方向上移动卡片

监听拖曳结束事件，并决定卡片需要被清除还是重置回原来的位置

如果卡片移动的距离超过屏幕的33%则清除它

如果卡片的位置仍然比较靠中间，制作以每5毫秒移动5个像素的频率的返回动画

```
$ionicGesture.on('drag', function (event) {
  $scope.left = event.gesture.deltaX;
  $scope.$digest();
}, $element);

$ionicGesture.on('dragend', function (event) {
  if (Math.abs($scope.left) > (window.innerWidth / 3)) {
    $scope.left = ($scope.left < 0) ? -window.innerWidth :
      window.innerWidth;
    $element.remove();
  } else {
    var interval = $interval(function () {
      if ($scope.left < 5 && $scope.left > -5) {
        $scope.left = 0;
        $interval.cancel(interval);

      } else {
        $scope.left = ($scope.left < 0) ? $scope.left + 5 :
         $scope.left - 5;
      }
    }, 5);
  }
  $scope.$digest();
}, $element);
},
transclude: true,
template: '<div class="list card" ng-style="{left: left + \'px\'}"><div
 class="item" ng-transclude>Swipe Me</div></div>'
}
})
```

这个卡片指令定义了 drag 和 dragend 两个事件监听函数。这里需要监听拖曳事件，不监听滑动事件的原因是只有当滑动发生后才会触发滑动事件。如果你监听的是滑动事件，卡片不会实时移动，只有当用户完成滑动之后才会，这样就会给用户在感官上产生一个令人困惑的延迟卡顿效果。该指令通过在控制器中注入服务的方式获取服务。当使用 on 方法定义了一个事件监听函数时，你至少需要向其传递三个参数：一个是被监听事件的名称，一个是当事件触发时的回调函数，最后一个是需要被监听事件的元素。因为在这里使用的是一个指令，所以它可使用 $element 服务方便地获取到当前元素。否则，需要在控制器中使用 angular.element() 获取需要监听事件的元素。

要让这个示例运行，还需要在 www/css/style.css 中增加一行 CSS 样式：

```
.card { position: relative; left: 0; }
```

然后可以在应用中增加一系列卡片指令，每一个都可以单独被滑动到屏幕边缘：

```
<body ng-app="App">
    <card>Card 1</card>
    <card>Card 2</card>
    <card>Card 3</card>
    <card>Card 4</card>
    <card>Card 5</card>
</body>
```

作为 Angular 指令的特性，卡片标签的内容支持嵌入卡片指令内。嵌入会将所有的 HTML 元素复制到指令标签的内部，并将其替换掉指令模板中定义了 ng-Transclude 的元素。

这种方式比起之前使用的事件指令集的方式更加简单并且可以支持多种手势事件，但是使用手势事件监听还需要完成一些配置。两种方法都可以完成任务，根据自己的风格选择对应的方法。

7.4.3 支持的手势事件

目前支持监听的手势事件非常多。表 7.1 列举了所有支持的手势事件、事件名称、对应存在的指令，并且备注说明了这个手势事件的功能。

表 7.1 支持的手势事件、JS 事件名、备注和对应存在的指令

手势	事件	指令	备注
Hold	hold	on-hold	按住一个元素至少 500 ms
Tap	tap	on-tap	轻击事件，用户接触元素时间小于 250 ms
Double Tap	doubletap		在 300 ms 内在同一位置发生两次轻击
Touch	touch	on-touch	触屏单击开始时
Release	release	on-release	触屏单击结束时
Drag	drag	on-drag	长时间按住并向某方向移动
Drag start	dragstart		拖曳事件开始时
Drag end	dragend		拖曳事件结束时
Drag up	dragup	on-drag-up	在竖直方向上向上拖曳
Drag down	dragdown	on-drag-down	在竖直方向上向下拖曳
Drag left	dragleft	on-drag-left	在水平方向上向左拖曳
Drag right	dragright	on-drag-right	在水平方向上向右拖曳
Swipe	swipe	on-swipe	快速单击并向任何方向划动
Swipe up	swipup	on-swipe	在竖直方向上向上划动
Swipe down	swipdown	on-swipe-down	在竖直方向上向下划动

续表

手势	事件	指令	备注
Swipe left	swipeleft	on-swipe-left	在水平方向上向左划动
Swipe right	swiperight	on-swipe-right	在水平方向上向右划动
Transform	transform		两个手指单击并移动
Transform start	transformstart		当变形事件开始时
Transform end	transformend		当变形事件结束时
Rotate	rotate		两个手指旋转
Pinch	pinch		两个手指向内划动到一块或向外划开
Pinch in	pinchin		两个手指向内划到一块
Pinch out	pinchout		两个手指向外划开

7.5 数据持久化

在第 4 章到第 6 章的示例中，每次重启应用时都会重置数据，像第一次打开的样子一样，很显然这对用户来说是不友好的。例如用户想要收藏一个地点，那么下次打开的话他还能看到这个地点，而不是需要再次收藏。所以应用存储用户操作的数据显得非常重要。好消息是我们可以通过好几种方式实现这个功能，我会向大家演示一些常用的不需要任何插件支持的方法。

因为 Ionic 应用是 Web 应用，所以应用同时可以享受 Web 平台的数据存储特性。Web 上支持使用 `localStorage` 存储键值对，还有 Web SQL、IndexedDB、SQLite 等更多强大的数据库也支持。

一般的方法是我们需要将用户的数据存储起来，当用户再次打开应用的时候，首先从数据库中读取用户数据。所有的应用都可以实现登录之后将一些类似对话及用户信息存储起来并和后端服务通信。

应用存储用户数据也是为了防止数据缓存被清除的情况出现，但也没办法假定存储的数据会永久存在。

当我们在设备上存储数据的时候，应该做到不存储任何用户不能看到的东西。因为任何一个设备都可以通过使用调试工具查看到数据，所以我们只是存储用户的私有数据（例如 OAuth 认证 token）。任何不应该被用户看到的内容都应该存储在服务端（例如 Web 应用的私钥）。

7.5.1 使用 localStorage

localStorage 是一个对于应用来说非常简单的存储选择，它将数据存储在浏览器的缓存文件夹中。它是一个键值对存储系统，也可以认为它是一个只有一级属性的 JavaScript 对象，其中对象的值必须是字符串类型。一般我都会选择使用 localStorage，因为它可以说是最简单的数据存储方式了。在浏览器中，用户可以随时清除 localStorage 的数据，但是在混合应用中他们并不能这么做除非他们使用了调试工具。

localStorage 的使用非常简单，但是它有两个限制。第一，无论数据之前是什么格式，它的值必须以字符串的形式存在。这就意味着，如果是一个整型的数字，存储之后就会变成字符串。当你使用严格匹配模式（例如“1” === 1，结果是 false）来匹配字符串和数字的时候这样做就会导致一些问题了。第二，它有容量的限制，而且每个浏览器有不同的限制大小。你需要阅读文档了解目前各平台的大小限制是多少（在本书撰写时，Android 4.3 浏览器的限制是 2MB，Safari 可以上升到 5MB，而 Chrome 有 10MB），或者你也可以访问 http://mng.bz/7J3R 查看各平台的大小极限总览。虽然这个上限已经挺大了，但是如果超过的话仍然是会返回错误的。你存储的数据一多，这种事情就变得非常难以管理。

但是如果你存储的数据非常简单，localStorage 应该是你的不二之选。图 7.3 展示了通过将收藏地点的列表存储在 localStorage 中并在载入应用的时候重载数据来升级第 6 章的天气应用。本小节的代码位于项目工程的 storage 文件夹中。第 6 章的示例代码唯一需要改变的就是 /www/js/app.js 文件中的 Locations 服务，代码如清单 7.5 所示，修改部分已经用粗体标出。

清单 7.5 用 localStorage 保存和载入数据（storage/www/js/app.js）

创建store()方法来将保存数据的JSON字符串存储到localStorage中

```
.factory('Locations', function ($ionicPopup) {
  function store () {
    localStorage.setItem('locations', angular.toJson(Locations.data));
  }
var Locations = {
  data: [],
  getIndex: function (item) {
    var index = -1;
    angular.forEach(Locations.data, function (location, i) {
      if (item.lat == location.lat && item.lng == location.lng) {
        index = i;
      }
    });
```

```
    return index;
  },
  toggle: function (item) {
    var index = Locations.getIndex(item);
    if (index >= 0) {
      $ionicPopup.confirm({
        title: 'Are you sure?',
        template: 'This will remove ' + Locations.data[index].city
      }).then(function (res) {
        if (res) {
          Locations.data.splice(index, 1);
        }
      });
    } else {
      Locations.data.push(item);
      $ionicPopup.alert({
        title: 'Location saved'
      });
    }
    store();
  },
    primary: function (item) {
      var index = Locations.getIndex(item);
      if (index >= 0) {
        Locations.data.splice(index, 1);
        Locations.data.splice(0, 0, item);
      } else {
        Locations.data.unshift(item);
      }
      store();
    }
  };

  try {
    var items = angular.fromJson(localStorage.getItem('locations')) || [];
    Locations.data = items;
  } catch (e) {
    Locations.data = [];
  }

  return Locations;
})
```

当在列表中切换收藏地点的时候运行store()方法

当设置了一个主收藏地点的时候运行sotre()方法

当应用开启的时候，尝试从localStorage中载入数据，否则就返回一个空数组

作为 JavaScript 的主要 API 之一，`localStorage` 在 JavaScript 中是全局可用的。由于有很多地方想要在 `localStorage` 中存储数据，所以我们创建一个 `store()` 方法用来集中处理逻辑。当 `store()` 方法被调用的时候，应用会将地点列表存储到 `localStorage` 中，但是之前必须将数组转换成 JSON 字符串（因为 `localStorage` 的值必须是字符串）。之后如果收藏地点发生了改变，应用会重新调用 `store()` 方法更新缓存数据。

图 7.3 localStorage 存储收藏地点的列表，并在应用重新打开的时候重载数据。

在 `try...catch` 语句中，应用尝试从 `localStorage` 中载入数据，如果存在则解析该 JSON 字符串。如果 `localStorage` 没有对应的值又或是从 `localStorage` 中载入数据出错的话，收藏地点默认是一个空数组。

现在应用在第一次进入的时候都会尝试获取已存储的地点列表来代替之前默认的空列表。这对用户体验来说是一个非常明显的提升，而且使用 `localStorage` 非常容易实现这个功能。

你可以在浏览器的开发者工具中检查 `localStorage` 内的值，不出意外应该存在一个带有列表值的元素。`localStorage` 是每个应用特有的，所以我们的数据相对于其他应用来说是安全的。但是 `localStorage` 是可以被开发者检查的，这就意味着你不能在 `localStorage` 中存放不想让其他人看到的内容。

7.5.2 使用 Web SQL、IndexedDB 和 SQLite

Web SQL、IndexedDB 和 SQLite 是不同类型的浏览器数据库，像 `localStorage` 一样，它们的数据也都存储在浏览器的缓存系统中。这几种数据库比较适合大型数据或者是可以直接查询的数据。但是它们的使用难度会比 `localStorage` 要高，而且各平台的支持情况不一。

Web SQL 和那些可以使用 SQL 语句查询数据表的普通数据库非常相似。它允许我们使用 SQL 语句，像 SELECT、UPDATE 等。唯一的问题是早在 2010 年当浏览器厂商在标准上无法达成统一的时候，Web SQL 就已经停止对其进行支持。截至本书撰写时，iOS 和 Android 对 Web SQL 还提供支持，但是很有可能会在之后的版本中移除该支持。

IndexedDB 是一个对象存储器，功能介于 Web SQL 和 localStorage 之间。它像 localStorage 一样使用了键值对的存储系统，但是每个元素都有特定数据类型的字段并可以通过指定某确定字段的值来查询数据。截至本书撰写时，iOS 和 Android 都不支持 IndexedDB。

SQLite 和 Web SQL 很像，它是一个在本地数据库中读写数据的关系型数据库，并且标准组织已经废弃该技术，各大浏览器厂商也已经停止对其提供支持。大多数情况下我们需要使用 Cordova 插件来增加对 SQLite 的支持。

像 localStorage 一样，其他应用并不能看到这些数据库中的数据，但是开发者在他们的设备上开启调试模式时仍然可以看到。

截至本书撰写时，Web SQL 在 Cordova 的帮助下支持 iOS 和 Android 平台，IndexedDB 两者暂时都不支持。但是 Web SQL 在 2010 年的时候就已经被废弃，其终将被移除，因此从时间维度上来说更倾向于使用 IndexedDB。为了确信每一个数据库的支持情况，大家可以查阅 Cordova 存储系统的文档：http://mng.bz/1UYx。确保你查阅的文档版本和项目中使用的 Cordova 版本一致。可以运行 cordova info 命令来查看项目版本号，也可以通过运行以下代码来快速检测某平台是否支持 WebSQL 和 indexedDB：

```
alert('WebSQL: ' + ((window.openDatabase) ? 'yes' : 'no'));
alert('IndexedDB: ' + ((window.indexedDB) ? 'yes' : 'no'));
```

你需要在模拟器或真机中运行这些命令来返回正确的信息。仅需要将这些代码添加到页面代码开头就可以弹窗的形式告诉我们该平台下两者的支持情况。

7.5.3 Cordova 插件提供的其他选项

Cordova 提供了许多插件，允许我们有权访问设备的其他特征。在第 8 章的深入学习中会看到另外一些插件，但是我们需要知道 Cordova 的存储插件的选择性很大。

这样的选择有很多种并且千变万化。一些设备能够使用 IndexedDB 到 Web SQL 的所有功能，其他则支持不同的存储系统，像 SQLite 以及其他一些系统被设计成可以存储整个文件。可以阅读 http://plugins.cordova.io/npm/index.html 进行探索。

7.6 制作跨平台的应用

使用 Ionic 制作应用的最大好处就在于 Ionic 可以将一个应用根据不同设备和平台编译成不同的安装包。不过一般情况下需要根据特定设备和平台调整交互和设计。

我们需要考虑不同平台下不同方法上的不同情况。Ionic 将一部分功能写入了核心功能。例如，选项卡在 Android 和 iOS 两个平台的展现形式是不同的。这其中主要的原因是，Ionic 的开发者希望能提供原生的选项卡交互行为和样式。

针对特定平台有两个主要的优化方法：修改应用的外观和交互。在重点解决这两个问题之前，让我们更多地了解一下为什么需要为应用在不同平台下的适配进行考虑。

7.6.1 一种尺寸并不能满足所有情况

作为一个应用的开发者，我们应该考虑如何才能给用户提供最好的应用，而不是最容易开发的应用。在 Android 和 iOS 平台上使用相同的交互行为创建应用对用户来说可能不够友好，特别是很多用户已经习惯了这个平台下的交互动作。

Android 和 iOS 在外观和交互动作上存在着很多不同，甚至是不同版本的 iOS 和 Android 系统也存在差异，随着时间的推移差异可能会越来越多。Ionic 承诺支持这些平台的新版本，只要这些移动端平台还会继续更新，Ionic 就会提供适配。

虽然 Ionic 为应用开发者提供了很多功能，但是我们最终还要确保应用在不同的平台上都能正常工作并且符合逻辑。应用开发者应该花费一些时间去学习 iOS 和 Android 官方原生样式指南以熟悉它们之间的不同。只有这样当我们设计自己的应用时，才会考虑针对每个平台最好的设计是什么，以及是否要对不同平台进行定制化设计。这里列出了我们查到的官方样式指南：

- Android 样式指南：http://developer.android.com/design/style/index.html。

- iOS 样式指南：https://developer.apple.com/library/ios/documentation/UserExperience/Conceptual/MobileHIG/。

7.6.2 根据平台或者设备类型适配样式

Ionic 提供了非常简单的方式来检测当前运行的环境是哪个平台或者设备，根据这个我们可以有需要地进行适配。Ionic 根据使用的平台给 <body> 元素增加了一些对应的类：

- iOS 对应 platform-ios
- Android 对应 platform-android
- 浏览器对应 platform-browser

这些类让我们知道用户当前使用的是哪个平台。你也可以发现一些其他的基于平台版本号的类，例如 platform-ios-ios7。在某些需要特别指定到某个具体版本的情况下，这个版本号类就能提供需要的信息。

使用这个技术的两个最主要原因是，为了提供平台定制化样式以及定位一些只存在于某个特定版本中的错误。一般说来，我们都想尽可能地限制定制化设计的数量，因为这样会导致之后你需要做更多的测试。

本节我们会使用 adaptive-style 文件夹下的代码。这是一个非常简单的应用，仅仅用来在背景中显示 Ionic 的 logo，但是不同的平台，页面上会显示不同的背景颜色，正如图 7.4 所示。清单 7.6 所示的是应用的模板文件，而清单 7.7 显示了对应的 CSS 样式。

清单 7.6　adaptive-style 模板文件（adaptive-style/www/index.html）

```
<body ng-app="App">
  <ion-pane>
    <ion-content>
      <span class="icon ion-ionic"></span>
    </ion-content>
  </ion-pane>
</body>
```

使用body元素，应用根据平台添加自适应背景颜色。

图 7.4 Android（左）和 iOS（右）

清单 7.7 自适应 CSS 样式（adaptive-style/www/css/style.css）

```
.scroll {
  text-align: center;
  padding-top: 50px;
}
.ion-ionic {
  font-size: 100px;
  color: #fff;
}
.pane {
  background: #333;
}
.platform-ios .pane {
  background: #C644FC;
  background: -webkit-linear-gradient(top, #C644FC 0%,#5856D6 100%);
  background: linear-gradient(to bottom, #C644FC 0%,#5856D6 100%);
}
.platform-android .pane {
  background: #C62828;
  background: -webkit-linear-gradient(top, #C62828 0%,#F44336 100%);
  background: linear-gradient(to bottom, #C62828 0%,#F44336 100%);
}
```

针对 iOS 平台的 CSS 选择器

针对 Android 平台的 CSS 选择器

通过给 CSS 规则增加 body 类这个前缀，我们做到了在不同的平台上显示不同的背景颜色。

7.6.3 为平台和设备类型适配交互

你也可以针对特定的平台适配交互行为。例如，你也许想要在 iOS 上使用活动菜单组件，但是在 Android 上则是用一个弹窗控件来适应不同平台的交互。Ionic 可以侦测到当前使用的平台并根据需要修改交互。

ionic.Platform 服务可以为我们提供相关的信息。它提供了一系列的方法，例如 isIOS() 和 isAndroid()，这两个方法返回布尔值用来确定是否是某平台，当然你也可以使用 platform() 方法直接返回当前平台的名称。

图 7.5 展示了一个相当简单的示例，单击“更多”按钮（三个点的图标）会根据不同的平台有不同的交互。如果是在 iOS 上，会弹出活动菜单组件，如果是在 Android 上，会弹出弹窗，代码如清单 7.8 所示。

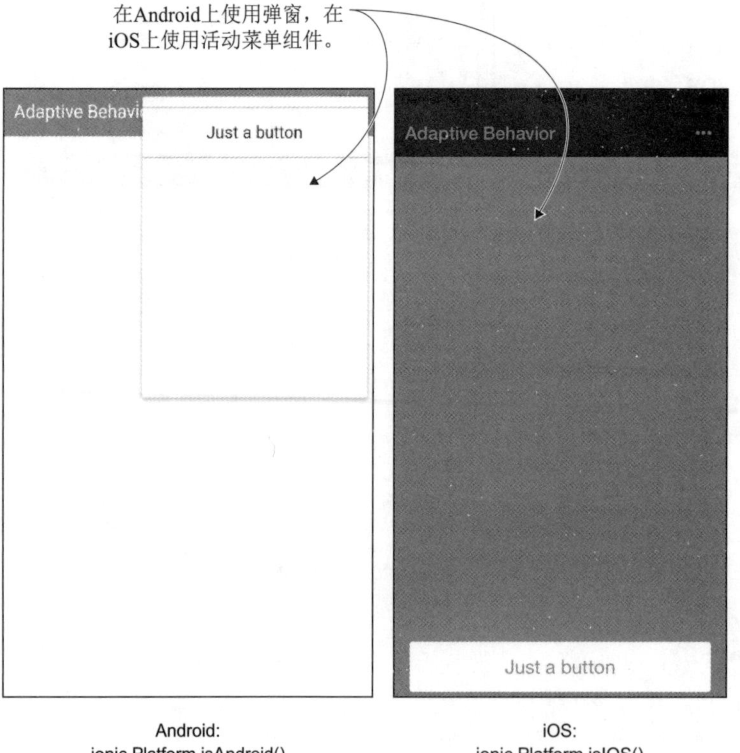

图 7.5 根据不同的平台，可以修改 iOS 和 Android 按钮的交互行为。

清单 7.8 根据平台名称适配交互（adaptive-behavior/www/js/app.js）

```
angular.module('App', ['ionic'])
.controller('Controller', function ($scope, $ionicActionSheet,
    $ionicPopover) {
  $scope.more = function (event) {

    if (ionic.Platform.isIOS()) {
      $ionicActionSheet.show({
        buttons: [
          {text: 'Just a button'}
        ],
        buttonClicked: function (index) {
          return true;
        }
      });

    } else {
      var popover = $ionicPopover.fromTemplate('<ion-popover-view>
     <button class="button button-full">Just a button</button>
     </ion-popover-view>');
      popover.show(event);
    }
  }
})
```

创建控制器并注入服务

通过ngClick属性绑定单击事件，当单击事件触发时运行more()方法

使用ionic.Platform来确定是否是iOS平台

如果是iOS，则显示包含一个假按钮的活动菜单组件

否则，显示包含一个带按钮的弹窗组件

首先我们创建了一个控制器，控制器内只包含了一个方法，它用来检查当前运行的平台是否是 iOS 平台。`ionic.Platform` 服务不是 Angular 的服务，所以不需要注入它。不过的确有一个 `$ionicPlatform` 服务，但是它需要安装 Cordova 插件并且并不提供当前平台的相关信息。

确定了当前运行平台，我们再选择是显示活动菜单还是弹窗。清单 7.9 显示了该示例的模板文件。

清单 7.9 适配交互模板（adaptive-behavior/www/index.html）

```
<body ng-app="App">
  <ion-header-bar align-title="left" class="bar-positive" ng-
     controller="Controller">
    <h1 class="title">Adaptive Behavior</h1>
    <div class="buttons">
      <button class="button" ng-click="more($event)"><span class="icon
     ion-more"></span></button>
    </div>
  </ion-header-bar>
</body>
```

使用ngClick属性绑定more()方法

`ionic.Platform` 服务能够提供当前平台的信息，并且提供了一些方法用来修

改应用的交互行为，例如设置应用全屏或者自动退出应用等。

7.7 使用 $ionicConfigProvider编辑默认交互行为

Ionic 支持修改默认的交互行为，我们可以通过自定义 Sass 变量的方式来自定义样式，同样的，也可以修改默认的交互，例如动画类型或者默认的标题栏标题对齐方式。

默认情况下，Ionic 都是针对特定平台进行特定设计的，例如根据不同的样式规范，标题栏中的标题在 Android 中是居左的但是在 iOS 中是居中的。你可以强制 Ionic 不管平台以同样的样式渲染标题。

文档中详细列出了所有可以配置的选项列表。我们可以通过修改默认选项卡配置为顶部带条纹的选项卡制作一个简单的示例。所有的配置选项都可以以相同的方式修改。图 7.6 显示了修改后的选项卡。

图 7.6 覆盖 Ionic 默认的选项卡值

默认的配置设置在 config() 方法中，清单 7.10 中的代码修改了默认的选项卡配置。

清单 7.10 更新默认配置（config/www/js/app.js）

```
angular.module('App', ['ionic'])
.config(function($ionicConfigProvider) {
  $ionicConfigProvider.tabs.style('striped').position('bottom');
})
```

在配置中注入 $ionicConfigProvider

运行选项卡配置方法，某些情况下支持链式调用

`$ionicConfigProvider` 用来设置 Ionic 的配置，是一个非常特殊的服务。通过运行它的一些方法并传递一些参数我们可以更新配置选项。在本节示例中，我们链式调用了两个选项卡的方法，但是如果修改了与选项卡无关的一些配置，链式调用将失效。示例代码设置标题栏置底并带有条纹，与默认的选项卡行为不一样。

通过在选项卡中使用类，我们也可以更新选项卡的配置文件。修改默认的值看起来没有太大的必要，因为我们仍然可以通过给选项卡增加额外的 CSS 类名称，以简单地通过修改 CSS 来达到修改显示的目的。但是其他一些配置不能被修改，特别是缓存的模板信息。

7.8 总结

本章提供了一些额外的工具和创建 Ionic 应用的想法。让我们复习一下本章的主要内容：

- 使用 Sass 创建自定义的 Ionic 样式，并且使用 Gulp 添加任务流。
- 事件和手势的支持，使用事件指令和 `$ionicGesture` 服务。
- `localStorage` 为应用持久存储数据，其他选择还有 Web SQL 和 IndexedDB。
- 基于运行应用的设备修改应用的交互，为每个平台提供对应的体验。
- 修改默认的 Ionic 配置文件，为 Ionic 的不同部分配置全局参数。

在下一章中我们将会更加深入地学习 Cordova，并教给大家如何在 Ionic 应用中使用插件。

8 使用Cordova插件

本章要点

- 使用 Cordova 插件管理设备的原生功能
- 使 Cordova 应用更方便地与设备集成
- 使用相机和相册插件改进应用
- 使用地理位置插件改进天气应用

在本章之前我们已经能够制作很多有趣的东西了，但是还没有完全利用移动设备的功能。本章将主要关注如何使用 Cordova 的各种插件强化应用，使得它们与设备更加紧密地融为一体。

我们把所有时间都花在了 Cordova 上，因为 Cordova 是一个将网页应用内嵌到本地应用的平台。Cordova 本身有一些核心的功能，并使用插件系统扩展了这些功能。插件提供了方法使得我们可以不直接使用对应平台的语言而是直接使用 JavaScript 就能够使用原生功能，例如相机。

ngCordova 是 Ionic 社区推出的一款插件，它可以像 Ionic 一样非常简单地在 Angular 应用中使用 Cordova 插件。如果可能的话，推荐使用 ngCordova 而不是插件本身。

下面我们看几个使用 Cordova 插件以原生功能来强化之前制作的几个应用的例子。无论你之前是否制作过这些示例，都需要在开始之前配置项目。

Cordova 的功能非常丰富，本章只会涉及一部分。另外一本书 *Apache Cordova in Action*（Raymond K. Camden, Manning Publications, 2015）详细讲解了 Cordova 的功能。

不断发展的 Cordova

本章所有的示例和代码都会受定期更新的影响。Cordova 插件会经常更新，以便和设备及平台保持同步，本书中的代码使用 Cordova CLI 4.2.0 编写且每个示例中的插件版本都进行了具体指定。

8.1 Cordova 插件

大部分情况下，任何能够在现代浏览器中正常工作的页面在 Hybrid 应用中也能正常工作，但是我们的应用经常需要比在浏览器中做更多的事情。

移动端设备往往带有大量的硬件和传感器，例如相机和加速度计。因为浏览器默认不带有这些东西，所以它们都以 Cordova 插件的形式提供支持。

Cordova 自带即插即用的插件机制，插件可以非常容易地为 Cordova 增加核心代码没有的新功能。一些插件由 Cordova 官方项目组提供支持，另外的一些在社区中提交并提供维护。我们可以在 http://plugins.cordova.io/npm/index.html 中查看所有的 Cordova 插件。

官方支持的插件对 Cordova 的任何改变都能提供很好的维护，相对而言，社区提供的维护就没有那么及时了。所以在使用插件之前最好确认一下这些插件是否能在你当前的 Cordova 版本下正常工作。

插件虽然有人维护但难免会有问题，所以虽然开始的时候插件可能是正常的，但是我们同时也要关注它们的开发版确保它们仍然被维护。如果你发现了插件的 bug，通常来说，最好的解决方法就是在项目源代码仓库（例如 Github）提交一个工单或者问题。与之对应的情况是，插件的作者可能已经停止对插件的维护了，此时我们可以考虑将代码 fork 出来并修改问题。当然一般来说最好还是在源代码中直接解决问题。

你甚至可以创建自己的 Cordova 插件，不过这需要你知道插件在支持的平台下的工作原理等。所以虽然你也可以使用其他的插件扩展，但是为了制作一个 Cordova 插件，你还需要了解本地平台的开发语言，例如 Java 或者 Swift。

8.1.1 使用插件要考虑的问题

很多情况下我们都会用到插件，但是在使用插件之前有几点我们需要知道。

插件不是必需的

在选择和使用一款插件之前，必须考虑清楚这款插件对我们来说到底是否是必需的。有时候我们需要的功能不需要插件实现，浏览器已经集成了，比如网络连接信息的获取，由于浏览器已经集成此功能所以没有必要额外安装一款连接信息获取插件了。很多插件都是在很早之前浏览器还不具备某些功能的时候，为了增加这些特性而制作的。随着平台的更新，越来越多的特性都已经原生集成到浏览器中了。

部分插件需要请求权限

部分插件可能需要向用户请求权限后才能正常工作。例如，地理位置插件需要在应用获取设备的位置之前获取授权。不同平台有不同的权限管理方式，我们需要了解插件的实现原理，以及会造成的影响，包括授权等操作。

插件也有局限性

一款好的插件会有良好的文档，并且详细描述了插件在不同平台下的局限性。这也是情有可原的。例如说，iOS 和 Android 在存储联系人列表数据的方式上存在轻微的不同，因此插件不可能在不同的平台下返回同样的数据。

插件最好随着系统升级一起升级

不可避免的，系统都会持续升级并修改它们提供的 API 接口。而由于 Cordova 的插件需要使用到这些系统接口，如果 Android 或 iOS 系统升级了，插件也需要更新以支持新系统的一些特性，有可能插件使用的接口发生了修改或者移除。

插件可能会存在很多问题

我在之前的内容中说过，Cordova 插件一部分是由官方提供维护的，这是比较好的实现方式。但是因为任何人都能提交插件，并且也没有明确限制，所以并不能保证每一个插件都有很好的质量。

8.1.2 安装插件

可以通过命令行来安装插件。你可以在 Cordova 插件官网 http://plugins.cordova.io 上查找插件并使用命令行安装。可以像下面一样使用命令行查找消息通知插件：

```
$ cordova plugin search notification
```

随后会返回许多和通知相关的插件。它提供了插件的标识符及一些简单的描述，当想要安装这款插件的时候可以使用标识符安装插件。Ionic 默认提供了几个插件，例如 `org.apache.cordova.device` 和 `com.ionic.keyboard`。如下我们可以看到如何安装官方维护的 Cordova 消息提醒插件。

```
$ cordova plugin add org.apache.cordova.dialogs
```

命令会去拉取插件的最新版并将其添加到插件文件夹中，每个项目中仅需要操作一次即可。当你构建项目的时候（在模拟器或者真机中运行前触发），它会自动获取已安装的插件。你可以在插件文件夹中查看已经安装的插件。

8.1.3 使用插件

每一款插件都不一样，但是它们都会暴露一个 JS 服务以方便开发者使用插件。例如，使用相机的 API 接口可全局暴露到 `navigator.camera` 对象中去。随后在插件的安装、程序的运行及模拟器中都能够自动获取到暴露的 API 接口。

在应用和插件没有初始化好之前，我们不能使用这款插件。因为在导入应用的过程中存在很多异步事件，Cordova 提供了 `deviceready` 事件当插件初始化完毕之后调用。和普通的事件触发一次就完成不同，当为 `deviceready` 增加事件监听后，即使事件被触发后仍然能处理回调。这可避免在设备未准备好之前使用插件从而导致各种各样的错误。应尽量将方法包裹在 `deviceready` 事件的回调之内。清单 8.1 和清单 8.2 中实现的两种回调是相同的，唯一的区别是一个用了 JavaScript 的原生 `addEventListener` 方法，而另外一个使用了 `$ionicPlatform.ready` 方法。这两个清单分别使用这两种方法为我们演示了如何在 Ionic 项目中配置键盘插件。

清单中的两个示例都是给 `deviceready` 事件添加一个事件监听。

清单 8.1 在原生的 JS 中使用插件

```
window.addEventListener('deviceready', function () {        <-- 为deviceready事件添加事件监听
  if(window.cordova && window.cordova.plugins.Keyboard) {    <-- 检查Cordova和插件是否都是可用的
    cordova.plugins.Keyboard.hideKeyboardAccessoryBar(true);  <-- 调用键盘插件方法
  }
});
```

清单 8.2 通过 Ionic 方法来使用插件

```
angular.module('App')
.run(function($ionicPlatform) {                 <-- 当Angular初始化完成后，在其他的方法执行之前运行一些逻辑
  $ionicPlatform.ready(function() {              <-- 使用$ionicPlatform.ready方法增加事件监听
    if(window.cordova && window.cordova.plugins.Keyboard) {
      cordova.plugins.Keyboard.hideKeyboardAccessoryBar(true);
    }                                            <-- 检查并确保Cordova初始化完成，然后调用键盘插件方法
  });
});
```

假设 Cordova 和键盘插件都已经初始化完成，应用会调用 `hideKeyboardAccessoryBar` 方法。当项目使用 Ionic 的时候，该代码使用 `$ionicPlatform` 重新实现。后者的实现方法将会在之后的示例中广泛应用。

8.1.4 在模拟器中使用插件

在第 2 章中已经说过，模拟器无法提供和真机完全一样的体验。当应用使用了 Cordova 插件的时候，最好将应用放在实体机上进行测试，不过开发过程中我们还是可以在模拟器中测试的。

大多数插件都能在模拟器中正常工作。根据这个规律，我们可以在模拟器中进行模拟和修改特定值。例如，可以修改模拟器地理位置的坐标，这样就不需要真正实地测试不同地点的情况了。

当然也有一些特性是在模拟器中无法模拟，或者与真机表现不一致的。因为模拟器仅仅是虚拟设备，一些物理设备拥有的特性没办法非常简单地虚拟化。例如，

iOS 的模拟器目前还没有方法使用照相机插件。

由于缺少一些特性，会导致一些插件在模拟器中无法正常工作。如果插件调用一直失败，或许你需要查看插件的文档来确认它是否能运行在模拟器中。这种错误报告往往是没有意义的，所以在故障发生的时候我们首先要检查一下它是否能在模拟器中运行。使用真机来测试能帮助我们避免这个问题，因此我建议尽可能还是使用真机进行测试。

8.1.5 插件和系统限制

一些插件被设计开发成只在一类设备上可用，其他机器可能会因为系统不同而导致不同的行为。这是将多平台相似的特性集成在一个插件上所造成的副作用。

例如，因为本地消息通知的实现方法被修改了，本地消息通知插件在 iOS 8 中做了修改。在 iOS 8 中，iOS 需要在通知添加之前向用户请求权限，所以不得不更新插件以适应这个新特性。

如果想要使用 Cordova 插件实现活动菜单功能，但是 iOS 中是使用活动菜单组件实现而在 Android 中是使用弹窗实现的。这两种实现方法非常类似，都可以实现显示一系列选项，所以插件不得不灵活地兼容所有的平台。

Touch ID 插件仅在 iOS 中可用，因为 Android 中没有类似的特性。Touch ID 是最近加到 iPhone 和 iPad 设备中的，它需要在 home 按钮上实现指纹认证功能，而 Android 几乎没有类似的功能支持。

8.1.6 Angular 和 Cordova 陷阱

有一些是新手使用 Cordova 插件的时候必犯的问题。比如说下一节我们会介绍的 ngCordova 插件就有类似的问题，当然不是所有的插件都有这种基础问题。

如图 8.1 所示，Angular 中有一个叫作 *digest loop* 的内容。Angular 能够当 digest loop 中的事件触发时追踪值的变化（例如双向绑定）。它是一个封闭系统，JavaScript 可以脱离 digest loop 独立运行，只是 Angular 不会触发任何改变。Angular 外部的任何改变都可以正常工作，但是你也许想要 Angular 在执行代码的时候不触发任何更新。当事件发生时，digest loop 会收到通知，否则 Angular 没办法响应值的更改，并且不会继续运行 digest loop。

所以我们碰到的比较常见的问题就是如何让 Angular 知晓 digest loop 外围的代

码更新情况。Angular 提供了通知更改，并触发新的 digest loop 来更新 Angular 的机制。举个例子，我们请求设备的地理位置信息并且期望它能按照用户移动一样更新地图的位置。默认情况下，Cordova 地理位置插件会更新地点信息，但是直到下一次 digest loop 发生它才会触发更新操作，要么你手动触发，要么用户等待其他事件触发它更新。

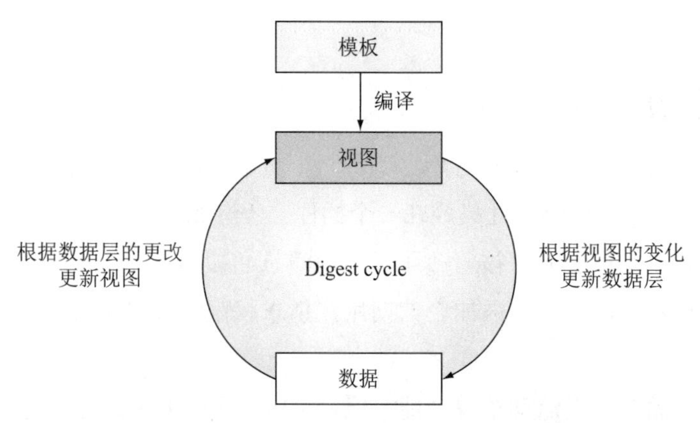

图 8.1　Angular digest loop（图片来自 *Angluar in Action* 一书）

当我们使用 Cordova 插件的时候，没有将服务注入控制器。这不是必需的，因为插件的服务是全局可用的（不同的插件具体情况不同——官方的插件会使用一个全局的对象来增加服务）。

让我们看一个使用地理位置插件获取设备位置的例子。为了在 Cordova 某些任务完成之后更新 Angular，我们在清单 8.3 中使用了 `$scope.$apply()` 方法。

清单 8.3　使用 $apply 更新 Angular

创建一个控制器，但是由于插件服务是全局可用的，所以我们没有注入插件服务

在代码外嵌套一个$ionicPlatform.ready函数，确保插件已经初始化完毕

```
angular.module('App')
.controller('Controller', function ($scope, $ionicPlatform) {
  $ionicPlatform.ready(function () {
    navigator.geolocation.getCurrentPosition(function (location) {
      $scope.location = location;
      $scope.$apply();
    });
  });
});
```

调用$scope.$apply()强制 Angular 触发 digest loop

将地理位置赋值到$scope中，但是这并不会自动触发 disget loop

运行 Cordova 地理位置插件，其接受一个回调函数

这里我们写了一个简单的控制器来从设备获取地理位置。你不需要向其中注入服务，因为插件已经在 Angular 系统中全局可用了。当 `getCurrentPosition()` 函数被执行的时候，函数接收到一个回调参数，并在返回地点坐标的时候执行该回调。当地理位置被返回后，我们将其注入作用域。但是由于获取地理位置的方法不是 Angular 的服务，Angular 并不知道什么时候完成，所以即使你更新了地理位置数据，它也不会更新视图。这就是为什么我们需要在最后执行 `$scope.$apply()` 方法强制 Angular 在作用域更改之后更新视图。

在这个示例中，地理位置信息请求失败的话（可能是因为用户禁止应用获取地理位置信息权限），代码将跳过设置 `$scope.loation` 的值而执行之后的代码。因此需要考虑到当地理位置信息无法返回时我们该如何处理。

最后，Cordova 的插件已经实现了许多不同的 JavaScript 接口。同一个特性可能对应着许多不同的插件，每个都有所不同。例如，一个插件使用回调的方式，而另外一个插件也许使用 promise 的方式来处理异步回调。你需要反复检查每一个插件并理解它的架构以便拥有更好的交互。

8.1.7 关于设备和模拟器的一些常见问题解决办法

事情偶尔也会变得糟糕，例如错误的配置或设备上安装了有问题的编译版本。下面是一些相关问题的提示。根据不同的设备和平台，不同的解决方法可能会有很大的成功几率。

断开设备连接和重新连接设备

有时候和移动端设备的连接会出现不正常情况，此时尝试重新连接就可以恢复正常。

重启设备和电脑

有句话说得好，程序员有三宝，拍拍重启换电脑。出问题的时候，我建议对移动端设备和电脑都进行重启操作，并确保电脑一切正常之后再连接移动端。

使用 Xcode/Android Studio 编译

如果你在编写 iOS 应用，可以试着使用 Xcode 进行编译，或者使用 Android Studio 编译 Android 程序。命令行行为可能会与 IDE 编译情况不一样，所以在命令行编译失败的情况下可以试试使用 Xcode/Android Studio 进行编译。

重新设置或重新构建模拟器

模拟器可以重设或重建以返回最开始的状态。这样可让模拟器去除之前做过的修改，看起来像是崭新的一样。这个操作在想要确保清除之前任何操作的情况非常有用。

从设备上卸载应用并重新构建

断开连接并从设备上删除应用，即使应用已经安装了也可以正常运行，不会导致任何问题。这样操作可以帮助我们重新构建并部署一个全新的版本。

添加和删除插件

不同平台可能会导致一些问题，插件也一样，它们有时候也会导致一些问题。可以使用 `cordova plugin remove [plugin]` 命令移除插件，也可以直接删除插件文件夹。如果删除了插件文件夹，需要重新把之前使用的所有插件添加回来。

添加和删除平台

编译程序时返回了一些模糊不清的错误信息，一般我们会考虑重新安装一次平台。使用 `cordova platform remove ios` 或者手动删除项目的平台文件夹可以完成删除平台的操作。

创建一个新项目

在没有办法的时候，我们可以考虑创建一个新项目并将我们更改的内容复制到新项目中，这往往是最后的杀手锏。一般来说，需要复制 www 目录下的文件，并在新项目中重新添加插件和平台。

检查 Cordova 和 Ionic 的版本

有时候需要更新 Cordova 和 Ionic 的版本，让它们保持最新，可以减小出现错误的几率。如果是 iOS 项目的话，还需要保证 `ios-sim` 和 `ios-deploy` 是最新的。这些东西都有 Node 安装包，运行 `npm update -g [program]` 就可以简单地升级它们。如果想要升级 Cordova 的话，要使用 `cordova platform update [platform]` 命令来更新整个项目平台。如果升级新版本之后导致出现了一些问题，退回到老版本是比较明智的选择。

8.2 ngCordova

Cordova 插件提供了许多很棒的功能，但是我们不能像使用 Angular 服务一样使用这些插件。所以 Ionic 社区就开发了 ngCordova 项目用来创建类 Cordova 插件服务的 Angular 服务。我们可以查看 http://ngcordova.com 了解更多。

ngCordova 支持大部分 Cordova 插件。网站提供了最新的插件列表，许多插件都是因为 Ionic 社区需要才添加的。你可以增加某个列表中没有的插件，ngCordova 社区欢迎大家贡献自己的代码。

我认为使用 ngCordova 而不是直接使用 Cordova API 接口有以下几个好处：

- 使用 Angular 风格统一所有 Cordova 接口操作。
- 自动处理每个接口操作需要的双向绑定更新让我们只需要关注我们的逻辑。
- Ionic 社区已经为我们挑选好了一些很棒的插件，避免自己去查找它们。
- 每一个插件都有完善的文档并且至少都会有一个实例，以及详细的原始文档引用说明。
- 每一个插件在单元测试的时候都提供了 mock 服务。

8.2.1 安装 ngCordova

使用 Ionic CLI 可以非常方便地安装 ngCordova，需要在 index.html 主文件中引用它。首先使用 `ionic add` 命令添加 ngCordova：

```
$ ionic add ngCordova
```

这样会在 www/lib 目录中添加 ngCordova 的库文件。然后使用 `<script>` 标签在 index.html 文件中引入库文件：

```
<script src="lib/ngCordova/dist/ng-cordova.js"></script>
```

下一步是在项目中添加新模块。打开 www/js/app.js，添加 ngCordova 到依赖的列表中：

```
angular.module('App', ['ionic', 'ngCordova'])
```

以上就是安装 ngCordova 需要的操作。下面让我们看一些实际的例子学习一下如何使用吧。

8.3 在应用中使用相机和相册插件

如图 8.2 所示，第 4 章的示例应用允许用户从他们的旅程中创建相册是一个非常不错的功能。为了实现这个功能，应用需要请求用户的相机和图片库来显示他们的相片。我们要保证这个交互足够简单，这样才能发现使用插件的乐趣。

1. 单击 Capture New 打开相机应用。

3. 获取照片后返回应用。

2. 相机拍摄照片。

图 8.2 相册视图可以查看并显示照片，且可以从相机中拍摄新的照片或者从图库中增加照片到相册中。

8.3.1 创建相机应用

我们先基于第 4 章完成的示例应用创建一个新的项目。使用 Git 检出应用代码。在使用 `ionic start` 启动项目之前，需要对这个项目进行配置。按照如下操作切换代码到第 4 章应用的最后一步：

```
git clone https://github.com/ionic-in-action/chapter4.git chapter8-camera
```

```
cd chapter8-camera
git checkout step7
ionic plugin add org.apache.cordova.console
ionic plugin add org.apache.cordova.device
ionic plugin add com.ionic.keyboard
ionic platform add [ios/android]
```

如果你想使用 iOS 或者 Android 平台，记得在命令行添加对应的平台代码。由于我们只是使用 Git 将项目代码克隆出来，所以还需要手动安装插件。一般来说，当使用 `ionic start` 启动项目的时候，程序会自动安装插件。但是因为它们目前不存在于项目中，所以我们选择手动安装确保插件已经安装。

确保我们的设备上有摄像头，并确保它已经和电脑连接了。然后就可以运行以下代码在命令行中编译应用并部署到设备上，记得选择对应的平台：

```
$ ionic run [ios|android]
```

需要注意的是，这个示例中不能使用 `livereload` 命令。因为图片载入使用的是文件协议，如果使用 `livereload` 命令，Ionic 会通过 HTTP 载入请求的图片，由于浏览器的安全设置，这样会导致图片无法正常加载。

这样应用就可以运行起来了，并且任何的控制台输出都会显示在终端中。

8.3.2 增加相机插件

首先需要添加 `camera` 插件，当然我们会使用 ngCordova。运行以下命令安装插件和 ngCordova：

```
ionic plugin add org.apache.cordova.camera
ionic add ngCordova
```

`camera` 插件和 ngCordova 安装结束之后，将 ngCordova 添加到 Angular 应用中。并添加 `<script>` 标签将 ngCordova 资源引用到 index.html 文件中。

```
<script src="lib/ngCordova/dist/ng-cordova.js"></script>
```

在应用中添加 `ngCordova` 的依赖，打开 www/js/app.js 文件并根据如下代码增加新的依赖更新模块定义：

```
angular.module('App', ['ionic', 'ngCordova'])
```

现在就可以开始添加新的视图页面制作相册了。

8.3.3 创建相册视图

首先我们需要为相册页创建一个新的视图。在这个示例中，我们会使用 card 组件显示相片。视图中有两个按钮，它们允许用户既可以使用相机拍照为相册添加相片，也可以从图库中导入已存在的相片。首先创建视图模板，新建文件 www/views/photos/photos.html 并添加清单 8.4 中的代码：

清单 8.4 相册页模板（www/views/photos/photos.html）

```
<ion-view view-title="Photo Book">
  <ion-header-bar class="bar-subheader">
    <button class="button button-positive button-clear"
     ng-click="getPhoto('camera')">Capture New</button>
    <button class="button button-positive button-clear"
     ng-click="getPhoto('photolibrary')">From Library</button>
  </ion-header-bar>
  <ion-content>
    <div class="card list" ng-repeat="photo in photos">
      <div class="item item-image">
        <img ng-src="{{photo}}" />
      </div>
    </div>
  </ion-content>
</ion-view>
```

创建一个新的视图页面并定义页面标题为 Photo Book

在次级标题处添加两个按钮用来从相机或者图库中添加照片

使用 card 组件列表循环展示照片

在每一个 card 组件中添加图片的 URI 地址

模板文件的主要功能是在次级标题下方增加了两个按钮用来拍照获取照片或者从图库中选择照片。单击按钮后会调用控制器上的一个方法，之后再添加照片。内容区域使用 ngRepeat 指令遍历生成 card 组件，因此每一张照片都会显示在一个卡片内。

img 标签中有一个 ngSrc 属性，这是用来设置图片的文件地址的。camera 插件也支持提供 base64 转换过的图片数据，但是这样比较占内存。我们这么做的原因是 camera 插件默认提供这种格式的内容，当然它还可以有其他的选项，但这不在本示例的讨论范围内。

现在需要添加控制器了。创建另外一个文件 www/views/photos/photos.js，并添加清单 8.5 中的代码。这些代码包括了相册插件的相关操作，随后会详细解释。

清单 8.5 使用 camera 插件处理相册控制器（www/views/photos/photos.js）

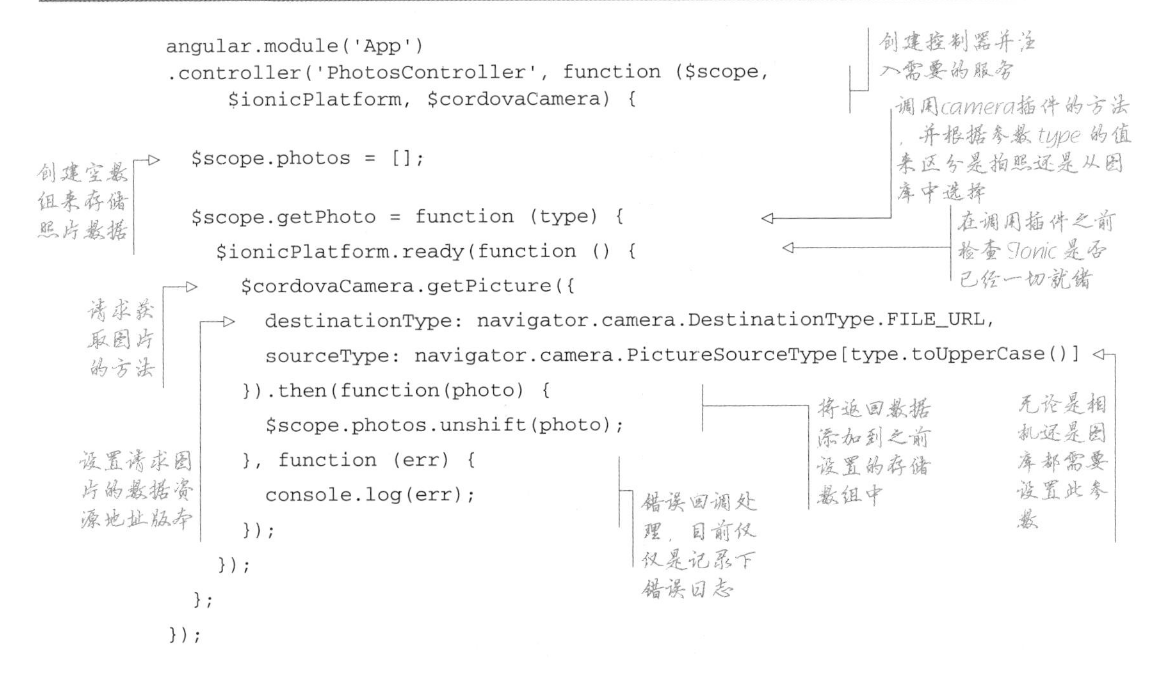

```
angular.module('App')
.controller('PhotosController', function ($scope,
    $ionicPlatform, $cordovaCamera) {

  $scope.photos = [];

  $scope.getPhoto = function (type) {
    $ionicPlatform.ready(function () {
      $cordovaCamera.getPicture({
        destinationType: navigator.camera.DestinationType.FILE_URL,
        sourceType: navigator.camera.PictureSourceType[type.toUpperCase()]
      }).then(function(photo) {
        $scope.photos.unshift(photo);
      }, function (err) {
        console.log(err);
      });
    });
  };
});
```

创建控制器并注入需要的服务
调用camera插件的方法，并根据参数type的值来区分是拍照还是从图库中选择
创建空数组来存储照片数据
在调用插件之前检查Ionic是否已经一切就绪
请求获取图片的方法
将返回数据添加到之前设置的存储数组中
无论是相机还是图库都需要设置此参数
设置请求图片的数据资源地址版本
错误回调处理，目前仅仅是记录下错误日志

现在这个控制器已经可以从相机或者图库中获取照片了。首先，创建一个控制器并将 `$ionicPlatform` 和 `$cordovaCamera` 这两个服务注入应用，以便我们能够使用相机。`$cordovaCamera` 通过 ngCordova 来获取访问相机的权限。之后设置了一个空数组来存储照片数据，在 `getPhoto()` 方法内调用了 `camera` 插件。首先会检查 Ionic 是否已经加载完成，然后会调用插件的 `getPicture()` 方法。

`getPicture()` 方法可以设置一些选项，具体的选项信息可以在 `camera` 插件的文档中查到。例如定义应用是要打开相机还是图库。当照片数据在 `then()` 方法中返回的时候，我们会拿到图片的资源路径地址并将其添加到之前设置的存储数组中。如果获取照片出现错误，则会在控制台中记录错误日志。

最后一步是将控制器和视图文件连接起来。先在 index.html 文件中增加控制器资源的引用：

```
<script src="views/photos/photos.js"></script>
```

然后打开 www/js/app.js 文件并追加一条指向相册的路由：

```
.state('photos', {
```

```
    url: '/photos',
    controller: 'PhotosController',
    templateUrl: 'views/photos/photos.html'
})
```

最后，我们想要在首页视图中添加一个指向相册视图的链接。在首页视图中添加一个或多个列表元素到 www/view/home/home.html 文件中：

```
<a href="#/photos" class="item item-icon-left">
    <i class="icon ion-images"></i> Photo book
</a>
```

现在可以再一次在设备上启动应用了。我们会看到首页上多出一个相册的链接，单击它会打开一个新的视图。选择“Capture New”按钮会开启相机然后获取一张新照片，选择“From Library”按钮将会打开系统的图库并选择一张照片。

需要注意的是，目前我们还没有实现任何图片存储操作，所以当离开相册视图的时候，所有的照片数据都会被清空，稍后再进来的时候会和之前刚进来时一样。在真实的使用场景中我们更希望将照片上传到服务器中或者存储到设备中。

这个示例为我们展示了如何使用相册插件来请求设备的硬件资源权限，实现起来非常简单。当然，如果用户拒绝向应用提供相机或者图库的权限，应用虽然不会崩溃但是并不会有任何响应。更好的处理方式是，当遇到错误的时候使用弹窗提示用户应用没有使用相机的权限，如果想要继续使用可以在系统设置中修改权限。

8.4　在天气应用中使用地理位置

在第 6 章中，我们创建了一个天气应用。它允许用户搜索一个地点，然后获取该地点当前的天气，如图 8.3 所示。如果能够直接知道一个用户的位置而不是手动输入搜索它，这会让应用有更好的交互体验。通过使用 Cordova 地理位置插件，应用可以获取用户所在位置的经度和纬度，并在页面上显示当前位置的天气预报。

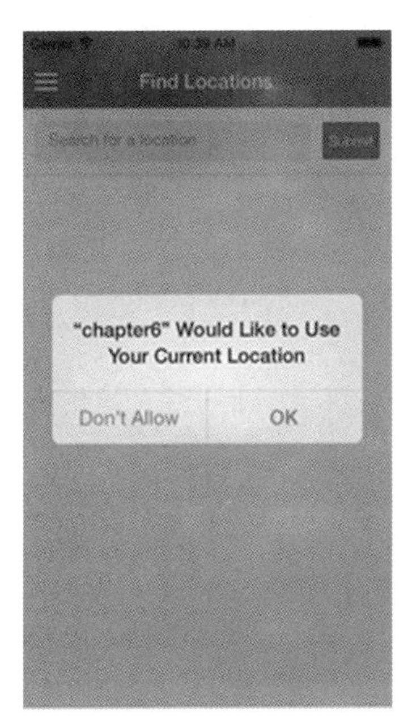

图 8.3 iOS 上用户请求获取地理位置信息的权限

8.4.1 配置地理位置插件示例

下面就开始基于第 6 章的示例配置我们的新项目。除此之外，我们还要为项目添加地理位置插件和 ngCordova，用以实现请求用户地理位置的需求。使用如下命令创建项目：

```
git clone https://github.com/ionic-in-action/chapter6.git chapter8-geolocation
cd chapter8-geolocation
ionic plugin add org.apache.cordova.console
ionic plugin add org.apache.cordova.device
ionic plugin add com.ionic.keyboard
ionic platform add [ios/android]
```

首先克隆第 6 章的天气应用代码到本地并切换到最后一步，之前的示例默认已经配置好了一些要用的插件。由于我们是克隆项目代码，所以还需要重新安装之前的核心插件（console、device 和 keyboard）。一般情况下，ionic start 命令会自动帮我们处理这些事情，但是我们克隆项目的时候已经跳过这一步了。还需要为项目添加相关平台 iOS 或 Android 的插件。现在就可以运行应用了，将设备连接好并在设备上运行应用：

```
ionic run [ios/android] -l -c -s
```

移动设备上的应用效果应该和你在浏览器上看到的效果是一样的，可以在触屏设备上使用一会儿而不仅仅在浏览器中使用它。

8.4.2　添加地理位置插件和 ngCordova

下面要开始配置地理位置插件和 ngCordova 了。这一步和之前例子中的操作差不多，事实上就是重复之前的操作：

```
ionic plugin add org.apache.cordova.geolocation
ionic add ngCordova
```

这一步我们会下载安装地理位置插件，然后在项目中添加 ngCordova。最后一步需要做的就是在 Angular 中添加 ngCordova。首先需要使用 `<script>` 标签在 index.html 中引用 ngCordova 的库：

```
<script src="lib/ngCordova/dist/ng-cordova.js"></script>
```

然后在应用中添加 `ngCordova` 的依赖：

```
angular.module('App', ['ionic', 'ngCordova'])
```

这样插件配置就完成了。

8.4.3　请求用户的地理位置

在这个示例中，我们对用户的地理位置信息感兴趣，特别是经纬度的值，因为我们需要使用经纬度去请求天气 API 接口的数据。获取用户地理位置的信息是首先要做的，然后再向用户展示当前位置的天气预报情况，正如图 8.4 所展示的那样。

修改 www/js/app.js 文件中的 `run()` 方法来增加地理位置插件的相关代码。如果可用的话，应用首先会向用户弹窗请求允许获取地理位置信息的权限。假设用户同意了，插件会返回用户的当前地理位置。然后使用 Google 的地理位置 API 接口去查询用户所在的具体地址，这样就可以以比较友好的方式显示地点而不是经纬度坐标了。最后根据当前地址请求 Forecast.io 的 API 接口向用户展示当前位置的天气情况。清单 8.6 展示并加粗标记了需要添加到 app.js 中的代码。

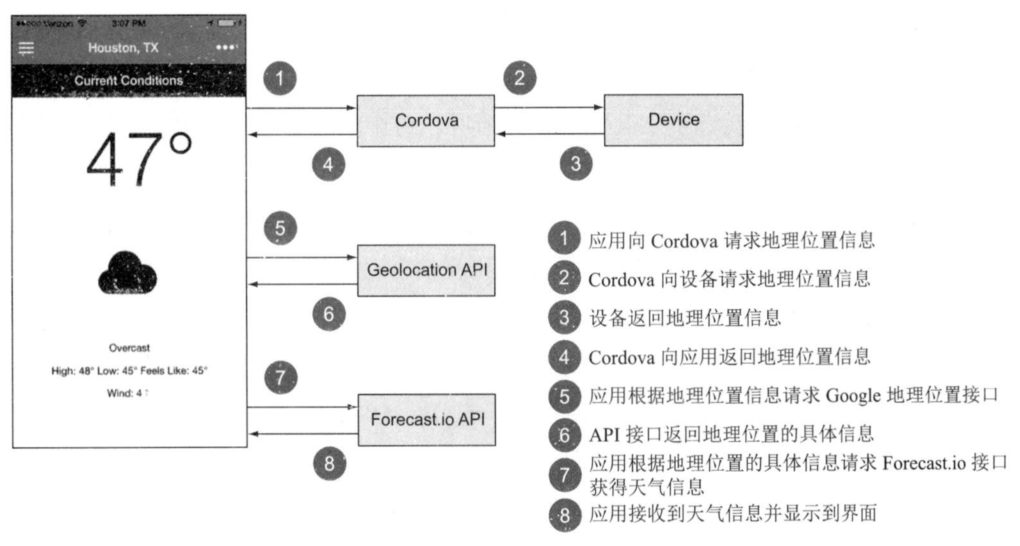
Houston, TX
Current Conditions
47°
Overcast
High: 48° Low: 45° Feels Like: 45°
Wind: 4
Cordova
Device
Geolocation API
Forecast.io API
1 应用向 Cordova 请求地理位置信息
2 Cordova 向设备请求地理位置信息
3 设备返回地理位置信息
4 Cordova 向应用返回地理位置信息
5 应用根据地理位置信息请求 Google 地理位置接口
6 API 接口返回地理位置的具体信息
7 应用根据地理位置的具体信息请求 Forecast.io 接口获得天气信息
8 应用接收到天气信息并显示到界面

图 8.4 应用是如何请求用户的地理位置信息，并使用坐标数据查询当前位置天气情况的。

清单 8.6 更新模块的 run() 方法用以请求地理位置信息（www/js/app.js）

```
.run(function($ionicPlatform, $cordovaGeolocation, $http, $state, Locations) {
  $ionicPlatform.ready(function() {
    if(window.cordova && window.cordova.plugins.Keyboard) {
      cordova.plugins.Keyboard.hideKeyboardAccessoryBar(true);
    }
    if(window.StatusBar) {
      StatusBar.styleDefault();
    }

    $cordovaGeolocation.getCurrentPosition().then(function (data) {
      $http.get('https://maps.googleapis.com/maps/api/geocode/json',
     {params: {latlng: data.coords.latitude + ',' +
     data.coords.longitude}}).success(function (response) {
        var location = {
          lat: data.coords.latitude,
          lng: data.coords.longitude,
          city: response.results[0].formatted_address,
          current: true
        };
        Locations.data.unshift(location);
        $state.go('weather', location);
      });
    });
  });
})
```

注入地理位置插件和其他服务

将所有逻辑放在$ionicPlatform.ready函数的回调中，用来确保代码运行时插件已经加载完毕

之前为其他插件写的代码

调用地理位置插件获取当前地理位置信息，如果成功的话则返回相关的数据

使用地理位置反查接口获取具体地址信息

创建一个新的地点并添加到地点列表服务中

使用$state.go来切换页面

getCurrentPosition()方法返回一个promise对象，因此可以使用then()来调用返回数据。这里仅提供了一个success()方法，也可以提供第二个方法来处理请求权限被拒绝或者发生其他错误的情况。这个示例中暂时忽略了错误处理并且不暴露当前地理位置变量。

假设我们已经获取到了地理位置数据，然后利用这些数据使用Google的Geocoding API接口来查询具体地址信息。这个服务和我们在搜索页面使用的服务是一样的，只不过这里是我们自动提供了经纬度地理位置坐标。然后使用返回结果的第一条数据作为用户的地址信息。这里要注意的是，接口有可能返回一个具体的地址，也有可能返回一个非常宽泛的地址范围，这完全取决于Google地理位置API接口的返回结果，所以这里还有一些改进空间。

最后，我们向Locations服务添加一个新对象，这个服务包含了用户收藏的所有地理位置列表。为了和列表中的其他收藏地点进行区分，我们添加了一个current属性，这样可以非常简单地区分它们。只要地点成功存储到了服务中，应用就会跳到天气预报查看界面并假设用户想要看到当前地点的天气而默认展示它。

8.4.4 优化天气应用

虽然已经添加了获取当前地理位置这个特性，但仍然还有一些细节需要我们改进，以使得应用使用起来更加平滑。例如，我们想要为当前地点展示一个和其他收藏地点不同的图标，移除默认的芝加哥地点收藏并且不允许当前地点收藏被删除。

再一次打开www/js/app.js文件，我们在两个地方对它进行修改，没有修改的部分会用省略号代替，所以滚动到如清单8.7所示的两个地方并修改粗体标注部分。

清单8.7 天气应用的优化（www/js/app.js）

```
…                                                    ← LeftMenuCtrl路由之前的代码
.controller('LeftMenuController', function ($scope, Locations) {
  $scope.locations = Locations.data;

  $scope.getIcon = function (current) {
    if (current) {                                   添加一个新的
      return 'ion-ios-navigate';                     scope方法来根
    }                                                据地点获取对
    return 'ion-ios-location';                       应的图标
  };
})
…                                                    ← 文件中的更多代码
```

```
  .factory('Locations', function ($ionicPopup) {
  var Locations = {
    data: [],                                    ⊲ 在地点收藏服务中移
...                        ⊲—— 文件中其余的代码         除默认的收藏地点
```

这里我们为左侧菜单路由添加了一个新方法，用来返回对应的图标类名称。如果收藏地点是当前地点，使用 navigate 图标，如果不是则使用 location 图标。这仅仅是一个简单的视觉体验提升，用来帮助用户区分当前地点的收藏。最后移除默认的芝加哥地点收藏，因为现在应用默认会使用当前地点，也就不需要默认添加一个地点用来填充天气页面数据。

现在更新 index.html 文件中侧边栏收藏地点列表。列表元素会使用 ngClass 调用 getIcon() 方法来确定使用图标的类名称。清单 8.8 中的粗体部分是需要修改的。

清单 8.8　侧边栏地点收藏图标（www/index.html）

```
...                                  ⊲—— 侧边栏之前的模板代码
<ion-list>
  <ion-item class="item-icon-left" ui-sref="search" menu-close><span
     class="icon ion-search"></span> Find a City</ion-item>
  <ion-item class="item-icon-left" ui-sref="settings" menu-close><span
     class="icon ion-ios-cog"></span> Settings</ion-item>
  <ion-item class="item-divider">Favorites</ion-item>
  <ion-item class="item-icon-left" ui-sref="weather({city: location.city,
     lat: location.lat, lng: location.lng})" menu-close ng-repeat="location
     in locations"><span class="icon" ng-class=
     "getIcon(location.current)"></span> {{location.city}}</ion-item>  ⊲
</ion-list>                                             添加ngClass指令用
...                        ⊲—— 文件中其余的代码          来调用getIcon方法
```

现在当启动应用时，就可以看到当前地点的图标较于之前收藏的其他地点的图标已经有所变化。虽然变化非常小，但是对于用户的交互体验来说是非常重要的提升。

最后我们要做的是禁止删除当前地点的收藏。将当前地点设成不可删除的是因为这个地点非常特殊，并不是用户特意收藏的。删除当前地点可能会禁止用户获取当前地点的天气，所以要尽可能避免这种极端情况出现。虽然有很多种办法可以实现这个功能，最简单的办法是在设置页面中排除当前地点。打开 www/views/settings/settings.html 文件，设置模板并按照清单 8.9 中的粗体部分添加代码。

清单 8.9　禁止当前地点收藏被删（www/views/settings/settings.html）

```
…                                                    ← 收藏地点列表模板未改变的代码
<ion-list show-delete="canDelete">
  <ion-item ng-repeat="location in locations" ng-if="!location.current">  ← 增加ng-if指令排除当前收藏地点
    <ion-delete-button class="ion-minus-circled" ng-click=
     "remove($index)"></ion-delete-button>
    {{location.city}}
  </ion-item>
</ion-list>
…                          ← 其余未变化的代码
```

只需要做小小的改动就能防止当前地点被从地点收藏列表中删除。现在我们已经完整实现了本节的示例，虽然这个获取用户位置的方法非常简单，但却是非常有效的。将用户当前的地点和其他地点数据放置在一起对于一些有趣的应用来说非常有用。

如果用户拒绝了地理位置权限的请求会发生什么？好吧，好消息是你的应用在没有地理位置信息的情况下仍然是可以工作的。我们必须在设计的时候就为应用考虑到这种情况，并且确保应用在没有地理位置的情况下仍然可以工作。用户可以在任何时间取消获取地理位置信息的权限，因此我们不能假设它是正常工作的。对于其他需要请求权限的插件来说道理也是一样的，因为任何时候权限请求都可以被拒绝，应用在这种情况下也应该能正常工作。虽然在没有获取地理位置信息的权限下运行应用不太可能，但是如果真碰到了，应该弹窗向用户显示一些友好的信息用以提示。可以通过使用地理位置插件来判断插件是否拥有权限，并且在错误处理回调函数中检查相应结果是否是因为权限问题导致的。

8.5　本章挑战

有非常多的插件和特性能够在以上的这些示例应用中实现，列举以下几个插件对使用 Cordova 插件来说是非常不错的练习对象。

- 处理用户离线的情况 ——我们在第 7 章谈论过如何处理离线情景，特别是对于本章的示例来说，应用如果在断网情况下将会获取不到数据。因此检查设备当前是否联网是非常重要的。当然我们也可以考虑在请求数据的时候使用 `$http` 错误处理函数来进行处理。

- 使用 file 插件来存储照片——现在，应用可以获取到照片了，但是也仅仅是在应用关闭之前没有问题，因为我们并不是将照片存储在任何地方。实际上，想要保存所有的状态，但又不能使用 localStorage，因为照片的数量和大小都会变得越来越大，直至超过 localStorage 的存储空间。使用 file 插件在本地存储照片并在每次应用启动的时候加载它们。
- 使用 calendar 插件添加事件——在之前的第一个示例应用中，向用户日历中添加事件计划是可选的。添加一个按钮让用户可以选择并将事件计划添加到他们的日历中。
- 弹窗提示为应用评分——在任何一个示例中，都可以弹窗提示用户在应用商店内为应用评分，而最好的时机是用户已经使用了一段时间该应用并且可以对应用提出高质量的评论时。
- 使用插件代替活动菜单列表组件——在天气应用中，我们可以在 Ionic 中使用活动菜单列表组件。尝试使用活动菜单列表插件代替这个 Ionic 组件吧！

8.6 总结

这一章我们对 Cordova 和它的插件有了更深刻的理解，相信大家一定惊讶于使用它们在应用中获取照片和用户位置有多么简单了。这也正是 Ionic 插件强大的地方，特别是搭配上 ngCordova 之后，我们可以使用几乎任何移动设备的能力。让我们再复习一下本章涵盖的主要内容：

- 在我们的 Ionic 应用中安装 Cordova 插件以利用原生功能。
- 常见的插件问题和解决它们的方法。
- ngCordova 让我们在应用中使用 Cordova 插件更加方便。
- 使用地理位置插件改进第 6 章的天气应用。
- 为第 4 章的应用添加照相机插件来创建相册。

下一章，我们将会学习如何为应用编写单元测试以及其他调试工具和技术。

9 预览、调试和自动化测试

本章要点

- 使用 Ionic View 和 Ionic Lab 来预览应用
- 在 iOS 和 Android 真机或模拟器上进行调试
- 配置应用并编写自动化测试

本章将学习如何预览、调试和测试应用。本章旨在帮助大家更好地对应用进行质量管理。根据以往的项目经验，你也许知道随着应用变得越来越复杂，代码维护成本也会越来越高。开发人员必须付出努力，遵从规则，才能克服这些问题。本章将会向大家介绍一些解决这些问题的工具。

9.1 预览、调试和测试之间的区别

在进入正题之前让我们先分析一下预览、调试和测试这三个术语吧。图 9.1 已经显示了它们之间的不同。

预览
Ionic view：可以非常方便地向他人分享你的应用而不需要提交到应用商店。
Ionic Lab：快速在浏览器中以 iOS 和 Android 模式预览应用的外观。

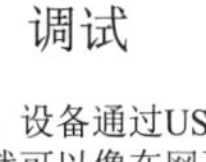

调试
在设备上调试：设备通过USB连接到电脑，然后我们就可以像在网页中使用开发工具一样使用它对应用进行调试了。

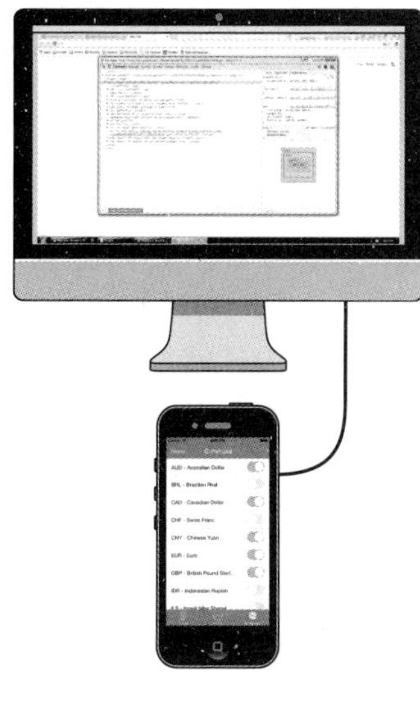

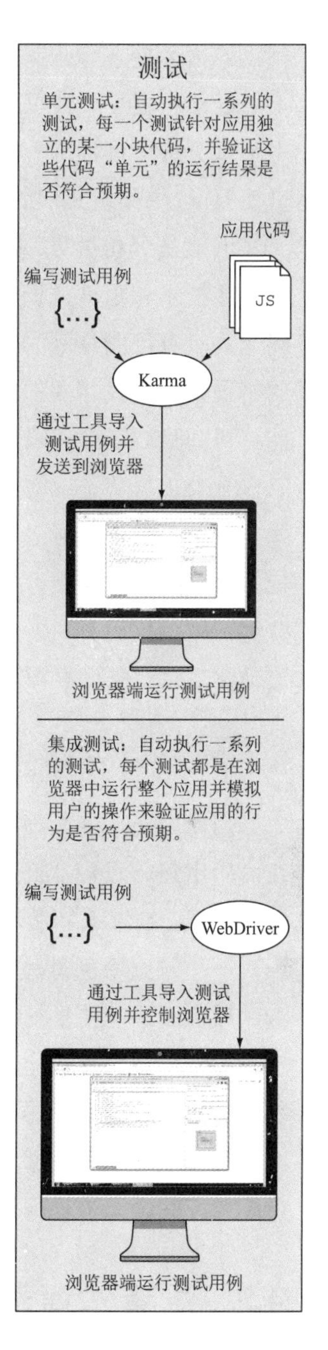

测试
单元测试：自动执行一系列的测试，每一个测试针对应用独立的某一小块代码，并验证这些代码“单元”的运行结果是否符合预期。
应用代码
编写测试用例
{...}
JS
Karma
通过工具导入测试用例并发送到浏览器
浏览器端运行测试用例
集成测试：自动执行一系列的测试，每个测试都是在浏览器中运行整个应用并模拟用户的操作来验证应用的行为是否符合预期。
编写测试用例
{...}
WebDriver
通过工具导入测试用例并控制浏览器
浏览器端运行测试用例

图 9.1 预览、调试和测试应用程序的关键环节

预览意味着在我们的设备或者模拟器中查看应用并与应用进行交互。预览通常是开发者观察应用的显示和交互行为是否符合预期的首要手段。如果仅仅只是依赖

预览的话会导致一些头疼的问题，因为预览判断应用的整个过程依赖开发者对应用手动运行和交互。当应用变得越来越庞大并且运行于多平台环境后，为了保证质量，手动预览这个过程的困难程度将会呈指数级增加。所以我们会介绍一些其他的方法来在 Ionic 中预览我们的应用。

调试是分析并发现源码问题的过程。我们回想一下第 1 章中提到的组成 Ionic 的那些技术和组件，调试是确定哪里出错的操作。当然有可能一些错误和我们的代码无关，有可能是因为文件本身就损坏的原因。许多开发者会通过在网上搜索相关的错误信息查找相关的博客文章或论坛帖子来解决一些问题。稍后我们会讨论一些能够帮助我们追踪代码错误的技术和工具。

自动化测试是编写代码来验证代码行为的操作。计算机善于做大量的重复任务，并且测试工具可以导入我们的应用并执行测试用例代码来验证应用行为是否符合预期。自动化测试需要我们编写测试用例，执行测试用例是一种使用测试工具导入一些测试用例代码并进行断言的特殊任务。你当然可以选择手动执行测试用例，但是自动化测试对于生产应用来说更加高效。

9.1.1 为什么测试如此重要

想象一下，我们有一个中等大小的应用（到底多大算中等取决于自己的标准）在商店出售。我们从商店获得了一些关于许多人碰到了一个你认为早就解决了的问题的反馈，在发布新版本之前我们需要快速验证这个错误是否已经被修复了。此时，编写一个测试用例是验证错误是否被修复的最好的方法，因为你可以重复运行这个测试用例而不需要手动在每次发布之前检查这个问题。

对于几乎没有构建过大型应用的 Web 工程师来说，测试看起来像是过度实现了。制作一个专业的高质量的应用需要在代码中包含测试用例来维护代码质量。所有的应用都会从测试中受益，我们应该在开发过程中重视它。测试在项目刚开始的时候可能要花些时间进行配置，但是在之后的项目开发过程中它的优势就会彰显出来。

9.2 配置本章示例

本章示例基于第 6 章的天气应用，本章的版本中会包含一些额外的特性以及自动化测试功能。可以使用 `git clone` 命令或者从 Github 的 https://github.com/ionic-in-action/chapter9/archive/master.zip 这个地址下载，以获取本章示例的代码：

```
git clone https://github.com/ionic-in-action/chapter9
```

克隆或下载完代码（下载完后还需要解压缩文件）后，进入项目目录并添加需要的插件和平台（至少一个）。虽说运行 `ionic start` 的时候会帮我们配置好，但是因为我们是直接下载的跳过了 `ionic start` 命令创建项目，所以需要手动添加插件：

```
ionic plugin add org.apache.cordova.console
ionic plugin add org.apache.cordova.device
ionic plugin add com.ionic.keyboard
ionic platform add [ios/android]
```

现在项目应该和第 6 章的最终版本是一致的，测试文件会在本章稍后添加上。

9.3 预览应用的其他方法

还有一些我们没有提到的方法可用来预览应用，每一种都针对某种特定的场景。Ionic 一直都在为开发者开发新功能，这也是为什么大家都喜欢它的最大原因。

除了使用 `ionic serve`、`ionic emulate` 和 `ionic run`，下面我们说一下另外两种预览应用的方法。首先是 Ionic Lab，它可以让我们同时在 iOS 和 Android 两个平台上预览应用。然后是 Ionic View，它可以将应用上传到 Ionic 平台，其他人可以使用 Ionic View 下载并预览应用而不需要通过应用商店。

9.3.1 Ionic Lab

当需要同时在 iOS 和 Android 上预览应用的时候，可以使用 Ionic 命令行的 Lab 功能。这项技术不需要开发者拥有 Mac 就可以预览应用在 iOS 平台上的效果。然而，它并不是一个真实的模拟器，而仅仅是提供了一个可视化的预览和比较。它是 `ionic serve` 下的命令，所以我们可以在浏览器中打开应用，区别是可以同时看到应用在两个版本下的运行情况。在图 9.2 中我们可以看到第 5 章的实例应用在 Ionic Lab 下的显示效果。它可以帮助我们捕捉到由于不同平台的特性造成的错误。

在图 9.2 中我们可以看到，左侧是 iOS 版本，选项卡是显示在底部的，而右侧是 Android 版本，选项卡是显示在顶部的。这样能够快速显示应用在不同平台上的效果。

图 9.2 Ionic Lab 允许同时并排预览应用在 iOS 和 Android 两个平台上的显示差异

要想使用Ionic Lab的话，只要在运行`serve`命令的时候带上`--lab`参数就可以了：

```
$ ionic serve --lab
```

这样会自动打开一个新浏览器窗口，新页面上会并排放置不同平台两个版本的应用。在第 7 章中我们讨论过，根据平台的样式特性设计应用是非常重要的，这种预览方法可以快速在不同的平台上预览应用。当然同样受限于浏览器显示，一些在模拟器和设备上才可用的 Cordova 本地化特性并不能正常工作。

9.3.2 Ionic View

Ionic 还有一个额外的平台特性，那就是 Ionic 开发者可以非常方便地发布应用进行预览。Ionic View（http://view.ionic.io）是一款手机应用，任何人都可以从应用商店下载并安装它，用来预览 Ionic 应用。这就意味着你可以在客户端中预览应用而不需要实际向应用商店中发布应用。例如，你可以在项目进度会议中使用它向老板展示应用。图9.3中显示了两个已经上传到Ionic View中的章节示例应用。这种预览方式并没有对应用提供任何直接的开发帮助，它主要是想提供一个向其他人展示应用而不需要向商店提交应用的方法。

如果要使用Ionic View，需要创建一个Ionic账号。可以在https://apps.ionic.io/signup中免费注册一个账号。然后在命令行中使用如下命令进行登录：

```
$ ionic login
```

输入账户信息，只要第一次认证成功之后，我们就可以上传任何应用到Ionic平台并通过Ionic View分享给其他人。

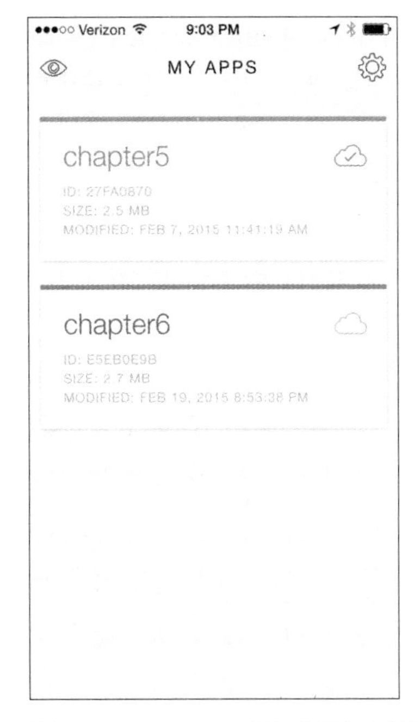

图9.3 Ionic View应用中显示了两个已经上传的章节示例应用

在命令行中，我们进入想要上传的应用项目文件夹。使用如下命令就可以在命令行中上传应用了。Ionic会自动注册应用并将其上传到我们的账户下：

```
$ ionic upload
```

这个命令会将当前Ionic项目上传到Ionic平台服务器上，它会为应用创建一个唯一ID便于我们分享应用。可以在https://apps.ionic.io/apps上查看并管理上传的应用。

上传完毕后，可以在设备上使用Ionic View应用查看应用，Ionic View会显示我们已经上传的应用列表。当选择任何一个应用时，不需要USB连接设备并部署，Ionic View会自动下载该应用并在设备中运行。

单击一个应用程序会自动下载并查看该应用，应用是全屏运行的，所以我们可以使用三指下划来关闭应用。

Ionic View的局限

Ionic View存在几个缺陷。因为平台架构问题，Ionic View仅支持部分Cordova插件。可以在http://docs.ionic.io/docs/view-usage中查看支持的插件列表。一些插件由于安全问题没有提供支持。

同样的，Ionic View 也没有提供调试信息。由于安全原因，生产应用对于调试有更多的限制。我们不想让不是自己制作的应用直接连接到电脑上，而调试模式却又需要应用和电脑进行连接。可以对 Ionic View 的文档保持关注，也许在之后调试模式会增加到 Ionic View 中。

9.4 使用真机调试

前面我们已经学习过在电脑上使用浏览器作为开发和调试工具了，但是还有一些情况，比如当我们在设备上加载应用的时候有可能也会出现问题需要调试。因为本质上我们并不是在制作一款原生应用，所以能像以前一样使用浏览器的开发者工具进行调试是再好不过了。好消息是我们完全可以这么做！

无论是 Android 还是 iOS 平台都允许使用浏览器开发者工具在模拟器或者是已连接设备上进行调试。从本质上来说，Chrome 或者 Safari（取决于系统平台）都允许我们连接到设备并像网页一样使用开发者工具对应用内的页面进行调试，正如图 9.4 中所描述的一样。

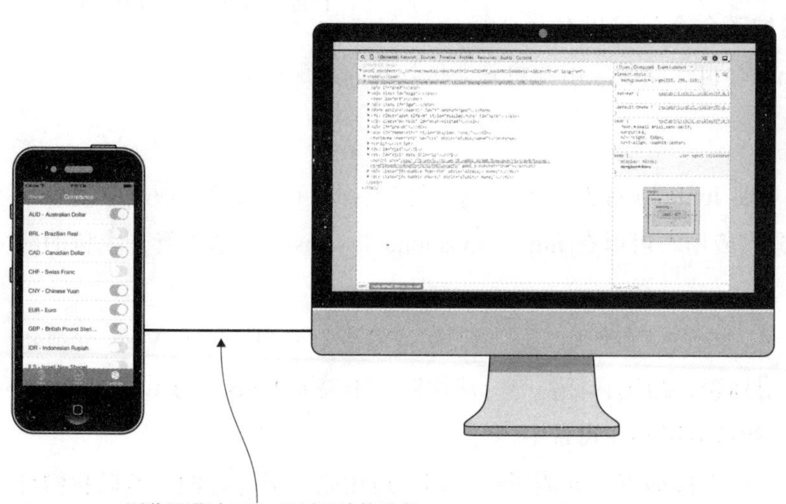

图 9.4 浏览器开发者工具是如何帮助我们对已连接设备上的应用进行调试的

在第 2 章中我们讨论过如何使用 Ionic 命令行工具在模拟器或者设备上运行应用，该命令带一个可选参数用来在命令行中输出信息。下面的命令是针对 iOS 的，如果想要在 Android 中使用，需要将 `ios` 替换成 `android`：

```
$ ionic emulate ios -l -c
```

使用这种方法的问题在于，我们只能获取打印在浏览器控制台中的 JavaScript 错误。如果你的确想要检查 JavaScript 错误是没有问题的，但是它并不能提供检查元素并显示元素样式表的功能，完整的开发者工具能够帮助我们检查应用的方方面面。

调试模式仅当我们使用自己的设备开发和部署的时候可用。当应用是从应用商店安装的时候，应用是没办法进行调试的。

9.4.1 在 Android 设备上进行调试

对 Android 设备进行远程调试非常简单，但是首先需要开启设备的调试选项。如果你没有操作过这一步，可以返回 2.2 节查看相应的步骤。然后我们就可以配置浏览器使用调试工具进行调试了。

配置 Google Chrome Canary 浏览器

强烈推荐使用 Google 的 Chrome Canary 浏览器进行 Android 应用开发。Chrome Canary 是 Chrome 的最新版本，一些没有在稳定版中出现的功能会率先在此版本中出现。Android 应用开发文档指出，为了让连接和调试应用一切正常，电脑上安装的浏览器最好要比移动设备上的新。而 Chrome Canary 可以确保这个前提，因为它就像测试版本一样在不断升级。可以从 https://www.google.com/intl/en/chrome/browser/canary.html 中下载 Chrome Canary。

当成功连接到设备后，打开 Chrome Canary 浏览器并跳转到 `chrome://inspect` 页面。我们需要在地址栏中手动输入地址，然后就会看到图 9.5 所示的界面。如果没有设备连接到电脑，页面中设备列表显示为空。由于我们的设备正在运行，可以单击页面中的 inspect 链接来为应用开启开发者工具。我们可以修改样式，查看 JavaScript 的日志信息，查看网络情况例如应用的 API 请求，以及任何通过开发者工具可以实现的事情。

Android 模拟器不允许我们使用这种方法进行调试。但有另外一个叫作 Genymotion 的工具可以像模拟器一样运行，在电脑上显示就像它真的连接到设备上一样。可以从 https://www.genymotion.com 上下载并使用，它针对个人项目是免费的。同时我们还需要 VirtualBox：http://www.virtualbox.org。当想将应用部署到 Genymotion 的时候，只需打开 Genymotion，然后使用 `ionic run android` 命令。如果使用 `emulate` 命令，应用不会使用 Genymotion 打开。

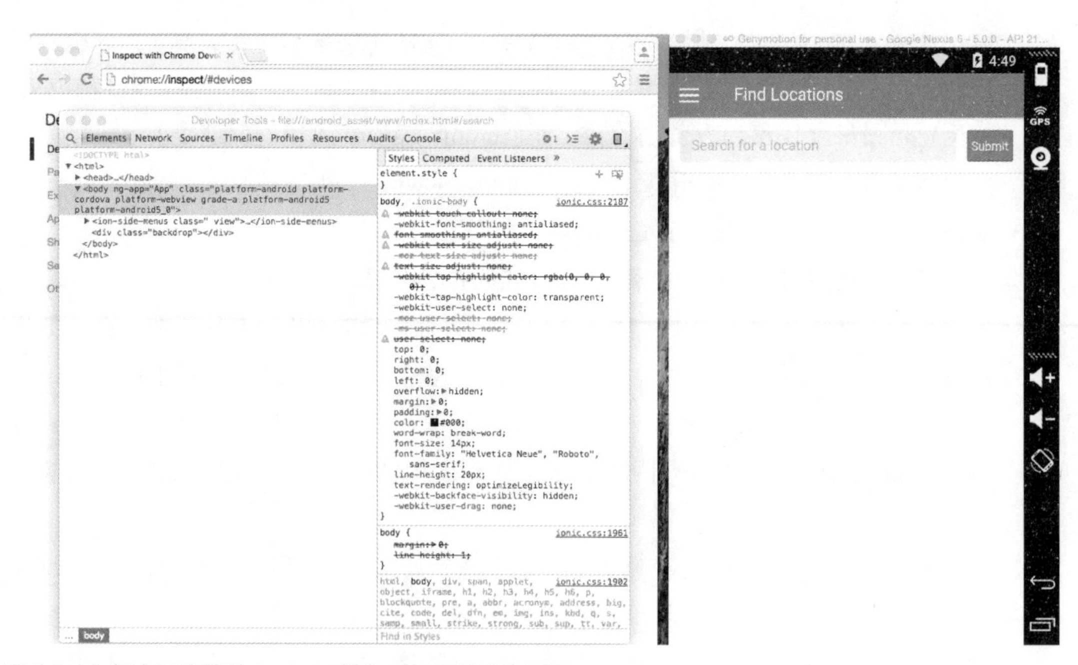

图 9.5　如何在已连接的 Android 设备上打开开发者工具

综上针对 Android 设备的开发调试，我们需要做的仅仅是获取 Android 设备调试模式的权限。

9.4.2 在 iOS 或模拟器中进行调试

调试 iOS 设备和 Android 设备类似，除了它使用的是 Safari 外，首先需要在设备上开启 Safari 的允许调试模式选项。在 iOS 模拟器中，该选项默认是开启的，你可以检查配置选项并验证。在设备上，进入应用设置。打开 Safari 的设置选项，选择底部的 Advanced 选项。确保 Web Inspector 选项是开启状态，它允许对应用页面进行远程调试，图 9.6 中显示了详细的过程。

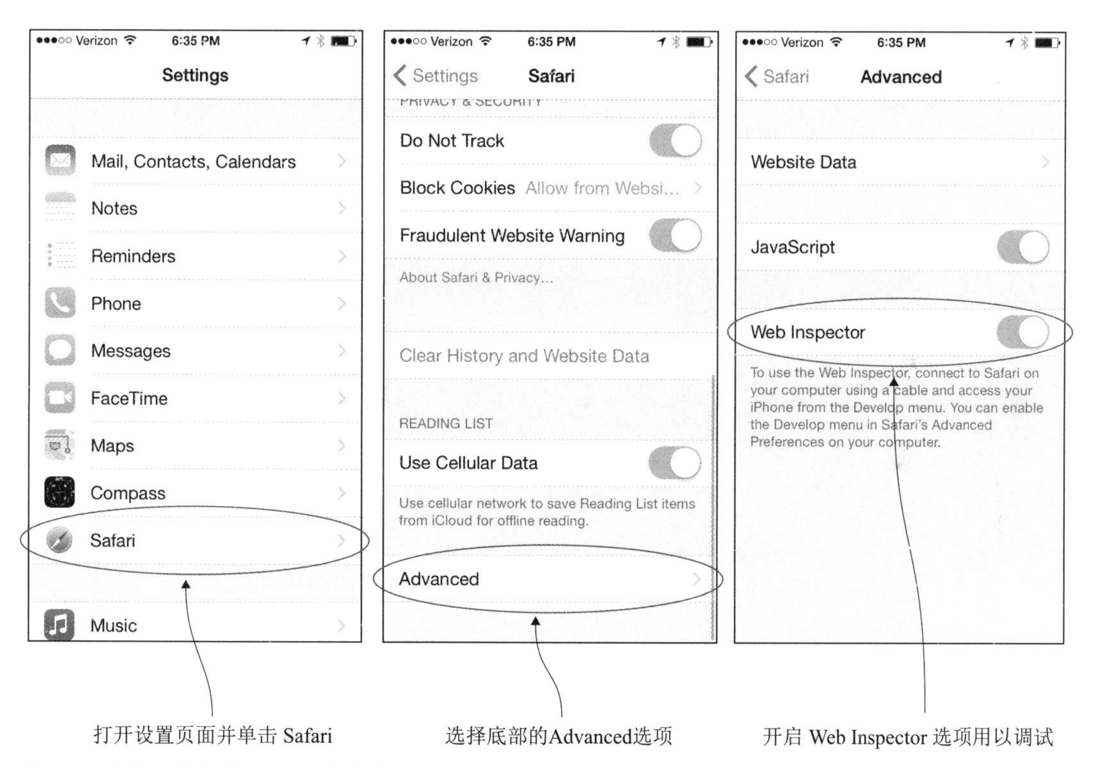

图 9.6 在移动设备的 Safari 中开启 Web Inspector 选项

现在在电脑上打开 Safari。如果没有在菜单上看到 Develop 菜单项，需要进入 Safari 的设置中开启开发者配置。打开 Preferences 面板（顶部菜单中的 Safari > Preferences 选项），然后选择 Advanced 选项卡。在底部有一个复选框用来切换显示 Develop 菜单。开启该选项并关闭配置窗口。现在就可以在顶部菜单上看到 Develop

菜单项了。图 9.7 中详细说明了具体的步骤。

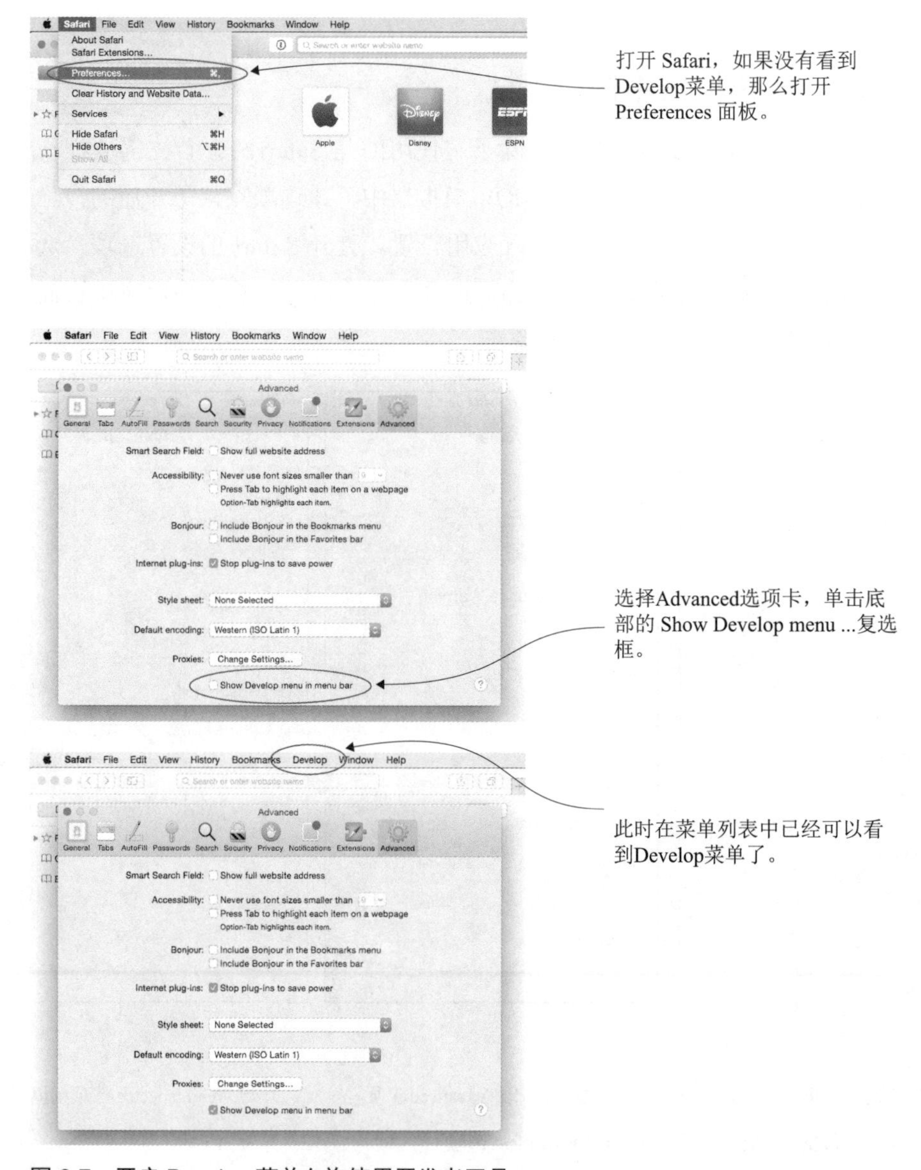

图 9.7　开启 Develop 菜单允许使用开发者工具

现在可以开始在 iOS 设备上对应用进行调试了。首先需要确认应用是在模拟器还是在设备上运行，我会在模拟器中运行本章的示例，因此大家可以看到并排显示的截图。

当应用运行后，切换到 Develop 菜单。此时应该可以在菜单中看到连接设备或者模拟器列表，选择 index.html 主文件，正如图 9.8 中所示的那样。浏览器会打开一个新的 Web Inspector 窗口，可以非常方便地选择元素的 DOM 来查看样式和内容。

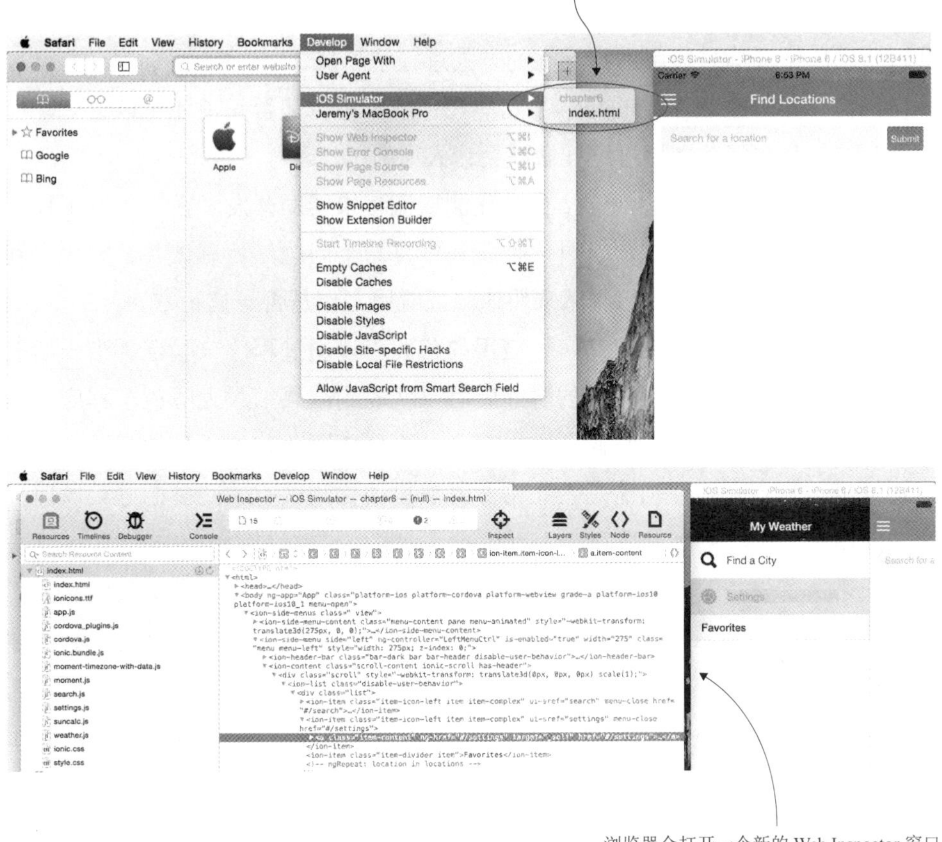

图 9.8 在模拟器或者移动设备上开启开发者工具

通过 Safari 进行调试的最大问题是，必须在打开 Web Inspector 之前打开设备或者模拟器。这就意味着 Web Inspector 不能在应用开启之前运行。如果应用在加载过程中有任何错误，由于此时 Web Inspector 还没有打开捕捉错误消息，所以并不能对该错误进行调试。可以选择在加载的时候使用 JavaScript 直接弹出警告窗来显示信息。

以上就是所有在 iOS 模拟器或者设备上进行调试需要做的配置。下面开始配置自动化测试。

9.5 自动化测试

*测试*即是要验证应用的行为是否符合预期。之前我们已经成功编译出自己的应用并通过手动单击屏幕与应用进行交互的方式进行了测试。当应用还算简单的时候，这样手动地测试每一个版本中的每一个功能在每一个平台是否正常还可以忍受，但是当应用变得越来越复杂之后再这样做就会让人崩溃了。

所以在开发流程中应该添加一个自动化测试流程来帮助开发者在应用发生任何改变的时候可以随时进行测试。有时候你正在修复一个问题然后调试并合并代码到仓库中，此时就可以使用自动化测试来快速验证应用工作是否一切正常。

本小节我们将学习*自动化测试*——应用的代码可以通过程序来验证。当一切就绪后，运行测试脚本，仅需要几秒的时间就可以获取到结果，大大解放了程序员的双手。当我们在团队中工作的时候，它也允许在不打断团队其他成员的开发进度的情况下运行测试脚本来验证功能是否正常。既然自动化测试有如此多的好处，但是为什么很多项目仍然没有使用呢？

简单说来，首先是编写自动化测试脚本略有挑战。测试用例本身是代码，我们需要编写代码来测试代码。另外就是工程师们也许会觉得他们手动测试起来会比学习配置自动化测试更快一点。但是从自动化测试的长期利益上来说，这是值得考虑的一件事：它可以让我们的应用变得更加稳定，快速开发而不用担惊受怕，同时还可以帮助团队避免代码冲突。

下面我会介绍两种类型的自动化测试：单元测试和集成测试（也叫 E2E 测试）。由于我们的应用是基于 Angular 的，所以会使用与 Angular 搭配的测试工具。

*单元测试*对于代码分块独立测试是最好的方式，例如每个服务和控制器，因为一个单元测试被用来测试每个独立的方法（正如其名“单元”所指）来断言它的结果是否符合预期。

*集成测试*通过模仿用户的行为来测试应用的行为是否符合预期，例如单击列表中的某个元素是否能跳转到详情视图。我们将会研究这两者之间的区别，但这两种测试方法对应用都有好处。

我将帮助大家开始编写测试脚本。本节最后一部分，我们会尝试编写测试脚本，希望大家能够对测试挖掘得更加深入。

9.5.1 使用 Jasmine 和 Karma 进行单元测试

单元测试是自动化测试用于验证代码是否符合预期的一种方法。最关键的是，其可测试应用极小的一部分，例如作用域内的方法，并验证返回结果是否正确。

例如，地图应用中可能会存在一个方法用来获取经纬度值并且计算两点之间的距离。这个时候就非常推荐大家编写一些测试用例，来检查当传递不同类型的值（甚至是无效值）的时候函数的返回结果是否符合预期。下面是一些虚拟的测试用例脚本，用来对刚才介绍的方法进行验证：

```
var location1 = [91, 21];      // 创建两个经纬度的值用来测试
var location2 = [82, 32];

expect(mapCalculate(location1, location2)).toEqual(123);   // 使用有效值传递参数，测试mapCalculate()方法来检查其是否返回有效值
expect(mapCalculate(location1, undefined)).toEqual(0);     // 使用无效值传递参数，测试mapCalculate()方法
```

单元测试是非常好的确保应用的细粒化的方法。如果我们有自信单元测试全部通过，所有的方法都符合预期，那么对于应用其他部分的改变会变得更加容易，不用担心影响现有功能的开发。缺少测试用例对于应用的维护会变得非常困难。

我们将使用 Jasmine 测试用例框架来编写单元测试框架，并使用 Karma 作为测试工具来运行测试用例。Jasmine 对于开发新手来说是非常棒的测试工具，它还是 Ionic 和 AngularJS 的主要测试框架。如图 9.9 所示，Karma 连接到一个测试框架（本例中为 Jasmine），导入所有的测试用例后在浏览器中运行测试（本例中使用 Chrome 浏览器）。

现在可以开始配置 Jasmine 和 Karma 了，然后为天气示例应用编写一些单元测试。

配置 Karma 和 Jasmine

首先需要安装 Karma，它能帮助我们配置 Jasmine。Karma 为 Jasmine 和 Chrome 提供了一款插件，会在之后安装核心 Karma 工具的时候一起安装。打开命令行，切换到项目目录，运行如下命令安装相应的工具：

```
$ npm install --save-dev karma karma-jasmine karma-chrome-launcher
$ npm install -g karma-cli
```

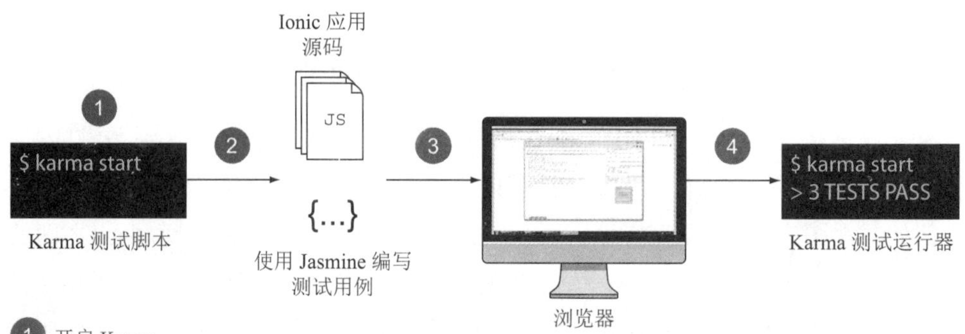

图 9.9 单元测试工具、Karma 和 Jasmine 是如何执行单元测试的

第一行安装了 Karma、Jasmine 插件和 Chrome 插件，并将其作为项目的开发依赖添加到项目配置文件中。第二行将 Karma 作为全局命令，这样就可以在命令行中非常轻松地运行它了。

在 Karma 运行之前，需要添加一个配置文件让它知道要做什么。Karma 只需要运行指定的 JavaScript 配置文件而不用导入 HTML 文件并让所有的页面都载入（我们将在下一节中做这个）。在项目根目录中创建一个名为 karma.conf.js 的新文件，然后添加清单 9.1 中的代码。

清单 9.1 Karma 配置文件（karma.conf.js）

```
module.exports = function(config) {
  config.set({
    frameworks: ['jasmine'],
    files: [
      'www/lib/ionic/js/ionic.bundle.js',
      'www/lib/moment/moment.js',
      'www/lib/moment-timezone/builds/moment-timezone-with-data.js',
      'www/lib/suncalc/suncalc.js',
      'www/lib/angular-mocks/angular-mocks.js',
      'www/js/**/*.js',
      'www/views/**/*.js',
      'test/unit/**/*.js'
    ],
    reporters: ['progress'],
    browsers: ['Chrome']
  });
};
```

声明我们想使用 Jasmine

告诉 Karma 导入应用的资源文件

添加 angular-mocks 文件，用来帮助我们编写测试用例

使用通配符匹配应用资源文件

开启详细步骤报告选项

使用 Chrome 作为测试浏览器

这样我们就编写好应用的测试配置文件了。需要声明想要使用的测试框架（这里是 Jasmine ），然后告诉 Karma 需要载入哪些文件。Karma 会在浏览器（这里是 Chrome）中载入这些文件，然后运行所有它找到的测试用例。运行结果会随后打印在控制台上，当然也可以配置导出到文件中（Karma 支持导出多种格式的文件，例如 HTML 或 XML）。现在我们可以编写一个测试用例并执行它。应用引用的任何文件都需要在运行之前添加到配置文件列表中，就像示例中我们添加了 Moment.js 等诸多类库一样。

编写测试用例

Jasmine 是一款行为驱动开发（BDD）框架。你也许熟知各种敏捷开发方法，其中主要的目的是想在项目开发过程中帮助团队在技术和管理上达到平衡。当我们编写测试用例的时候，会使用 *describe* 来写一大段状态对测试对象进行描述，每个状态会使用 *it* 来表示它应该做什么，其中 *describe* 和 *it* 是编写测试用例的语法。

Jasmine VS. 其他测试框架

Jasmine 是一款非常强大的测试框架，但是它并不是唯一的选择，其他还有 Mocha、QUnit 和 Unit.js 等。在 JavaScript 的世界中，新框架层出不穷，所以必须意识到我们总有其他新的选择。

总之，能够使用任何我们想得到的测试框架。框架越流行，越有可能在本书中作为工具推荐出来。Jasmine 在 Angular 1.x 版本中作为测试框架使用，所以这对于任何刚入门测试的人来说是最好的选择。

我个人大部分时间都是使用 Jasmine 的，另外一个我使用得比较多的框架是 Mocha。Jasmine 提供了大多数我们需要测试的东西，相比较来说，Mocha 更加碎片化而且需要我们增加额外的工具帮助断言。除非 Jasmine 无法满足你的需求或者你有使用其他框架的经验，否则我建议在 Ionic 和 Angular 项目中还是使用它作为测试框架。

我认为以示例开始入门是最简单的方法。首先我们会为过滤器编写测试用例。过滤器的作用是获取一个小数值，然后返回一个 0~100 的百分数并返回最近的整十结果。举例来说，大家都喜欢将 0.36 转换成 36%，然后取整为 40%。我们希望编写测试用例并使用这个函数作为测试将这个过程断言成真。清单 9.2 编写了这个方法的测试用例，将其添加到 test/unit/chance.filter.spec.js 文件中。

清单 9.2 过滤器单元测试（test/unit/chance.filter.spec.js）

```
describe('Chance Filter', function() {            ❶ 描述功能，这里就是过滤器
  beforeEach(module('App'));                      ❷ 使用 Angular mocks module() 方法模拟 Angular，使得应用可以运行

  it('should round any decimal percentage to nearest 10 value',
     inject(function(chanceFilter) {              ❸ 使用 it should ... 语法格式来声明测试用例，注入到过滤器后开始运行测试
    expect(chanceFilter(0.01)).toEqual(0);
    expect(chanceFilter(0.05)).toEqual(10);
    expect(chanceFilter(0.44)).toEqual(40);
    expect(chanceFilter(0.46)).toEqual(50);       ❹ 使用断言库来判断过滤器是否转换值为预期的输出
    expect(chanceFilter(0.95)).toEqual(100);
    expect(chanceFilter(undefined)).toEqual(0);
  }));
});
```

这个测试脚本的内容很多，我们分开来一个一个地说。首先看❶处的 `describe()` 方法，这是编写测试用例的主要方法，用来存放所有目的一样的测试用例。然后是❷处的 `beforeEach()` 方法，它会在每次测试之前运行。这是非常重要的，因为每次测试都会重置测试环境，因此我们不能期望在两次测试之间传递数据。`beforeEach()` 使用了 `module()` 方法来在测试执行之前载入应用。由于在配置文件中导入了 Angular mocks 库，所以 `module()` 方法是可以成功运行的。

❸处的 `it` 语句声明了特定的要求。它的第一个参数是一个字符串，通常写成“it should do something”的格式。第二个参数是一个可执行函数，包含了一些会被执行的断言语句。函数使用了 `inject` 方法来注入 `chanceFilter`。通常我们会在变量绑定表达式中使用过滤器，例如 `{{ 0.34 | chance }}`，但是在这里我们可以直接导入并调用它。

最后，我们在❹处定义了 6 个 `except` 期望表达式。这些是我们实现定义好的断言，整个看起来就像是我们期望向 `chanceFilter` 过滤器传递一个确定的参数，后期运行结果能恒等于我们指定的值。在这个示例中，我们测试了 6 个不同情景来确保过滤器是正常工作的。可以根据你的需要定义更多的测试场景，甚至可以在最后测试一个无效值来看一下函数会如何处理。

Jasmine 和 BDD 测试的一个好处就是测试是声明式的，所以即使是非程序员也可以看懂它们。因为我们使用 *describe* 来描述函数的特性并使用 *it* 来声明它应该干

什么，所以测试可能不仅仅是用来验证函数行为的方法，同时也是帮助计划和明确函数特性的工具。

运行单元测试

我们需要使用 karma 命令行工具来运行测试用例，它会开启一个服务来监听文件是否被修改，如果有修改的话它会自动运行测试用例。karma 会在 Chrome 内开启一个新的 Chrome 窗口来运行测试用例。在项目根目录下运行如下命令：

```
$ karma start
```

它会开启 Karma 服务器，用来监听文件变化并在浏览器中运行测试用例。它会立即执行测试用例，然后将测试结果直接输出到命令行中。

一般我会在开发的时候一直开启 Karma 服务，这样就能随时测试我的代码。它会提醒我编写测试用例，并能让我立即了解到编写的代码是否有错。

为搜索控制器编写单元测试

如清单 9.3 所示，现在可以尝试为其中的一个控制器编写测试用例了。大体结构和之前的一样，但是需要做一些不同的配置来测试控制器。测试的搜索控制器看起来比较简单，但是因为它产生了一个 HTTP 请求，所以需要一些 mocks 数据来测试它。

mocks 是什么以及我们为什么需要它？

在测试过程中，如果我们想要独立一些条件出来也许会导致测试失败。这里的问题在于，大多数的代码会依赖其他的代码运行——举个例子，一个控制器也许会包括 Angular $http 服务并且在代码中确实用到了它。

mocks 是一个特别的对象，被用来模拟真实对象的行为。在测试的时候我们并不想真实地制造一个 HTTP 请求，因为这会耗费大量的时间，而且 Angular 在发布新版本之前已经测试过 $http 服务的可靠性了，所以我们不需要再一次测试它。Angular 提供了一个 $http 的 mock 版本，叫作 $httpBackend，它作为 Angular mocks 模块的一部分被导入测试脚本。另外一个需要 mocks 的例子是 local storage，我们需要创建一个 localStorage 服务来模拟真实的本地存储行为。ngCordova 同样也提供了 mock 服务-用来模拟 ngCordova 特性。

总的说来，单元测试中任何不是我们自定义的代码库中的服务都应该 mock。你可能并不希望测试脚本会请求真实的接口。想象一下，我们想要测试应用的用户注册逻辑，可以使用 mock 数据来模拟真实的服务，以避免测试带来的注册数据。同时，我们也想保证测试是快速的，这样才能让开发者持续使用它们，因为我们需要频繁地运行它们。

清单 9.3 搜索控制器的测试用例（test/unit/search-ctrl.spec.js）

```
describe('Search Controller', function () {
  var scope, httpBackend;

  beforeEach(module('App'));

  beforeEach(inject(function ($rootScope, $controller, $httpBackend, $http) {
    scope = $rootScope.$new();
    httpBackend = $httpBackend;
    httpBackend.when('GET',
     'http://maps.googleapis.com/maps/api/geocode/json?address=london')
      .respond({results: [{}, {}, {}]});
    httpBackend.when('GET', 'views/weather/weather.html').respond('');
    httpBackend.when('GET', 'views/settings/settings.html').respond('');
    httpBackend.when('GET', 'views/search/search.html').respond('');
    $controller('SearchCtrl', {
      $scope: scope,
      $http: $http
    });
  }));

  it('should load with a blank model', function () {
    expect(scope.model.term).toEqual('');
  });

  it('should be able to search for locations', function () {
    scope.model.term = 'london';
    scope.search();
    httpBackend.flush();
    expect(scope.results.length).toEqual(3);
  });
})
```

❶ 描述搜索控制器功能

❷ 声明一些变量，用来在子作用域中获取数据

❸ 在测试用例运行之前导入 App 模块

❹ 在测试脚本之前为测试注入一些值

❺ 注入值并使其可用

❻ 当请求天气接口数据和模板数据时，使用 httpBackend.when()方法来模拟 HTTP 请求响应

❼ 使用刚才定义的作用域和 $http 的服务来实例化控制器

❽ 创建特定的测试用例用来验证 model.term 的默认值为空

❾ 为搜索方法创建特定的测试用例，在修改 term 值的时候调用方法触发请求并比对输出结果

这段测试代码比原本控制器的代码长多了，但其实有一大部分是用来配置测试环境的，下面我们就分块来讲解一下。

首先，❶处使用 describe 方法描述这个测试的功能特性，在这里就是搜索控制器。因为代码都是在函数体内运行的，所以先在❷处声明一些稍后我们需要用到的变量。然后就像之前一样，在❸处使用 beforeEach() 方法导入 App 模块。

随后❹处的这个 beforeEach() 方法包含了一些让控制器正常工作的逻辑操作。因为我们正在创建一个独立的测试脚本，所以在测试之前需要在幕后做一些让 Angular 正常工作的预处理。Angular 的文档中已经详细描述了如何配置让不同的 Angular 特性在测试环境中正常工作，例如过滤器、指令和控制器。这些繁琐的配置往往让人对测试感到焦躁，但是不要气馁，请坚持下来！

在❺处我们创建了一个新的作用域并获取到 httpBackend 服务变量。我们需要在测试用例中使用这些变量，这也就是为什么我们需要在闭包外面定义这些变量的原因。首先在❻处调用了 httpBackend.when() 方法模拟地点搜索的请求。需要声明 HTTP 请求的方法（在这里就是 GET）以及 HTTP 请求的 URL 地址，然后链式调用 response() 方法并声明一个返回值。我们不需要担心返回值是否符合真实的结果，只需要确保返回的结果结构一致即可。在这个例子中则是返回一个对象，里面包含了一个数组。

之后我们还在❻处调用了三次 httpBackend.when() 方法帮助模拟获取模板数据，因为它们都是通过 HTTP 载入的，当然如果你在应用的配置中不是使用 URL 地址载入模板的话这步则不是必需的。最后一步，在❼处使用 $control 服务注册了一个控制器并将需要的依赖通过参数传入。

在测试的最后，使用两个测试用例来测试控制器。❽处的第一个测试用例简单地检查了 model.term 值默认是否为空。对于一个控制器来说，这用于检查默认情况是非常好的。❾处定义的第二个测试用例修改了 model.term 的值并调用了 search() 方法，其中方法中的请求被 httpBackend 模拟服务接管。使用之前我们在❻处定义好的模拟声明并匹配请求数据来代替真实的 HTTP 请求。当其在模拟数据中匹配到模拟请求的时候，服务会直接返回我们定义好的返回值，在这个例子中则是三个空对象组成的数组。通过检查对象中数组的长度来断言作用域是否被更新。

如果 Karma 仍在命令行中运行的话，这些测试用例会被自动添加并执行。如果之前已经退出 Karma 命令，需要重新运行它然后查看测试结果。

关于 Jasmine 你还需要知道的事情

Jasmine 有大量可让我们的测试更加便利的特性，在这里没有讨论到。它还有另外一种方法来表示测试用例，例如 `expect(value).toBeDefined()` 或者 `except(value).not.toBeNull()`。想要了解更多 Jasmine 的特性，可以查看 http://jasmine.github.io/ 文档。

我最喜欢的一种理解 Jasmine 的方式是查看其他人写好的 Angular 和 Angular 模块的测试用例。可以在 Github Angular 项目仓库上或者第三方的 Angular 模块仓库上找到这些测试用例。

测试最困难的一块在于理解如何手动操作应用中本来是 Angular 自动处理的事情。当我们疑惑于如何组织测试用例时，Angular 的文档有一系列比较好的示例告诉我们如何测试应用的不同部分。编写测试用例虽然是个挑战，但是战胜它之后会带来巨大的价值。我们现在可以修改应用并立即运行测试用例来验证确保没有其他代码因为此次修改造成不正常的情况。

9.5.2　使用 Protractor 和 WebDriver 进行集成测试

应用的某些部分使用集成测试是比较好的测试方法。集成测试能够模拟用户的行为，例如单击或向表单的 input 空间中输入内容。Protractor（www.protractortest.org）是一款针对 Angular 的测试框架（事实上其作者就是 Angular 团队的），所以它也适合于 Ionic 应用。Protractor 是基于 WebDriver（http://w3c.github.io/webdriver/webdriver-spec.html）接口上建立的框架，它允许测试脚本像用户一样自动和应用程序进行交互。WebDriver 规定了程序如何与浏览器进行交互。Selenium（http://docs.seleniumhq.com/projects/webdriver/）是受到 WebDriver 启发而开发的项目。图 9.10 展示了对于如何使用这些接口执行测试脚本的简单示例。

Protractor 扩展了 WebDriver 的特性并添加了针对 Angular 应用的大量支持。默认情况下，WebDriver 会等待页面加载完成后运行，但是由于 Angular 的 digest loop 机制，测试需要等待 Angular 加载完毕才能执行。Protractor 实现了这个功能，让测试脚本等待 Angular 载入结束并重新渲染模板后才执行，它提供了一些特别的接口供 Angular 模板部分进行调用。我们可以在示例测试脚本中看到这些操作。

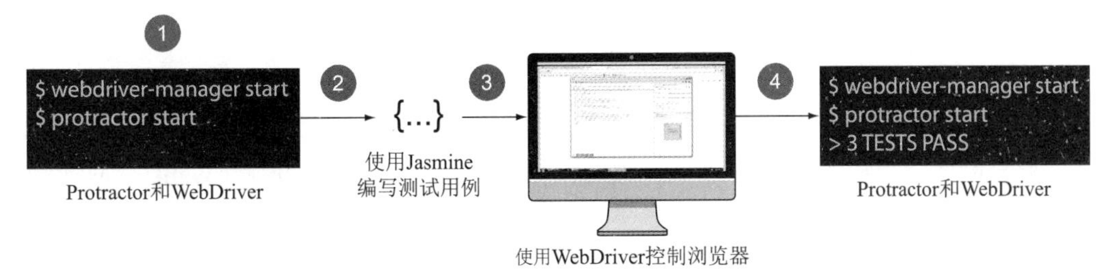

1. 开启 Protractor 和 WebDriver 服务
2. Protractor 从文件中导入测试用例并发送到浏览器
3. WebDriver 运行模拟用户行为的测试用例
4. 运行结果返回给 Protractor

图 9.10　如何使用 WebDriver/Selenium、Protractor 和 Jasmine 执行集成测试

配置中我们将使用 Selenium（其大大强化了 WebDriver 的 API 接口）和对应的浏览器插件（默认是 Chrome）来控制浏览器自动模拟用户行为。为了运行测试用例，我们需要在后台开启 Selenium 服务，这对 Protractor 来说小菜一碟。

Protractor 默认使用 Jasmine 测试框架来运行测试用例。Protractor 不强制要求我们使用 Jasmine，所以可以选择其他测试框架像 Mocha 或者 Cucumber.js。因为之前已经使用过 Jasmine 了，我们可以像之前一样以同样的格式编写测试用例。

配置并运行 Protractor 和 WebDriver

首先需要安装 Protractor 和 WebDriver。就像以前安装 Ionic 和 Cordova 一样，使用如下命令以全局模块的形式安装 Protractor：

```
$ npm install -g protractor
```

这个命令会下载 Protractor 并创建一个帮助工具来简单地管理 WebDriver。我们将使用这个工具下载所有 WebDriver 运行需要的工具。这个工具会下载 Selenium 和 Chrome 驱动插件，使用如下命令启用它们：

```
$ webdriver-manager update
```

检查 Protractor 的版本号以及 WebDriver 的状态以确保所有需要的东西都已经安装。我们不需要 `IEDriver`，因此可以放心地忽略掉命令行的提示信息：

```
$ protractor --version
Version 1.6.1
$ webdriver-manager status
```

```
selenium standalone is up to date
chromedriver is up to date
IEDriver is not present
```

无论何时想启动 Protractor 进行测试，都要确保 Selenium 服务（WebDriver 需要依赖它）是启动着的。使用如下命令可以启动 Selenium 服务：

```
$ webdriver-manager start
```

这个命令会显示一些关于启动 Selenium 服务的诊断信息。这个控制台窗口必须保证一直开启并保证执行测试的时候都是运行着的。可以通过按下键盘上的 Ctrl+C 组合键来停止这个命令的运行。你也许会得到一个 Java 未安装或者未更新到最新版的警告，从 http://mng.bz/83Ct 下载安装最新版的 Java 开发工具包即可解决这个问题（平台选择 JDK 而不是 JRE）。

配置 Protractor

Protractor 需要一个配置文件才能在我们的项目中运行，因此需要在开始编写测试用例之前添加配置文件。配置文件中有大量的选项，一般不需要用到，但是你可以从 Protractor 文档中了解一下它们。在项目根目录下创建名为 protractor.config.js 的新文件：

```
exports.config = {
    seleniumAddress: ‘http://localhost:4444/wd/hub’,
    specs: ['test/e2e/**/*.spec.js']
};
```

配置文件配置了本地 Protractor Selenium 服务的地址（之前通过 `webdriver-manager` 工具配置的）以及各文件路径的数组来寻找可以运行的测试用例。记住，在 Jasmine 测试框架中，所有的测试用例都被称为 *specs*，所以在本次示例中所有在 test/e2e 文件夹下的文件都会以 .spec.js 结尾。

编写 Protractor 测试用例

因为使用了 Jasmine，所以我们的测试用例会和单元测试的结构相似。主要的不同点在于，我们将关注在编写通过浏览器自动化模拟用户行为的测试用例。

Protractor 和 WebDriver 提供了一系列的方法，我们可以使用它们在页面上查找元素并与之进行交互。这和在 JavaScript 中使用 `document.getElementById()` 方法查找元素很类似。但是在 Protractor 和 WebDriver 中，我们可以通过 Angular 指定特性来查找页面上的元素，例如通过使用 `ngModel` 指令集类似于 CSS 选择器的方法查找元素。

现在开始为搜索视图创建一个新的测试用例。我们想要知道当 `term` 有值的情况下单击搜索按钮时页面的返回情况。单元测试能够细粒化验证每个代码块，但是这里我们会一起验证它们。

创建一个文件 test/e2e/search.spec.js，并添加清单 9.4 中的内容。正如之前介绍单元测试的时候举的例子，这些测试用例是使用 `describe()` 和 `it()` 方法实现的。

清单 9.4 Protractor 搜索测试（test/e2e/search.spec.js）

```
describe('Search View', function() {
  browser.get('http://localhost:8100/');
  var term = element(by.model('model.term'));
  var button = element(by.className('button-search'));
  var results = element.all(by.repeater('result in results'));

  it('should open to the search view', function() {
    expect(term.getText()).toBe('');
  });

  it('should search for a term', function () {
    term.sendKeys('london, uk');
    button.click();
    expect(results.count()).toEqual(4);
  });

  it('should take you to the London, UK weather view', function () {
    results.first().click();
    var title = element(by.tagName('ion-side-menu-
     content')).element(by.className('title'));
    expect(title.getText()).toEqual('London, UK');
  });
});
```

❶ 使用describe()方法声明本次测试对象为搜索视图

❷ 切换网址，打开应用并初始化载入默认的搜索视图页面

❸ 根据ngModel指令值来选择input元素并赋值到变量

❹ 根据class名来选择button元素并赋值到变量

❺ 基于ngRepeat指令值来选择结果列表元素并赋值到变量

❻ 首先测试默认term元素必须为空

❼ 其次测试在搜索框中输入内容，然后单击搜索按钮并预计它会返回4个结果

❽ 然后测试当单击第一个结果后天气视图是否会导入该地点的数据

在执行脚本之前让我们了解一下将会发生什么吧。首先在❶处使用 describe() 方法声明创建用于搜索视图的测试用例。然后在❷处使用 Protractor 的功能函数 browser.get() 告诉 Protractor 载入应用。执行这步之前需要确保 ionic serve 命令正在后台运行用来开启本地 8100 端口的访问。Protractor 非常聪明，它会载入页面并在执行下一步之前等待 Angular 载入并渲染完成。

然后创建了三个指向页面元素的变量。第一个是❸处的搜索框，基于 ngModel 指令值方法。我们之前在搜索输入框控件上设置了 ng-model="model.term" 属性，所以能够通过使用 element(by.model('model.term')) 查找到元素。同样的，我们在❹处能够查找到搜索按钮元素并赋值到变量，不过这一次使用 class 名的方法查找到元素。❺处的第三个变量是结果列表元素，这一次使用 ngRepeat 属性查找到元素。这样就能找到想要测试的元素，并赋值到变量，以在测试用例中使用。

❻处的第一个测试用例仅仅是想测试搜索框的默认值是空的情况。首先测试默认情况是比较好的做法，这个测试用来测试是否在未运行之前有操作导致搜索框有值。

❼处的第二个测试用例模拟了键盘输入的事件并向搜索框中输入 'landon, uk'。然后它将模拟搜索按钮的单击事件，触发真正的搜索。当搜索完成之后，我们通过检查结果列表的长度来确认返回的元素个数。在本次测试中它应该有 4 个搜索结果。

❽处最后一个测试用例会单击结果列表中的第一个结果。结果列表中的每一个元素都链接到了天气视图，因此这里能测试视图之间的链接是否正常。然后当视图载入完成之后，测试用例会检查天气视图的标题并确认它是否和结果列表中的第一个值是一样的。

现在我们已经知道这个测试用例要干什么了，让我们来运行它吧。需要打开三个命令行窗口来运行这个测试用例。首先运行 ionic serve，这样 http://localhost:8100 应用地址才能启动。然后要运行 Selenium 服务。最后运行 Protractor 测试脚本。分别在三个命令行窗口中执行如下三个命令：

```
$ ionic serve
$ webdriver-manager start
$ protractor protractor.conf.js
```

当运行 protractor 命令的时候，我们发现 Chrome 浏览器会打开并载入应用。

然后它会快速输入内容，单击按钮并切换视图。在测试脚本运行期间，能够看到Chrome浏览器对应的交互。

9.6 更多的测试示例

Github上本章的示例项目中有更多的测试用例，书上讲的只是其中一部分。我们可以使用其他的测试用例来学习如何编写不同类型的测试用例。

我已经为每个控制器、过滤器和服务都添加了单元测试。这些测试用例基本上涵盖了我们写的Angular代码的每一部分，这样才能确保应用的所有主要功能都已经检查过并且数据结果和预期一样。

关于这些测试用例，大家可以打开本章示例项目的Github仓库提出问题和建议。大家可以在https://github.com/ionic-in-action/chapter9中找到示例项目。

本章讨论了两种主要的自动化测试类型，目的是让大家对测试有一定的了解，想要了解更多知识，可以查看Jasmine、Karma和Protractor的文档。

9.7 总结

预览、调试和测试是开发流程中至关重要的几个部分，本章讲述了大量通过使用不同的工具和技术帮助提高应用的质量的方法。让我们再复习一下本章的主要内容：

- Ionic View和Ionic Lab是Ionic的两个特性，用来帮助我们预览应用。Ionic View擅长不上传应用到应用商店而直接与其他人分享应用，而Ionic Lab在我们想要尝试编译跨平台版本并同时在Android和iOS中预览的时候非常有用。
- 讲述了如何调试Hybrid应用。iOS开发者需要使用Safari Web Inspector工具连接到设备或者模拟器并监听应用的视图。Android开发者需要使用Chrome Canary连接到设备。
- 使用Jasmine编写单元测试用例并使用Karma执行测试用例。单元测试可以做到代码的细粒化，并验证这一小块程序是否符合预期。
- 我们使用Jasmine、Protractor和WebDriver编写集成测试。这些测试通过模拟用户的事件行为（例如单击和键盘输入）来验证整个交互行为是否符合预期。

下一章，我们将学习如何编译上线应用，如何向应用商店提交应用。

10 编译并发布应用

本章要点

- 为应用制作图标和启动页面图片
- 编译发布上线应用
- 提交并发布到 Google Play 商店
- 提交并发布到 Apple App Store 商店

很高兴我们已经快要到达终点了。本章之前我们已经学会了如何创建应用，最后需要知道如何将应用提交到应用商店中。这是重要的一步，其中包括制作应用图标和启动页面图片以及应用简介等。

应用商店是由 Apple 和 Google 掌控的生态系统。他们设定一些规则确定是否接收应用，并且这些规则可能随时更改。Google 通常几小时或几天内审核通过应用并发布到商店。Apple 则基本上需要几天或者几周的时间来检查并发布应用。

本章大家将看到我提交一款名为“Know Your Brew”应用的过程截图。我酷爱在家酿制啤酒并点评啤酒，因此我想有一款应用能够告诉我不同类型的啤酒有什么不同。制作应用的过程基本上大同小异，之前我们已经了解过了，所以这里我们就不放示例代码了。大家只需要关注提交应用之后的步骤，这样在提交应用的时候就不会感到陌生了。

本章存在一些没有覆盖到的条件或情况。例如，如果使用应用内购买的方式推销应用，需要确保 Apple 或者 Google 账号支持支付操作。为了保证内容的简单并突出重点，我将展示如何上传一个免费的没有特殊情况的应用。iOS 版本的详细文档可在 http://mng.bz/z1VP 查看，Android 版本的文档可在 http://mng.bz/Jzv1 查看。

提醒一句，具体的步骤可能会有更改，因此本章的屏幕截图只能作为一个大概的向导。Google 和 Apple 每次发布平台的新版本时，都可能提供新的工具，但基本的步骤是差不多的。

10.1 创建应用过程一览

在开始之前，来从整体上看一下开发的流程，这样能知道我们已经做了哪些工作，在完成应用并发布到商店之前我们还需要做什么。图 10.1 展示了所有之前我们已经完成的工作，并增加了接下来将会学习到的预发布任务。

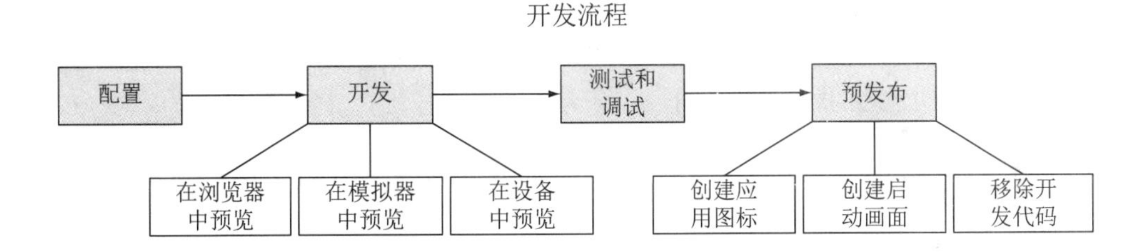

图 10.1 创建应用并执行预发布的基本流程

我们将学习如何为应用创建图标和启动页面图片，以及在发布之前为移除开发代码需要做的一些事情。然后将学习如何编译并发布 Android 和 iOS 应用，如图 10.2 所示。

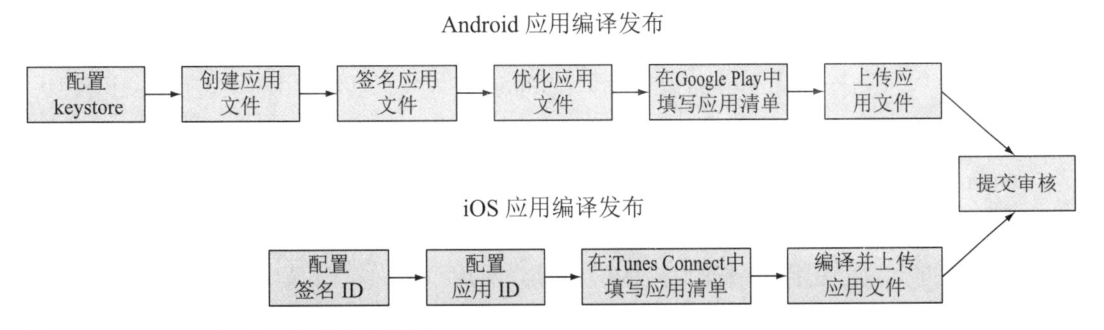

图 10.2 Android 和 iOS 编译发布流程

虽然我们保证将详细覆盖到每一步，但是这仅是针对每个平台创建并发布的一般流程。所有平台的应用编译过程虽然都差不多，不过也有些不一样的地方。

对于 Android 应用开发，我们会选择使用命令行，而 iOS 应用则需要使用 Xcode IDE。这是我比较推荐的方法，虽然你也可以使用命令行创建 iOS 应用，同理你也可以使用 Android Studio IDE 来编译 Android 应用。

下面这些是两个平台都一样的步骤：

- 无论哪个平台都需要对应用进行签名。Android 应用使用 *keystore* 即可完成签名，iOS 对应的叫 *siging identity*。虽然名字不一样，但是它们最终的目的是一样的：它们添加一个签名到编译文件中，之后我们就可以通过这个认证作者。
- 无论哪个平台都需要在应用商店提交应用清单。创建好所有的应用市场需要的素材（一系列应用截图、描述文字等），这样会让我们的提交变得更加简单。通过截图和应用描述，用户可以决定是否选择这款应用。
- 无论哪个平台都必须编译并优化编译后的文件。Android 应用需要在 Google Play 开发者页面上传编译文件，iOS 应用则不需要，Xcode 会自动连接服务器将应用上传到我们的账户下。

从这些可以看出，两个平台上大部分的流程是非常类似的，但是在一些细微的地方还有些许不同。

10.2 创建应用图标和启动页面图片

手机随着时代的进步日新月异，图片的图像质量也在发生着本质的提升。为了适应这些变化，Android 和 iOS 应用都需要提供一系列不同尺寸的图标和启动画面图片来适应不同的屏幕尺寸。

举个例子来说，iPhone 6 的屏幕比 iPhone 5 大，所以应用需要提供适配两种手机屏幕大小的启动画面图片。Android 设备也同样存在这样的问题，特别是由于 Android 不同手机厂商的设计方案导致其存在多种尺寸大小。根据不同情况创建图片能够比较简单地解决这个问题，但是这样需要非常多的图片。同时由于设备可以旋转方向，我们还需要制作对应的横版模式图片。

因为创建这么多图片实在有些头疼，所以 Ionic 实现了一个功能，只需要一个图标和一张启动画面图片，它能自动帮我们生成应用需要的不同尺寸的图片。它同样会将图片注册到cordova.xml文件中，所以当编译应用的时候图片也会被引用进去。

Ionic 能够使用远程服务转换文件，因此在这个过程中图片会上传到 Ionic 服务器中。这就意味着，除了 Ionic 命令行我们不需要依赖其他东西。该服务支持 PNG、PSD（Photoshop）和 AI（Illustrator）格式的文件。

10.2.1 创建图标

开始之前，我们需要向 Ionic 提供一个图标图片，以便根据它生成不同尺寸的图标。Ionic 需要至少 192px×192px 大小的不带圆角的图片。我建议大家至少使用 1024px×1024px 大小的图片以便保证图标的高质量。不同平台对图片的修改也有细微不同，例如 iOS 会生成带圆角的图标。Ionic 官方提供了一个 Photoshop 图标设计模板，可以访问 http://mng.bz/2ow0 获取。

图标的设计需要注意很多细节。Android 和 iOS 都有文档详细说明了图标的设计规范。iOS 版本可访问 http://mng.bz/B3DO 查看，Android 版本可访问 http://mng.bz/N957 查看。下面是比较重要的几点。

- *保持图标足够简单*。图标的尺寸不大，必须保证它简单易懂。
- *让它令人印象深刻*。图标必须是应用和品牌独一无二的代表。
- *在大尺寸和小尺寸下都能表现良好*。不要忘记在小尺寸下放大查看图标是否还能正常显示。
- *保证颜色足够简单*。避免使用大量的颜色或者是有冲突的颜色。

当创建好图标并导出成支持的格式之后，需要将其按照表 10.1 中的说明添加到对应的文件夹中。如果 Ionic 发现了某平台下存在图标文件，它会优先使用这张图片，否则它会使用默认的图片。

表 10.1 存储图标原始图片的文件位置

平台	文件位置
Android	resources/android/icon.png
iOS	resources/ios/icon.png
默认	resources/icon.png

只需使用如下 Ionic 命令，就可以随时生成不同尺寸的图标：

```
$ ionic resources -icon
```

由于文件需要上传到 Ionic 服务器进行转换，然后再下载到项目文件夹中，所以需要等待一会儿。当完成之后，检查生成的图片，以确认它们是不是所需要的所有尺寸。

10.2.2 创建启动页面图片

启动画面的制作原理和图标类似，只是启动画面的制作比图标的制作稍微复杂一些。图标的制作只需要修改大小，而启动画面不仅需要改变大小还需要为不同分辨率和方向进行裁剪。我们可以在图 10.3 中看到不同尺寸的启动画面的裁剪范围。如果使用 Photoshop 制作启动画面的话，可以使用 Ionic 提供的启动画面模板（http://mng.bz/2ow0），以帮助我们设计正确的尺寸。

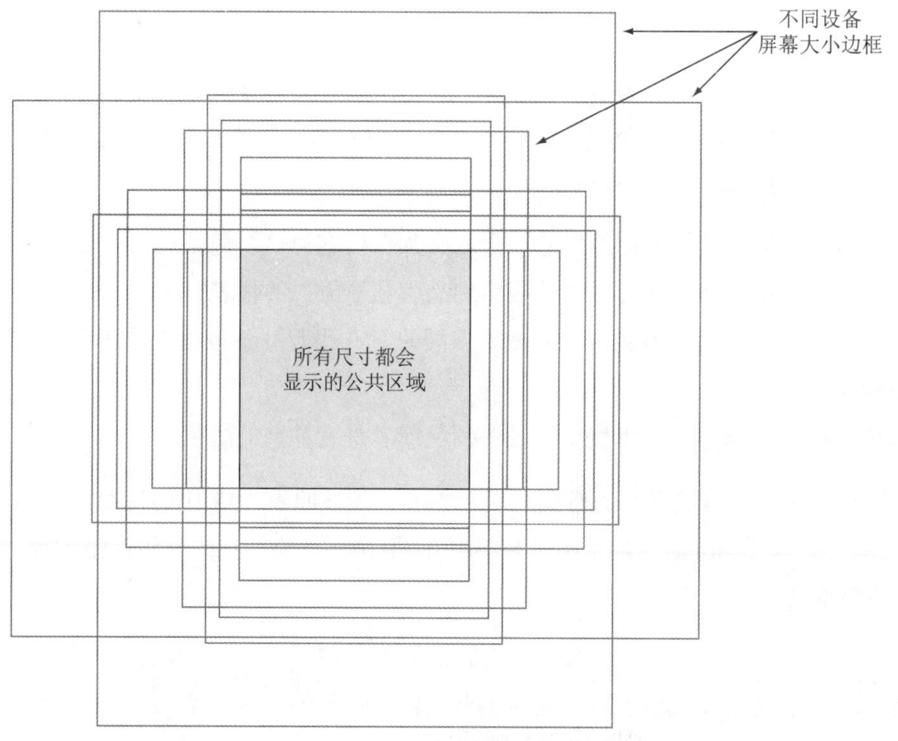

图 10.3 基于大量 iOS 和 Android 设备的尺寸和横向方式，在不同分辨率下原始启动画面图片的裁剪情况。

启动画面的源文件至少需要 2208px×2208px 大小，而且需要保证我们的设计内容在启动画面正中的 1200px×1200px 方块中。经典的设计是正中放着 logo 和品牌名称并带有背景颜色的图片。iOS 和 Android 并没有一个非常明确的启动画面制作指南，因此大家需要考虑如何能给用户提供最好的体验。

在根据需要创建好不同尺寸的启动画面图片之后，需要将其按照表 10.2 中的说明添加到对应的文件夹中。如果 Ionic 发现在某平台下存在启动画面图片，则它会优先使用这里的图片，否则会使用默认的图片。

表 10.2 存储启动画面原始图片的文件位置

平台	文件位置
Android	resources/android/splash.png
iOS	resources/ios/splash.png
默认	resources/splash.png

只需使用如下 Ionic 命令就可以生成不同尺寸的启动画面图片：

```
$ ionic resources --splash
```

像制作图标一样，它会先上传图片到 Ionic 服务器，所以不用担心我们的机器上没有安装需要的软件。

如果想要同时生成图标和启动画面，运行如下命令：

```
$ ionic resources
```

现在图标和启动画面图片都已经准备好了，让我们开始准备上线应用吧。

10.3 准备上线应用

我们还要做一些事情检查并确保应用没有包含非必需的文件，这样能减小应用的体积以提高上传速度。可以运行自动化测试脚本来确保即使去掉了这些文件，应用也还是能正常工作的。

下面就是在发布之前需要做的一些操作：

- *移除 Cordova Console 插件*。这个插件使 Cordova 允许我们对应用进行调试，但在线上应用中就不需要这个操作了。使用 `cordova plugin rm org.apache.cordova.console` 命令从应用中移除它。
- *移除所有不需要的文件*。在应用开发期间也许会安装一些额外的第三方库，或者创建了一些最后没有使用的页面。将它们删掉以减小文件体积。
- *移除库中不使用的文件*。Ionic 也许会使用 Bower 等工具在 www/lib 目录下为应用安装一些库，一般情况下安装的这些库都会包含它们的源文件和编译后的文件。源文件对应用是没有用的，所以可以将那些不使用的文件全部删掉。

- 压缩代码。可以使用 JS 压缩工具对代码进行压缩以帮助优化执行文件的时间和大小。
- 压缩图片。图片是导致应用变大的元凶，试着压缩图片文件并确保它们在质量和大小上达到平衡。

一切的一切都是为了确保发布之后的正常使用。举例来说，我们不想在应用中显示调试代码。如果开发的时候尽量保证应用简单干净的话，在后期需要做的事情就比较少也比较容易。

10.4 编译 Android 应用并发布到 Google Play

现在应用已经准备好进行编译了，编译 Android 应用需要几个步骤。使用 Cordova 编译应用，对源码进行签名并优化应用。我们会使用命令行运行所有的 Android 应用编译步骤，当然也可以阅读 http://mng.bz/T7G4 上的资料了解如何使用 Android Studio 来进行编译工作。如图 10.4 所描述的那样，因为使用命令行编译 Android 应用更为简单，所以我们使用命令行按照如下所示的步骤进行编译。

编译并发布 Android 应用

图 10.4 Android 应用编译的检查和发布流程

Google Play Store 是 Android 应用发布的主要场所。我们需要创建或者将自己的 Google 账号关联到 Play Store 的开发者控制台中。然后就能够为应用创建应用清单了，清单包括标题、描述、图片和其他用户分类或列表显示应用的信息。当清单创建完成之后，就可以上传编译后应用的 APK 文件并提交应用等待审核。

10.4.1 配置应用的签名

首先我们要配置 keystore ——一个安全存储签名密钥的文件，稍后签名应用的时候会对其增加一个签名。拥有签名之后就能认定应用的作者了。如果你想了解更多关于签名的资料，可以参阅 http://mng.bz/T7G4 上的资料。

为了生成一个新的 keystore，需要使用 `keytool` 命令行工具。这个命令可以生成有效期是10,000天的keystore，有效时间远远大于应用的生存时间（如果你将时间变短的话就很有可能造成过期）。使用应用的名字替代 know_your_brew 来运行如下命令：

```
$ keytool -genkey -v -keystore know_your_brew.keystore -alias know_your_brew
  -keyalg RSA -keysize 2048 -validity 10000
```

这个命令可以生成一个新文件，在本示例中为know_your_brew.keystore，然后可以将其放置在电脑中的任意地方。稍后我们需要知道该文件的位置，以便确认有权访问它。

在应用的整个生命周期中将重复使用同一个keystore，所以为了支持应用，需要一直保存它。同时还需要保证它足够安全和私密，因为它可能会被用于其他恶意目的。应用的每个版本都必须使用同样的keystore进行签名，否则更新就会被拒绝。如果一个团队需要对应用进行签名，无论是谁编译应用都必须使用相同的keystore。当然，同样需要为自己制作的不同的应用创建不同的keystore文件。

10.4.2 编译应用文件

下一步将使用Cordova编译应用。使用 build 命令编译一个应用的发布版本：

```
$ cordova build --release android
```

该命令会生成一个新的APK文件，文件类型是Android应用文件类型。命令会返回编译后的APK文件的绝对地址，类似于platforms/android/ant-build/CordovaApp-release-unsigned.apk，暂时还未签名。

10.4.3 签名应用文件

现在我们准备使用之前创建的keystore文件来签名之前生成的未签名版本的应用。Android提供了一个叫作 jarsigner 的工具来帮助大家做这件事情。

我们需要知道编译的未签名应用和keystore两个文件的地址，这个可以在前两步中知道。我建议将它们移动到同一个文件夹中，这样在命令行中比较容易输入。在命令行中我们将使用真实的keystore生成文件名称来替换 know_your_brew 示例名称，同时用真实的应用文件名替换掉 CordovaApp-release-unsigned.apk。

```
$ jarsigner -verbose -sigalg SHA1withRSA -digestalg SHA1 -keystore
  know_your_brew.keystore CordovaApp-release-unsigned.apk know_your_brew
```

这个过程可能需要一点时间，期间会提示输入 keystore 的密码和密钥。命令会修改 APK 文件并对其进行签名。再次使用 jarsigner 命令测试一下会发现应用文件现在已经是签名版本了，使用如下命令并替换文件名为你的应用名称：

```
$ jarsigner -verify -verbose -certs CordovaApp-release-unsigned.apk
```

如果在签名过程中发生任何错误，你可以使用 Cordova 重新编译应用并重新尝试签名，确保没有遗留问题。

10.4.4　优化 APK 文件

最后一步是优化 APK 文件，这样能减少它在设备上占用的空间和内存。zipalign 工具就是专门做这件事情的：它使用签名后的 APK 文件生成一个优化后的 APK 版本，用于之后的应用上传。zipalign 的底层实现是通过优化那些可以通过系统进程读取优化的包的体积达到目的的，具体可以查阅 http://mng.bz/vWfu 以了解更多知识。

zipalign 只需要签名文件名称（假设我们还在签名文件所在的文件夹，并且没有改变示例的文件名）和要生成文件的名称。使用如下命令并用自己的应用名称替换 KnowYourBrew.apk：

```
$ zipalign -v 4 CordovaApp-release-unsigned.apk KnowYourBrew.apk
```

当生成新文件后，我们就拥有一个 Android 应用的最终版文件了，稍后就可以将其提交到 Android 应用商店中。到此就完成了应用的初始编译过程，下面让我们快速讨论一下怎样升级应用。

10.4.5　编译应用的升级版本

几乎可以肯定，我们会由于应用增加了新的特性或者修复了 bug 而想要升级应用。编译一个已存在应用的升级版本的过程和编译初始发布版类似，除了不需要创建另外一个 keystore 文件。这里有几件事情需要注意：

- 每次更新的时候必须使用相同的 keystore 文件进行签名；否则，更新会由于没有相同的签名而被拒绝，并且不得不重新创建一个新的应用清单。
- 为了下次的发布，必须升级项目工程中 config.xml 文件的版本号和编译号。如果版本号数字没有变化，应用不会在用户的设备上进行更新。

- 如果频繁编译应用，也许可以使用 shell 脚本来减少编译步骤以达到自动化编译的目的。

编译那些事

编译的过程伴随着诸多的问题，编译需要的一些工具没有配置到系统的环境变量中算是比较经典的问题了。下面是当我们碰到这个问题的时候可以进行检查和修复的提示：

Java 和 Ant 必须安装并配置到系统环境变量中。Android 直到 Gradle 替代 Ant 之前都是使用 Ant 作为内部编译的进程，如果需要支持老版本 Cordova 的话则可以使用 Ant。

如果没有将 SDK 文件夹添加到系统环境变量中，`android`、`keystore` 和 `jarsigner` 命令可能不会正常工作。

`zipalign` 命令可能会因为一些 Android 工具路径设置错误而不能正常工作。我们需要在硬盘中搜索 `zipalign` 的相关文件，并将其文件夹路径添加到系统环境变量中以便修复这个问题。

10.4.6 创建应用清单并将应用上传到 Play Store

第一步是确保我们有 Play Store 开发者控制台的权限，它需要一个 Google 账户。推荐大家为应用创建一个独立的 Google 账户以区别于我们的个人账户，这样就可以避免将私人账号（也许账号上有你的名字）与应用进行捆绑。可以在 https://play.google.com/apps/publish/signup/ 上创建 Google 账号。

第一次进入需要花费 25 美元将账户升级为开发者账户，同时你必须在注册时同意一些协议。在进入下一步之前必须一步一步地完成注册和支付过程。

当成功以开发者账号身份登录后，我们就可以开始创建应用清单了。完成清单需要花费一定的时间，可以在 Google Play 发布过程中检查应用的信息，可阅读官方文档 http://mng.bz/6ZDC 以了解更多信息。

在创建应用清单的过程中需要提供应用的名称和默认的语言、简介、标题、屏幕截图和其他相关的信息。Google Play 需要几张屏幕截图、一个图标和一些特性图片。我们需要根据规范使用图片编辑工具设计并修改图片的大小。

当填写完应用清单之后，就可以上传应用的 APK 文件了。Google Play 可以设置应用为 alpha、beta 和 production 三种状态。alpha 和 beta 状态的应用允许我们在将应用发布到公共 Play Store 之前发布一些更新并获得反馈，这样可以按照 alpha、beta 和 production 的过程慢慢发布我们的应用。alpha 和 beta 可以让用户帮助我们测试并反馈问题，当然也可以设置为只有自己才能使用来帮助我们在发布为 production 版本之前确认升级成功。阅读文档 http://mng.bz/s6s8 可了解更多。

也可以直接以 production 模式上传应用的 APK 文件，这就意味着应用没有 alpha/beta 的过程，它会直接上线到 Play Store 上，任何人都可以找到并下载它。

在填写完清单并上传完应用之后，我们已经离最终发布不远了。当提交了应用清单之后，它会自动等待被检查并人工认证应用没有触犯商店的规则。这个过程可能需要几个小时或几天，但是如果应用因为一些原因被拒绝，我们会收到通知。如果违反了 Google Play 的策略，你会收到通知然后需要解决这些冲突并重新提交应用。

10.4.7 升级应用清单或上传新版本

我们可以修改应用清单中的内容而不用上传 APK 文件，例如描述，如我们发现描述中有错别字是不需要更新应用文件的。

当更新了 APK 文件后，需要在编译的时候升级应用的版本代号（不同于版本号）。当我们基于 config.xml 文件中的版本号创建 Android 文件的时候，Cordova 会自动生成这个值。这个号是根据文件中的版本号以一定规则生成的：`PATH+MINDR*100+MAJOR*10000`。例如，2.3.6 版（`MAJOR.MINOR.PATH`）的值应该是 `6+3*100+2*10000=20306`。使用新生成的版本代号上传一个新的 APK 文件才会触发用户的升级操作。版本代号仅仅用于显示在应用商店中供用户查看。可以查看 http://mng.bz/0C05 以了解更多版本代号有关的细节。

10.4.8 选择 Android 商店

除了 Google Play 还有其他 Android 商店，例如 Amazon App Store，提交的过程也是大同小异的。唯一的区别是不同的商店可能有不同的规则。

但是其他商店不像 Google Play Store 一样内置信任。我们需要在 Android 设备中将 Settings > Security > Unknow Sources 项勾选上，这样才能允许设备从 Google Play Store 以外的地方安装应用。这也是 Google Play Store 上的应用相较于其他商店应用的优势。

10.5 编译 iOS 应用并发布到 AppStore

为了编译 iOS 应用，我们必须使用 Mac 和 Xcode，并拥有苹果开发者账号。

想不使用 Mac 编译 iOS 应用？

Ionic 和其他服务可以提供在它们的平台编译应用的特性，这允许我们上传项目文件到它们的服务器中并返回编译后可直接提交的文件。可以访问 https://ionic.io 了解更多。

还有一种没有说到的方法是，可以使用一些命令行工具在类 UNIX 环境中编译签名文件。这些基于 UNIX 环境的工具可以工作在 Linux 和 Mac 上。可以访问苹果官方文档 http://mng.bz/XpsA，以对这些工具了解更多。

Apple 使用 iTunes Connect 在 AppStore 中创建应用清单并管理应用，我们可以将应用清单添加到 iTunes Connect 中，补充像屏幕截图和应用基本信息等信息。如图 10.5 所示，连接到 Xcode 后编译并上传应用，然后提交等待审核即可。

图 10.5 编译并发布 iOS 应用的流程

如果还没有配置苹果开发者账号，需要先注册账号。访问 https://developer.apple.com/programs 注册账号；苹果开发者账号的价格是 99 美元 / 年。如果不想用自己的私人账号，可以重新注册一个账号。

10.5.1 配置认证和 ID

注册好账号以后，可以打开 Xcode 软件并进入设置页面，如果还没有在软件中添加账号，则要先去Accounts选项卡下添加账号，这样能让Xcode和我们的账号保持同步。

让我们开始获取认证签名（也被称之为发布证书），它被用来对应用进行签名并验证应用是这个账号创建的。可以查看官方文档http://mng.bz/64k9了解更多有关管理证书和ID方面的知识。下面是基本的操作步骤：

1. 如果没有账号则在Xcode中登录苹果开发者账号。
2. 在Preference菜单中管理账号和证书。
3. 特别为发布（非开发）创建一个新的认证签名。

当配置好认证签名之后，它会在iOS发布列表中出现。为了测试，我们应该有一个iOS开发认证签名。

10.5.2 配置应用的ID标识

现在我们将通过苹果开发者会员中心设置应用的ID标识。标识用来允许应用拥有应用服务的权限，例如Apple Pay或者HealthKit。多标识也许会用在同一个应用需要不同的服务上，但是在这个例子中我们仅需要一个。

打开https://developer.apple.com/membercenter，并使用Apple账号登录。然后选择Certificates、Identifiers和Profiles。我们想要为应用配置新的应用ID，用来在Apple生态环境中追踪应用。查看官方文档http://mng.bz/8hj1可了解更多有关应用ID的知识。下面是基本的操作步骤：

1. 注册一个新的应用ID。
2. 提供应用的名称并勾选Explicit App ID选项。提供应用的捆绑ID，默认值在Cordova的config.xml文件中使用`<widget>`标签指定（你也可以在Xcode中修改捆绑ID的值）。config.xml中的值必须和应用捆绑ID一致。
3. 选择任何想要启用的服务。例如，如果需要在应用中使用HealthKit的话，需要选择对应的选项。应用通常不需要额外的服务，因此如果你认为不需要它的话，使用默认值就好了。
4. 提交注册应用ID。

以上就是注册应用 ID 的流程，在随后的过程中我们会使用 iTunes Connect 和 Xcdoe。

10.5.3 在 iTunes Connect 中创建应用清单

现在需要在 iTunes Connect（苹果用来提交应用的工具）中创建应用清单。我们将使用刚才生成的应用 ID 来创建一个新的记录。访问 https://itunesconnect.apple.com 并登录 iTunes Connect。关于 iTunes Connect 的详细文档可以访问 http://mng.bz/92eZ 查看。下面是基本的操作步骤：

1. 添加一个新的 iOS 应用。
2. 补充应用的详细信息，并选择正确的捆绑 ID（之前我们创建的应用 ID 的名字）。
3. 创建应用清单，我们将在之后补充更多的信息。

现在已经创建了一个新的应用清单，稍后我们可以将其提交到 AppStore 中。之前创建的应用 ID 现在可以将其关联到此应用清单上。在补充应用清单的信息之前，需要编译应用并使用 Xcode 上传应用。然后回来再完成清单内容。

10.5.4 使用 Xcode 编译并上传应用

现在已经设置好应用 ID 和 iTunes Connect 应用清单了，Xcode 可以帮助我们编译并上传应用。先要确保 Xcode 内的项目和 Cordova 项目都是最新的。在项目的根目录下运行 Cordova 的 `build` 命令行命令：

```
$ cordova build ios --release
```

这将确保项目的最新更改都能同步到 iOS 项目中。在 Xcode 中打开 platforms/ios/AppName.xcodeproj 文件，它允许我们总览查看应用的详细信息，以便确认信息是否正确：

- bundle identifier 的值需要和之前定义的应用 ID 的值一致。
- version 和 build 的值需要对应你的项目更改（例如小版本号修复问题，中版本增加特性，大版本号项目重写等）。

- Team 的值应为我们的 Apple 账号。
- Deployment target 和 devices 需要反映我们要支持的设备和版本。

如果有值填写不正确，Xcode 会弹窗提示修复它们。检查任何错误信息，在某些情况下 Xcode 甚至能帮助我们修复它们，同时还需要确保此时电脑上没有连接设备。

现在可以将应用编译成一个压缩包（用于上传）然后上传它。详细的文档可以访问 http://mng.bz/20m2 查阅。下面是基本的步骤：

1. 创建应用的压缩包，用于之后的编译上传。
2. 验证之前创建的压缩包，确保它可以被正确上传并通过验证测试。
3. 提交应用文件到 iTunes Connect 上。

现在我们已经完成应用的上传了，仅需要完成 iTunes Connect 清单就可以提交审核了！

10.5.5 完善 iTunes Connect 应用清单信息

应用清单中有许多表单，需要填写一些详细信息。如果尝试直接提交应用而不填写必需的信息的话，提交不会通过并且它会让我们知道还有哪些信息没有填写或者哪些信息有错需要修改。

当上传应用的压缩包后，iTunes Connect 决定应用支持哪些屏幕分辨率。我们至少需要上传一张 iTunes Connect 能识别的所有屏幕尺寸下的应用截图。生成这些图片最简单的方法就是在不同版本的 iPhone 模拟器下运行应用。需要上传的确切尺寸和规则可以选择屏幕截图表单旁的帮助图标找到，当然也可以上传一个简单的应用预览视频。

需要完善应用清单上大量的应用信息，例如描述、关键词、支持 URL 和图标。这些信息要清楚明了并让人有购买欲望。

在编译小节介绍过，可以从 Xcode 中查看已上传应用的编译版本，如果这是我们的第一款应用的第一次编译，则这里只有一个。在列表中选择编译并保存。

像 Android 一样，iOS 也可以提交一个 alpha/beta 版本并选定一个用户组发布它。

测试预发布版本的用户数量是有限制的，可以用 E-mail 邀请他们。访问 http://mng.bz/1Yp4 查看文档可了解更多信息。

当完成应用清单剩余信息的添加之后，就可以按下保存键然后提交审核。如果有任何错误，需要修复它们并重新提交。

Apple 有一个人工审核的过程，这意味着应用的更改需要等待几天，等到审核完成之后才能上线到 App Store。审核过程中有任何问题和消息我们都能得到通知。

10.5.6 更新应用

为了更新应用，首先需要更新编译号和版本号。可以在 Xcode 项目文件中完成这件事，或者可以更新 Cordova 的 config.xml 文件，然后通过移除 `ios` 平台并重新添加回来的方法使 Cordova 重新生成 iOS 平台文件。

拥有新的版本号和编译号，可以使用之前同样的步骤编译并上传新版本的应用到账户下。如果版本号和编译号没有更新，则应用编译后不会上传。

当上传新版本后，我们可以在顶部菜单栏看到一个新的数字等待发布。确保应用清单需要修改的信息都修改了，例如新的应用截图和更新信息等内容。然后按下保存按钮提交清单，等待审核就好了。应用的修改也同样需要走一遍审核的流程，原来的应用不会受到影响，直到审核完成之后新版本才会替换掉老版本。

可以选择自动发布版本，也就是说，当审核通过之后立即上线。否则，我们就必须在审核结束之后手动登录并发布新版本。当想要在一个确定的时间触发新版本的发布时，手动更新是非常有用的。

10.6 总结

上传应用到商店是开发应用的最终目标，本章我们涵盖了生成图标、编译应用、提交应用等多个步骤。让我们复习一下本章的主要内容：

- 应用图标和启动画面都需要提供不同设备类型和尺寸的版本。
- 编译 Android 应用时要使用 key 文件对其进行签名，再按照一定的过程编译它等待发布。然后在开发者控制台中创建并上传 Android 应用到 Google Play 中。

- 使用应用 ID 和 iTunes Connect 应用清单来配置 iOS 应用，然后使用 Xcode 编译并上传应用。在 iTunes Connect 中完善应用清单的其他内容并提交应用等待审核。

在这些操作之后，我们可以优化应用并将其发布到应用商店中。恭喜大家完成了自己的应用，可以将它们分享到本书的论坛中！

附录A 相关资源

本附录中包含了一些相关资源列表。本书中提到的资源也在这里列出。

A.1 Ionic

- http://ionicframework.com：Ionic 官方网站，有详细的文档、论坛和博客等诸多资源。
- https://apps.ionic.io/：可以在这个 Ionic 平台上管理通过 Ionic View、Ionic Creator 和其他 Ionic 平台服务创建的应用。
- http://ionicons.com：可以在线预览 Ionicons 所有可用图标。
- https://github.com/driftyco/ionic：Ionic Github 仓库。
- https://github.com/ionic-in-action：本书的 Github 仓库。
- https://codepen.io/ionic/public-list：Ionic 团队创建的 Ionic 特性预览示例列表。
- https://mng.bz/A24v：Ionic Youtube 频道包括 Ionic 示例、教程和团队插曲等。

A.2 Angular

- https://angularjs.org：Angular 1 官方网站，包含官方文档、入门教程、视频和邮件组等诸多资源。

- http://manning.com/bford：*AngularJS in Action* 是一本非常好的 Angular 入门的基础书。
- http://manning.com/aden：*AngularJS in Depth* 是一本深入讲解 Angular 工作原理的书，对于我们制作 Ionic 应用非常有帮助。
- http://angular.github.io/protractor：使用 Protractor 可以方便地对 Angular 应用进行集成测试。
- http://karma-runner.github.io：Angular 团队制作的 Karma 是一款流行的测试工具，用来执行单元测试。
- http://jasmine.github.io：本书中使用的 Jasmine 同样是一款由 Angular 团队出品的测试框架。

A.3 Cordova

- http://cordova.apache.org：Cordova 官方网站，包含文档、新闻等资源。
- http://plugins.cordova.io/npm/index.html：查找 Cordova 可用的插件。
- http://ngcordova.com：ngCordova 官方网站，包含帮助文档以及如何使用每一个支持的 Cordova 插件等内容。
- http://manning.com/camden/：*Apache Cordova in Action* 的作者是 Raymond Camden，这本书可帮助我们深入了解 Cordova 的特性。

A.4 相关博客

- http://ionicinaction.com：本书的官方网站和博客。
- https://blog.nraboy.com：Nic Raboy 有很多很好的文章，讲述如何使用 Ionic 编译手机应用。
- http://www.raymondcamden.com：Raymond Camden 的博客，包含了大量使用 Cordova 和 Ionic 制作手机应用的文章。
- http://mobilewebweekly.co：一个非常棒的邮件周刊，经常推送网络上与手机开发有关的高质量的文章。